U0420402

"十四五"职业教育国家规划教材
"十三五"职业教育国家规划教材

C语言程序设计能力教程（第5版）

C YUYAN CHENGXU SHEJI NENGLI JIAOCHENG

微课版

赵凤芝　包　锋　李　峰◎主　编
王海英　郭杰锋　吴　晶◎副主编

中国铁道出版社有限公司
CHINA RAILWAY PUBLISHING HOUSE CO., LTD.

内 容 简 介

本书在前四版的基础上进行了优化并增加了微课内容的讲解。全书共分 11 章，内容包括：进入 C 语言程序世界、应用 C 的基础知识实现数据的运算与处理、应用顺序结构设计程序解决简单实际问题、应用选择结构设计程序实现分支判断、应用循环结构设计程序实现重复操作、应用数组设计程序实现批量数据处理、应用函数设计程序实现模块化设计、应用指针设计程序增加独有特色、自己定义数据类型完成复杂数据处理、应用文件管理数据、C 程序设计项目实战。

本书按照工学结合的 CDIO 工程理念，以打造“零基础”入门、突出实践应用能力为出发点，设计了独具特色的“案例驱动 + 项目实训”模式，通过大量实用性和趣味性应用实例，由浅入深地对 C 语言程序设计内容进行了全面讲述。

本书适合作为高等院校、高等职业院校程序设计课程的教材，也可作为全国计算机等级考试各类计算机培训班的教材以及技能设计大赛和广大计算机爱好者的自学和参考用书。

图书在版编目（CIP）数据

C 语言程序设计能力教程 / 赵凤芝，包锋，李峰主编 . —5 版 . —北京：中国铁道出版社有限公司，2022.4（2024.12 重印）
“十三五”职业教育国家规划教材
ISBN 978-7-113-28879-2

Ⅰ. ① C… Ⅱ. ①赵… ②包… ③李… Ⅲ. ① C 语言 – 程序设计 – 高等职业教育 – 教材 Ⅳ. ① TP312.8

中国版本图书馆 CIP 数据核字（2022）第 028345 号

书　　名： C 语言程序设计能力教程
作　　者： 赵凤芝　包　锋　李　峰

策　　划： 王春霞　　　**编辑部电话：**（010）63551006
责任编辑： 王春霞　徐盼欣
封面设计： 刘　颖
责任校对： 孙　玫
责任印制： 赵星辰

出版发行： 中国铁道出版社有限公司（100054，北京市西城区右安门西街 8 号）
网　　址： https://www.tdpress.com/51eds
印　　刷： 三河市国英印务有限公司
版　　次： 2006 年 8 月第 1 版　2022 年 4 月第 5 版　2024 年 12 月第 5 次印刷
开　　本： 850 mm×1 168 mm　1/16　**印张：** 20　**字数：** 511 千
书　　号： ISBN 978-7-113-28879-2
定　　价： 59.80 元

版权所有　侵权必究

凡购买铁道版图书，如有印制质量问题，请与本社教材图书营销部联系调换。电话：（010）63550836
打击盗版举报电话：（010）63549461

前言

在当今数字化智能时代，软件定义世界，数据驱动未来。学习C语言程序设计是提升计算思维能力、培养高技能IT（信息技术）人才的一项重要途径。在党的二十大报告中明确指出“培养造就大批德才兼备的高素质人才，是国家和民族长远发展大计。”“加快建设国家战略人才力量，努力培养造就更多大师、战略科学家、一流科技领军人才和创新团队、青年科技人才、卓越工程师、大国工匠、高技能人才。”因此要“大力弘扬弘扬劳模精神、劳动精神、工匠精神”，以技能报国，学习和掌握一项技能是时代赋予的使命和责任。为适应时代要求，从程序设计开始，学习计算机应用基本技能，掌握新一代信息技术，创新实践，为今后的学习和工作打下坚实的基础。

C语言是目前世界上广为流行且使用广泛的高级程序设计语言。C语言结构简单、数据类型丰富，具有功能强大、使用灵活、速度快、效率高、可移植性好等诸多优点，从诞生至今一直受到全世界软件设计者的青睐：许多大型应用软件都是用C语言编写的；在操作系统、图形图像、数值计算、人工智能、嵌入式系统、智能家居、游戏引擎、云计算、物联网等多个领域，C语言都得到了广泛的应用；许多程序设计语言如Java、C#等都是在C语言的基础上发展起来的。C语言是各高校广泛开设的一门重要的计算机语言课程。全国计算机等级考试、职业资格认定、技能大赛等都将C语言列入了考查范围。学习和使用C语言已经成为广大计算机应用人员和学生们的迫切需求。

不少C语言初学者迫切希望有一本实用性强、“零基础”入门的书籍，鉴于此，我们在多年从事一线实践教学和研究的基础上，总结经验和技巧，参考国内外有关资料，精心打造了本书。本书倾注了编者的大量心血，书中的每道例题、习题及每个环节都经过编者的精心设计、反复推敲；精心设计了全书的体系结构和内容，简化、分散难点，讲解分层进行、循序渐进，

力求“零基础”入门。

本书自第一版出版以来，深受广大读者的欢迎，先后多次改版重印。第一版是国家社会科学基金教育学科“十一五”规划课题研究成果；改编后出版的第二版被教育部高等学校高职高专计算机类教学指导委员会评为“优秀教材”；升级后的第三版获得了省级高等教育“优秀教学成果二等奖”；第四版在前三版的基础上进一步优化，增加了微课内容，形成了立体化教材，获得黑龙江省首届优秀教材“二等奖”并进入“‘十三五’职业教育国家级规划教材”；本次改版在原有基础上将软件运行环境由 VC++ 6.0 升级为 VC++ 2010；围绕课程目标，融入思政元素，强化育人理念；将每章的内容、习题和项目实训进行了优化；增加、丰富了微课视频，为使读者有一个工程软件开发、设计过程的体会，优化了最后一章的实际应用项目案例——“企业员工管理信息系统”。每章后面的项目实训都围绕这个实际项目内容，使读者循序渐进地学会软件项目设计。

全书共分 11 章，内容包括：进入 C 语言程序世界、应用 C 的基础知识实现数据的运算与处理、应用顺序结构设计程序解决简单实际问题、应用选择结构设计程序实现分支判断、应用循环结构设计程序实现重复操作、应用数组设计程序实现批量数据处理、应用函数设计程序实现模块化设计、应用指针设计程序增加独有特色、自己定义数据类型完成复杂数据处理、应用文件管理数据、C 程序设计项目实战。除第 11 章 C 程序设计项目实战外，每章包括“学习目标”“相关知识”“技能训练”“能力拓展”“小结”“习题”“项目实训”等环节。还增加了“举一反三”“再学一招”“编程技巧总结”等部分，将课程思政内容融入其中。

本书特色：

1. OBE 理念的“工学结合”、CDIO 工程模式——应用案例驱动 & 项目实训模式

每一章目标明确，先通过比较简单实用的案例引出相关知识点，使读者感到学习 C 语言程序设计并不是一件难事，可以顺利学习并快速掌握相关内容。编写过程中，我们将工学结合的 CDIO 工程理念融入本书，采用成果导向，尽量把 C 语言从应试学习转变为实践应用工具，设计的案例尽量贴近生活或实际需要，以提高学习兴趣；每章配有“项目实训”，做到学以致用。

2. “零基础入门”、微课助阵——内容生动灵活，实例丰富，好学易懂

讲解用贴近读者熟悉的案例引领，由浅入深，从问题分析到算法设计，从程序代码编写到运行结果分析，对整个程序设计过程进行详细讲解，以帮助初学者提振信心、快速入门。本书提供了丰富的典型例题和真实项目，集趣味性和实用性于一体，使读者在轻松环境中掌握程序设计的能力；同时配有大量的微课讲解，使读者学起来更加轻松。

3. “递进式”的讲解、匠心设计——形式新颖，设计独特

本书采用“递进式”的讲解方式将程序设计的思想和方法徐徐展开，以实例带动知识点的学习。每章典型学习模式为：简单实例讲解→相关知识点学习→技能训练→加深知识点学习→举一反三→灵活运用→能力拓展→知识点拓宽→综合实训→能力应用。由浅入深，循序渐进，重点突出，环环相扣。所列举的实例由易到难，部分实例给出一题多解，使读者既能快速直观地掌握必备的理论知识，又能很快掌握相关程序设计思想和逻辑思维方法。

“举一反三”“再学一招”“能力拓展”可满足不同程度的读者的需要。每章的“项目实训”是对所学知识的一种检验，使读者对自己的掌握程度做到心中有数，为开发实际应用项目起到抛砖引玉的作用。

4. 遵照标准、“高度凝练”——融入思政，“育人”润物细无声

本书以国际标准C语言（ANSI C）的知识和结构为基本内容，依据行业能力培养目标，结合作者多年的教学、科研经验，高度凝练知识点，每章通过简单案例囊括多个知识点学习，把常用的重点和易出现的问题提前进行提示和讲解，排除读者学习中的一些障碍，使读者学起来更有信心、更轻松。强化素质目标，培养达到“德技双修”的目标。

5. “问题导向”、产教融合——案例真实，“学以致用”

本书编写过程中，和企业、行业专家共同研究，项目来源于企业真实应用案例，综合知识应用，案例难度适中，易于实现，和企业生产实践紧密结合并应用其中。

本书通俗易懂，实例丰富，形式新颖，目标明确，以应用为主，能力为纲，理论适度，实用性强，适合作为高等职业院校程序设计课程的教材，也可作为等级考试、各类培训班的教材及技能设计大赛和广大计算机爱好者的自学和参考用书。书中所有例题均在 VC++ 2010 学习版和 VC++6.0 中通过调试运行。

本书配有课程大纲、源程序、电子教案和习题参考答案等教学资源，可从中国铁道出版社有限公司（网址为 http://www.tdpress.com/51eds/）下载，或联系作者获取。另外，与本书配套的《C 语言程序设计实训》（第 2 版）一书对应本书每章的知识点，提供了典型例题解析和大量实战训练题目，可迅速促进读者编程能力的提升。

本书由赵凤芝、包锋、李峰任主编，王海英、郭杰锋、吴晶任副主编。具体编写分工如下:第 1、5 ~ 7 章由赵凤芝编写，9 ~ 11 章由包锋编写，第 2、4 章由李峰编写，第 8 章及部分视频资料由王海英编写和整理，书中实训案例和综合项目实战内容由东软教育科技集团赵龙（企业）审核并提供部分素材。第 3 章、附录及部分实训题目、部分视频资料由郭杰锋、吴晶、刘志军编写和整理，在本书编写过程中得到了许多专家学者的指导，特别是得到了教育部职业教育专家邓泽民教授的亲自指导，在此深表感谢！吕晓昶、刘静、张国华等提供了相关资料，在此一并表示感谢！同时，对为本书出版给予关心、支持的相关人员表示诚挚的谢意！

由于编者水平有限，书中疏漏和不足之处在所难免，敬请有关专家和广大读者不吝指正。编者的电子邮箱是 qhdcomputer@163.com。

编　者

2022 年 12 月

目 录

第1章

进入C语言程序世界

C语言具有通用、高效、灵活、可移植性好等众多突出的优点，具备很强的数据处理能力，故一直是计算机程序设计的主流语言之一，也是一种国际上广泛流行的、面向过程的计算机编程语言。C语言是学习和掌握更高层语言的开发工具，适于编写系统软件、图形图像处理软件、嵌入式系统开发软件和人工智能软件等。本章主要介绍C程序的结构、简单C程序的编写、C程序的调试与运行及计算机语言的发展等内容。

学习目标

☑阅读简单的C程序，了解C程序的结构和特点。

☑设计简单的C程序。

☑学会调试和运行C程序。

☑了解C语言的产生、特点。

☑了解计算机语言的发展。

☑树立“刻苦学习、技能报国”的目标，培养敢于挑战、不断进取的精神。

目前我们正在进入5AIoT（5G+AI+IoT，智能物联网）时代，万物皆可互联，一切均可编程，软件定义世界，数据驱动未来。软件定义与人们的日常生活息息相关：在无人超市购买生活用品时，扫码或者刷脸就能购买想要的东西；在智能餐吧吃饭时，滑滑手指，几分钟后就能吃到机器人炒的美味可口的饭菜；下班回家时，软件叫的车早已等候在楼下；要去旅游时，提前一星期可以订好机票和饭店。人们的衣食住行、工作学习都已离不开软件定义的网络。信息时代的发展日新月异，各种新型的应用需求层出不穷，如各种应用商店、社交网络、人工智能应用、电子商务、电子政务等。许多国产软件的功能已非常强大，如金山WPS在Office办公领域的应用，中文输入法、语音输入法，以及华为发布的鸿蒙OS系统等。

信息技术时代，软件发展对一个国家的经济发展至关重要。科技强国，是每代中国IT人肩负的使命。中华民族伟大复兴的中国梦离我们并不遥远，它其实是扎根于我们每一天的学习、每一点的进步中。我们必须树立科技报国的雄心壮志，发奋学习，用知识武装自己，为实现中国梦奋斗。

学习 C 语言程序设计，目的是培养计算思维能力和软件设计和应用能力，适应时代的需要，追求创新，做大做强我国软件产业。只有我们拥有先进的科学知识，当危险来临的时候，才能用自己的知识去战胜危险。

1.1 初识 C 语言

语言是人与人之间交流的工具。程序设计语言是人与计算机交流的工具，C 语言是其中的一种。程序是使用程序设计语言编写出的一些语句序列，是人和计算机交流的方式。

1.1.1 第一个 C 程序

例 1.1 就是用 C 程序编写的一个小程序。

视 频

例1.1

【例 1.1】在屏幕上输出一串字符。

程序代码如下：

```
#include "stdio.h"
void main()                                    //函数定义，函数名称为 main，通常称为主函数
{
   printf("Hello!  How do you do ?"); //输出字符串
}
```

程序的运行结果为：

```
Hello!  How do you do ?
```

说明

① 程序第 1 行中的 #include 是 C 语言的编译预处理命令，放在源程序的最前面，用来提供输入 / 输出函数的声明。stdio.h 是 C 编译系统提供的一个文件名，stdio 是 standard input & output 的缩写，即有关“标准输入 / 输出”的信息，一般 C 程序的开头都写有这样一行命令。

② 程序第 2 行中的 main 是主函数的函数名，main 后面的一对圆括号是函数定义的标志，不能省略。main 前面的 void 表示此主函数是“空类型”，又称“无值型”，即执行此函数后不产生一个函数值。

③ 程序第 4 行的 printf( ) 函数是 C 语言的格式输出函数。在本程序中，printf( ) 函数的作用是输出括号内双引号之间的字符串。第 4 行末尾的分号是 C 语句结束的标志。

④ //……表示注释（也可以用“/*……*/”多行注释格式），只是对程序起到说明作用，程序执行时注释语句不执行。

例 1.1 是一个完整的 C 源程序，包含一个 main( ) 函数。C 程序由一系列函数组成（C 程序组成是模块式的，就像搭积木一样，每一个函数就是一个模块），这些函数中必须有且只能有一个名为 main 的函数，这个函数称为主函数，整个程序从主函数开始执行。在例 1.1 的程序中，只有一个主函数而无其他函数。花括号“{ }”表示 main( ) 函数的开始和结束。程序中的每一行结束时用分号“;”分隔，调用 printf( ) 函数可以完成数据的输出（具体使用方法在第 3 章的 3.2 节详细介绍）。

1.1.2　C 程序的结构特点

从例 1.1 可以总结出 C 程序结构的主要特点：

① 函数是 C 程序的基本组成单位。一个函数是一段相对独立的代码，这段代码往往具有某项功能。

② 一个 C 程序中有且仅有一个主函数，即 main( ) 函数。

③ 一个 C 程序的运行总是从 main( ) 函数开始的，都是从 main( ) 函数的第一条语句开始，到 main( ) 函数的最后一条语句结束。

④ C 程序使用“;”作为语句的终止符或分隔符。

⑤ C 程序中用“{ }”表示程序的结构层次范围。“{ }”必须配对使用。

⑥ 可以对 C 程序进行注释，主要是对程序功能进行必要说明和解释。注释部分的格式是“/* 注释内容 */”或“// 注释内容”。

⑦ 事实上，可以将一个独立执行的 C 程序称为一个 C 文件，一个文件又可以由一个或多个函数组成。所有的 C 程序都是由一个或多个文件组成的。

1.1.3　规范书写 C 程序

C 语言语句精练、简洁，语义丰富，格式灵活。为了提高程序的可读性，应该养成良好的书写习惯。

C 程序的书写格式通常有如下要求：

① 每行通常写一条语句，每条语句结束时加分号“;”作为语句结束符。

② C 程序书写格式自由，即一行中可以有多条语句，一条语句也可以占用多行，语句之间必须用分号“;”分隔。当一条语句没有结束时，一定不要加分号。

③ C 程序的语句通常不加语句标号（只有 goto 语句中要转向的语句才加语句标号）。

④ 花括号内的语句通常向右缩进 2 ~ 4 个字符或一个水平制表符。适当采取缩进格式会使程序更加清晰易读。

⑤ 在程序中适当使用注释信息，以增强程序的可读性。

读者在学习 C 语言编程时，从一开始就要养成良好的书写习惯，按照人们的约定和习惯来书写 C 程序，这样有助于提高程序的可读性。一个 C 程序如果书写不规范，虽然可以通过编译，并输出正确结果，但是，阅读程序很困难，有时会因书写不当而引起误解，造成分析上的错误。所以，读者一定要注意 C 程序的书写格式。

相关知识 1

1. C 语言的由来

图 1-1　C 语言创始人 Dennis M. Ritchie

C 语言诞生于 1972 年，是由贝尔实验室的 Dennis M. Ritchie（见图 1-1）设计，并首先在一台 UNIX 操作系统的 DEC PDP-11 计算机上实现的。C 语言诞生至今已有 50 年。事实上，一种较好的高级语言的出现，往往要经历一个长期的演变过程。

C 语言源自 Ken Thompson 发明的 B 语言，而 B 语言则源自 BCPL 语言。1967 年，剑桥大学的 Martin Richards 对 CPL 进行了简化，于是产生了

BCPL（basic combined programming language）。

1970 年，美国贝尔实验室的 Ken Thompson 以 BCPL 为基础，设计出很简单且很接近硬件的 B 语言（取 BCPL 的首字母）。并且，他用 B 语言编写了第一个 UNIX 操作系统。

1972 年，美国贝尔实验室的 Dennis M. Ritchie 在 B 语言的基础上设计出了一种新的语言，他取了 BCPL 的第二个字母作为这种语言的名字，这就是 C 语言。

1977 年，Dennis M. Ritchie 发表了不依赖于具体机器系统的 C 语言编译文本《可移植的 C 语言编译程序》。

1978 年，由贝尔实验室正式发表了 C 语言。Dennis M. Ritchie 被称为 C 语言之父（UNIX 之父）。1978 年他与 Brian W. Kernighan 一起出版了名著《C 程序设计语言》（*The C Programming Language*），对 C 语言做了详细的描述。后来的程序设计语言如 C++、VC++、Java、C# 都是在 C 语言基础上产生的。

2. C 语言的双重特性

高级语言往往是在人们的某种期盼之下出现的。C 语言就是在人们期盼寻找到一种既具有一般高级语言的特征又具有低级语言特征的情况下应运而生的。因此，C 语言具有高级语言和低级语言的双重特性。

3. C 语言的应用

C 语言具有很多方便编程的特点，因此许多编程人员都喜欢使用这种语言，其广泛应用于系统软件和应用软件的开发研制之中。C 语言功能强大，可实现以下功能：

① 可以编写网站后台，诸如百度、腾讯后台。

② 可以写出功能完美、绚丽的 GUI（图形用户接口）界面，如苹果界面。

③ 可以写出大型游戏的引擎。

④ 可以写出操作系统和各种驱动程序，如 Windows 操作系统。

⑤ 可以写出各种功能强大的程序及程序库、各种日常生活中的硬件设备驱动，如手机、微波炉、电视等，还可编写出专家系统，广泛应用于人工智能、云计算、物联网等领域。

4. C 语言的特点

C 语言是一种出现比较晚的高级语言，它吸取了早期高级语言的长处，克服了其中的某些不足，形成了自己的风格和特点。总体来说，C 语言是一种简洁明了、功能强大、可移植性好的结构化程序设计语言。C 语言具有如下特点：

① C 语言简洁、紧凑。

② C 语言是一种结构化的程序设计语言。

③ C 语言具有丰富的数据类型。

④ C 语言提供了丰富的运算符。C 语言共有 44 种运算符，分为 15 个优先级和两种结合方向（参看附录 C）。这些运算符是编程的基础，必须尽快掌握。

⑤ C 语言可以直接对部分硬件进行操作。

⑥ C 语言的可移植性较好。在一个环境上用 C 语言编写的程序，不改动或稍加改动，就可移植到另一个完全不同的环境中运行。

1.1.4　C 与 C++

一般而言，C、C++、Java 被视为同一系的语言，它们长期占据着程序使用榜的前三名。那么，C 语言和 C++ 到底有什么关系呢？

C++ 读作“C 加加”，是 C plus plus 的简称。顾名思义，C++ 是在 C 的基础上增加了新特性。C++ 是从 C 语言发展来的，它是建立在 C 语言之上的，称为“带类的 C 语言”。C++ 是作为 C 语言的一个扩展和补充出现的，目的是提高开发效率。C 是 C++ 的子集。C 语言是结构化的语言，C++ 增加了面向对象的概念，成为一种流行的面向对象的语言，其功能更加强大。C 语言是一种开发语言，有很多厂商都开发了自己的 C 语言工具，目前常用的包括 Visual C++ 和 C++ Builder、Borland C++ 等。每个厂商都遵从一定标准，所以一般的 C 语言程序都可以在这些系统中编译。但是，厂商也增加了自己的一些特色功能，而这些特色功能可能是彼此不兼容的。当然，Visual C++ 除了可以编译 C 语言的程序，它还可以编译 C++ 程序。

C 语言是 1972 年由美国贝尔实验室研制成功的，它的很多新特性都让汇编程序员羡慕不已。C 语言也是“时髦”的语言，后来的很多软件都是用 C 语言开发的，包括 Windows、Linux 等。C++ 主要在 C 语言的基础上增加了面向对象和泛型的机制，提高了开发效率，以适用于大中型软件的编写。

C 语言是 C++ 的基础，它的基本概念和设计方法相对比较容易理解，所以建议初学者从 C 语言入手，先把 C 语言学好。

1.2　设计简单的 C 程序

学会设计一个 C 程序并不是一件很难的事。设计 C 程序时，首先应分析问题的已知条件是什么，求解目标是什么，找出解决的步骤也就是算法，然后逐步求解。读者可以通过例 1.2 进行体会。

【例 1.2】设计简单的 C 程序。已知 a=3，b=5，求 sum=2a+b。

程序代码如下：

```
#include "stdio.h"
void main()
{
    int a,b,sum;                    //定义三个变量 a，b，sum，用于存储三个整型数
    a=3;                            //将整型变量 a 赋值为 3
    b=5;                            //将整型变量 b 赋值为 5
    sum=2*a+b;                      //将 2a+b 的值送给变量 sum，2*a 表示 2 乘以 a
    printf("sum=%d\n",sum);         //输出 sum 的值
}
```

程序的运行结果为：

```
sum=11
```

① 程序第 4 行是声明部分，用来定义变量 a、b 和 sum 为整型变量，int 代表“整型”（int 是 integer 的简写），表示定义十进制整型变量，用于存放整型数据。

② 程序第 5 行和第 6 行是两个赋值语句，使 a 和 b 的值分别为 3 和 5。

③ 程序第 7 行先执行 2*a+b 的运算，然后把 2*a+b 的结果赋予变量 sum，则 sum 的值为 2*3+5，即 11。

④ 程序第 8 行是输出语句，双引号中的“%d”是输入/输出的“格式字符串”，表示输入/输出时用“十进制整数”形式表示。printf( ) 函数中括号内逗号右面的 sum 是要输出的变量，在输出结果时它应代替“%d”，出现在“%d”原来的位置上。“\n”是换行符，实现回车换行。

从例 1.2 可以看出：C 程序的编写类似于英语和数学表达。程序设计一般先定义所需要的变量，如例 1.2 中定义了三个变量 a、b、sum，然后给变量赋初值，再进行计算，最后输出结果。

程序的解题步骤也就是算法通常由流程图或 N-S 图表示（具体参考 1.3.3 节），例 1.2 程序的流程图和 N-S 图如图 1-2 所示。

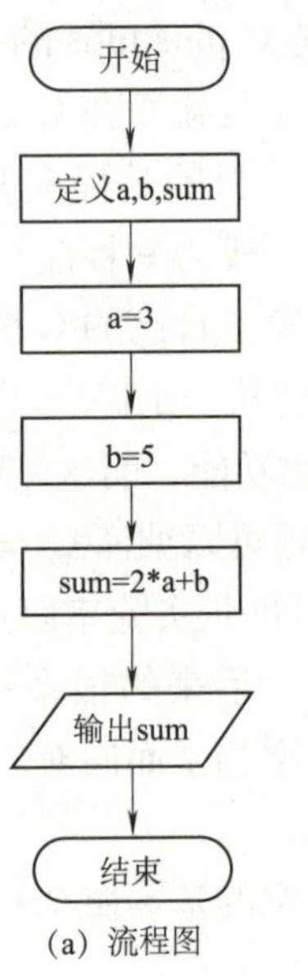

(a) 流程图

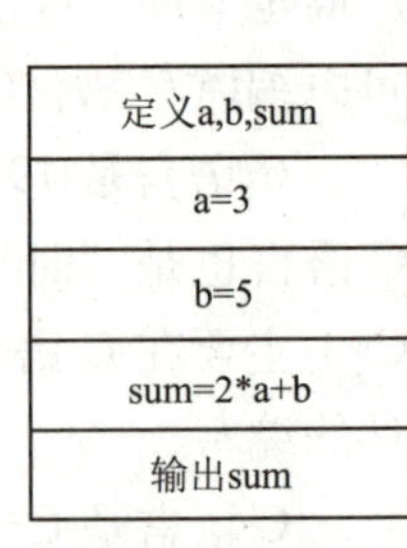

(b) N-S图

图 1-2　例 1.2 程序的流程图和 N-S 图

思考：

如何求 sum=3a+2b？

提示：

只需将求 sum 值的语句改为 sum=3*a+2*b; 即可。

注意：

C 语言的功能强大，使用方便灵活，但是真正学好 C 语言、用好 C 语言并不容易。“灵活”固然是好事，但也使人难以掌握，尤其是初学者往往出了错还不知道怎么回事。下面将初学者在学习和使用 C 语言时容易犯的错误列举出来，以起到提醒的作用。

① main( ) 经常出现拼写错误，如经常错写成 mian( ) 或 Main( )。

② 忘记花括号 { }、圆括号 ( ) 和双引号 " " 都是成对出现的。例如：

```
void main()
{ printf("I am a student !);                    //错误
```

应改写为：

```
void main()
{ printf("I am a student !");}
```

③ 定义类型和变量名之间未用空格分隔。例如：

```
inta,b,c;                                //错误
```

应改写为：

```
int  a,b,c;
```

课后讨论

① C 语言程序的书写格式有什么要求？
② 上网查阅：目前流行的程序设计语言有哪些？

1.3 C 程序的调试与运行

“纸上得来终觉浅，绝知此事要躬行。”直接经验和间接经验是人们获取知识的两条途径。从书本中汲取营养，学习前人的知识和技巧是非常必要的，而直接经验是获取知识的另一个重要途径，是直接从实践中产生的认识，这也是非常必要的。俗话说：“眼过千遍，不如手过一遍。”下面介绍设计和运行 C 程序的过程。

本节将介绍如何编辑 C 程序及运行 C 程序并产生结果。首先介绍 C 程序编辑、编译、连接和运行的四个步骤，然后分别介绍目前流行的 C 程序的运行环境 Visual C++ 6.0 和 Visual C++ 2010，并讲述在上述环境中实现 C 程序设计的具体方法。

1.3.1 C 程序的实现过程

C 语言采用的编译方式是将源程序转换为二进制目标代码。从编写一个 C 程序到完成运行得到结果一般需要经过以下几个步骤：

1. 编辑

编辑包括以下内容：①将源程序逐个字符输入计算机内存；②修改源程序；③将修改好的源程序保存在磁盘文件中，其文件扩展名为 .c 或 .cpp。

2. 编译

编译就是将已编辑好的源程序翻译成二进制的目标代码。在编译时，还要对源程序进行语法检查，如发现错误，则显示出错信息，此时应重新进入编辑状态，对源程序进行修改后再重新编译，直到通过编译为止，生成扩展名为 .obj 的同名文件。

3. 连接

连接是将各个模块的二进制目标代码与系统标准模块经过连接处理后，得到可执行的文件，其扩展名为 .exe。

4. 运行

一个经过编译和连接的可执行的目标文件，只有在操作系统的支持和管理下才能运行。

图 1-3 描述了从一个 C 程序到输出结果的实现过程。

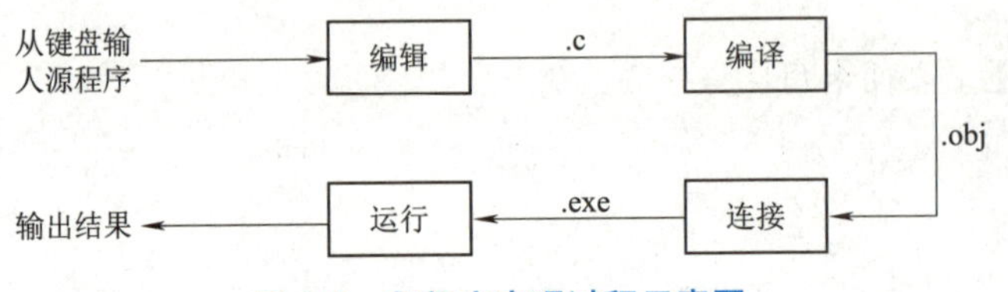

图 1-3 C 程序实现过程示意图

1.3.2 在 Visual C++ 6.0 环境中实现 C 程序

视 频

VC++ 6.0安装与程序操作

Visual C++ 6.0（简称 VC++6.0 或 VC6.0）提供了可视化的集成开发环境，主要包括文本编辑器、资源编辑器、工程创建工具、Debugger 调试器等实用开发工具。Visual C++ 6.0 分为标准版、专业版和企业版三种，但其基本功能是相同的。

下面系统地学习如何在 Visual C++ 6.0 中实现 C 程序的编辑和运行。

1. Visual C++ 6.0 主框架窗口

在 Windows 系统任务栏中，选择“开始”→“所有程序”→ Microsoft Visual Studio 6.0 → Microsoft Visual C++ 6.0 命令，即可启动 Visual C++ 6.0 集成开发环境，窗口界面如图 1-4 所示。

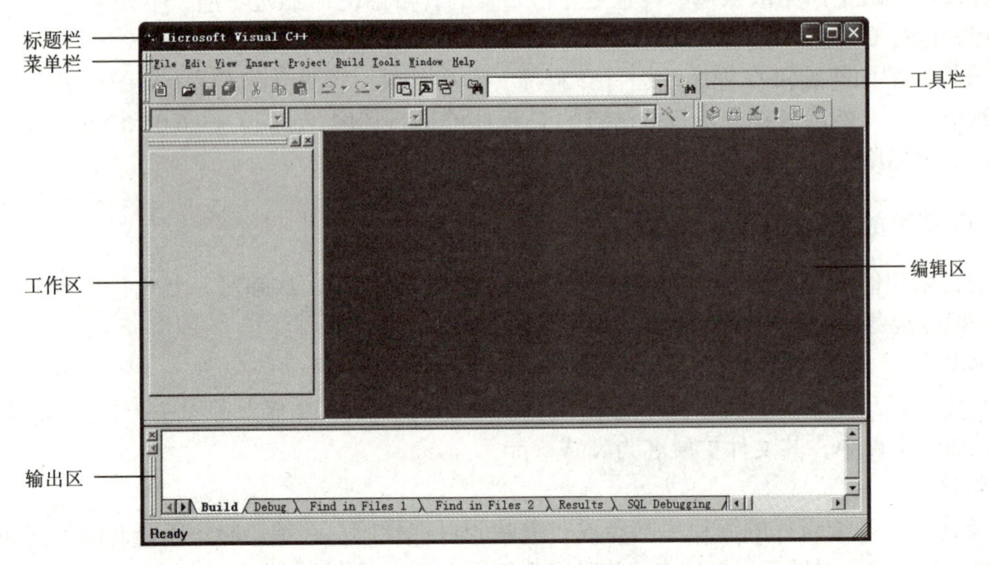

图 1-4 Visual C++ 6.0 窗口界面

2. 在 Visual C++ 6.0 中编译 C 程序

（1）创建文件

在 Visual C++ 6.0 中创建 C 程序文件有多种方式，现列举两种：

① 在任意位置处创建一个记事本文件，保存格式由 .txt 修改为 .c，如 exam.c。启动 Visual C++ 6.0 环境，选择 File → Open 命令，在弹出的“打开”对话框中选择创建的 exam.c 文件，如图 1-5 所示。单击“打开”按钮，即可进入 VC++ 的代码编辑窗口。

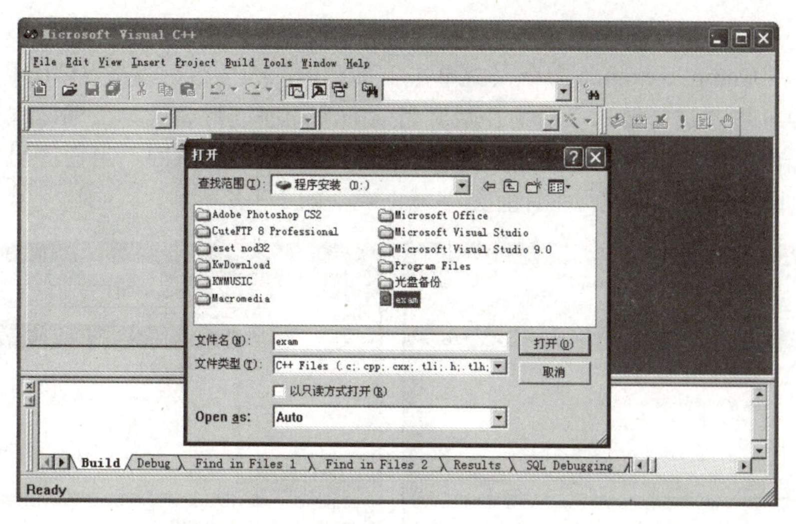

图 1-5　打开 exam.c 文件

② 启动 Visual C++ 6.0，选择 File → New 命令，在弹出的 New 对话框中选择 Files 选项卡。在左边列出的选项中，选择 C++ Source File 或 Text File 选项，在右边 File 文本框中输入 exam.c，单击 Location 文本框右侧的 按钮修改保存的位置，如图 1-6 所示。单击 OK 按钮，即可进入 Visual C++ 6.0 的代码编辑窗口。

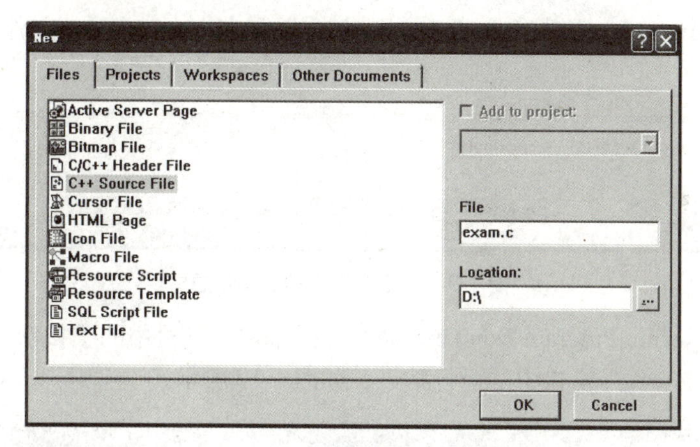

图 1-6　创建 exam.c 文件

（2）编辑代码并保存

① 编辑代码：在代码编辑窗口中输入 exam.c 的源代码，完成后如图 1-7 所示。源代码如下：

```
/*** exam.c ***/
#include <stdio.h>
main()
{
   printf("欢迎使用 VC++ 编译 C 程序！ \n");
}
```

② 保存：选择 File → Save 命令（Save As…命令可修改原默认存储路径），也可单击工具栏中的“保存”按钮来保存文件。

（3）编译、连接、运行源程序

选择 Build → Compile exam.c 命令（或单击工具栏中的按钮，或按【Ctrl+F7】组合键），在弹出的对话框中单击“是”按钮，系统开始对当前的源程序进行编译。在编译过程中，将所发现的错误显示在输出区中，错误信息中指出错误所在行号和错误的原因。当程序出现错误时，根据提示信息修改源程序代码，再进行编译直至编译正确，如图 1-8 所示。

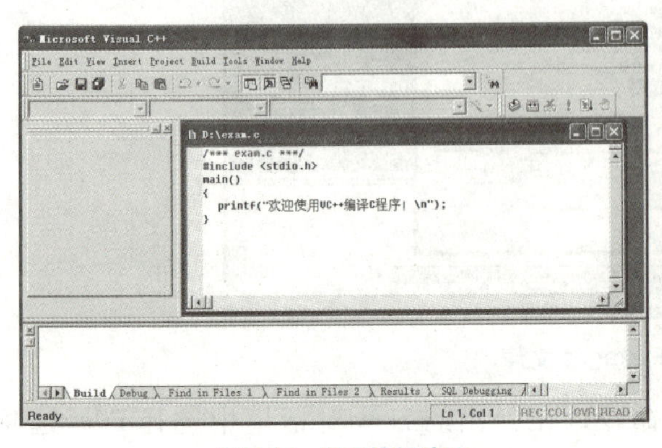

图 1-7　代码编辑窗口

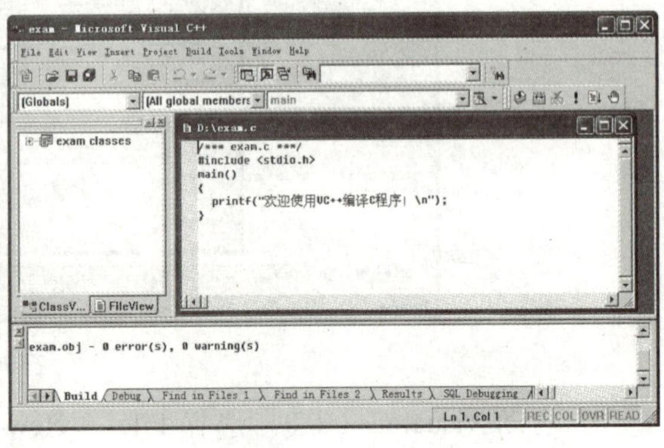

图 1-8　输出区中的编译信息

当输出区中的信息提示为 exam.obj - 0 error(s), 0 warning(s) 时，表示编译正确。

选择 Build → Build exam.exe 命令（或单击工具栏中的按钮，或按【F7】键），连接正确时，生成可执行文件 exam.exe，如图 1-9 所示。该文件保存在 exam.c 同一文件夹下的 Debug 文件夹中。

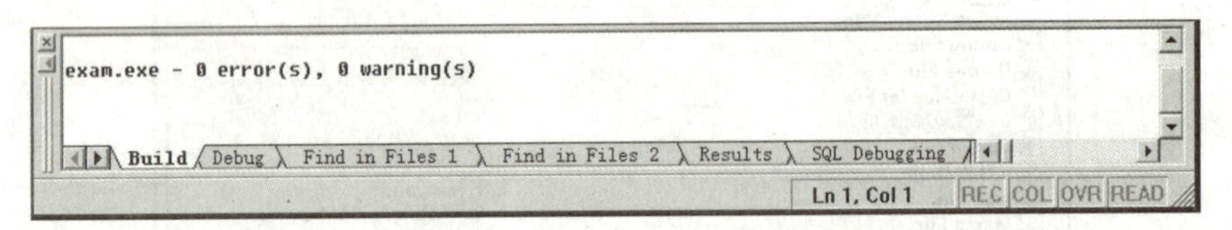

图 1-9　输出窗口中的连接信息

选择 Build → Execute Program exam.exe 命令（或单击工具栏中的按钮，或按【Ctrl+F5】组合键），即可看到控制台程序窗口中的运行结果，如图 1-10 所示。

图 1-10　程序 exam.c 的运行结果

（4）关闭工作区

每次完成对程序的操作后，必须安全地保存好已经建立的应用程序与数据，应正确地使用关闭工作区来终止工程。

选择 File → Save Workspace 命令，可以保存工作区的信息；选择 File → Close Workspace 命令，可以终止工程、保存工作区信息、关闭当前工作区；选择 File → Exit 命令，即可退出 Visual C++ 6.0 环境。

3. 菜单栏说明

菜单栏包括 9 个菜单项，如图 1-11 所示。菜单选择可以通过两种方法来进行：一种是单击所选的菜单；另一种是键盘操作，通过相应的快捷键来选择（同时按住【Alt】键和相应菜单提示的相应按键组合）。选中某个菜单后，就会出现相应的下拉式菜单。

File Edit View Insert Project Build Tools Window Help

图 1-11 菜单栏

（1）File 菜单

File 菜单包含了各种对文件进行操作的选项，各命令的功能如下：

① New（【Ctrl+N】组合键）：创建新的文件、工程、工作区或其他文档。

② Open（【Ctrl+O】组合键）：打开已有的文件。可以打开的文件类型有 C 文件、C++ 文件、Web 文件、资源文件、文本文件、项目文件和工作区文件。

③ Close：关闭在代码编辑窗口中当前显示的文件。

④ Open Workspace：打开工作区文件。

⑤ Save Workspace：保存当前打开的工作区文件。

⑥ Close Workspace：关闭当前打开的工作区文件。

⑦ Save（【Ctrl+S】组合键）：保存代码编辑窗口中当前显示的文件。如果代码编辑窗口中没有显示任何文件，则此命令为禁用状态。

⑧ Save As…：在弹出的“保存为”对话框中可以保存一个新建的窗口或将当前编辑窗口的内容保存到一个不同的文件中。

⑨ Save All：保存所有窗口中的文件信息。

⑩ Page Setup：在弹出的“打印设置”对话框中设置和格式化打印结果。

⑪ Print…（【Ctrl+P】组合键）：在弹出的“打印”对话框中使用“页面设置”设置的格式，打印当前活动窗口中的文件。

⑫ Recent Files：该级联菜单包含有最近打开的文件名，默认最多可列出 4 个文件名。选择其中的任意文件名，就会打开相应文件。

⑬ Recent Workspace：该级联菜单包含有最近打开的工程区名，默认最多可列出 4 个工程区名。选择其中的任意工程区名，就会打开相应工作区。

⑭ Exit：退出编程环境。当选择此命令时，如果还有修改后未经保存的文件，则会弹出提示对话框。

（2）Edit 菜单

Edit 菜单中的命令主要是对源程序代码中的内容进行编辑和搜索，各命令的功能如下：

① Undo（【Ctrl+Z】组合键）：撤销用户最近一次的编辑修改操作。

② Redo（【Ctrl+Y】组合键）：恢复被撤销的操作。

③ Cut（【Ctrl+X】组合键）：将当前活动窗口中选定的内容剪切到剪贴板中，并覆盖剪贴板上原有的内容。

④ Copy（【Ctrl+C】组合键）：将当前活动窗口中选定的内容复制到剪贴板中，并覆盖剪贴板上原有的内容。

⑤ Paste（【Ctrl+V】组合键）：将剪贴板中的内容复制到当前光标所在位置，如果存在高亮被选对象，则用剪贴板中内容将其替换。

⑥ Delete（【Delete】键）：删除被选内容。

⑦ Select All（【Ctrl+A】组合键）：选定当前活动窗口中的全部内容。

⑧ Find…（【Ctrl+F】组合键）：查找指定的字符串。

⑨ Find in Files…：在指定的多个文件（夹）中查找字符串。

⑩ Replace（【Ctrl+H】组合键）：替换指定的字符串。

⑪ GoTo（【Ctrl+G】组合键）：将光标移动到指定位置处。

⑫ Bookmarks…（【Alt+F2】组合键）：在光标当前位置处定义一个书签。

⑬ Advanced：级联菜单，可进行其他一些编辑操作，如将指定内容进行大/小写转换。

⑭ Breakpoints…（【Alt+F9】组合键）：在程序中设置断点。

⑮ List Members：生成成员列表。

⑯ Type Info：获得类型信息。

⑰ Parameter Info：获得参数信息。

⑱ Complete Word：显示词语自动完成选项。

（3）View 菜单

View 菜单中的命令主要是对执行的中间过程进行查看，各命令的功能如下：

① ClassWizard（【Ctrl+W】组合键）：弹出类编辑对话框，在对话框中添加变量、消息处理函数或将资源和代码相连。

② Resource Symbols：显示和编辑资源文件中的资源标识符（ID 号）。

③ Resource Includes：修改资源包含文件。

④ Fill Screen：切换到全屏显示方式。

⑤ Workspace（【Alt+0】组合键）：显示并激活项目工作区窗口。

⑥ Output（【Alt+2】组合键）：显示并激活输出窗口。

⑦ Debug Windows：操作调试窗口。

⑧ Refresh：刷新选定的内容。

⑨ Properties（【Alt+Enter】组合键）：编辑当前选定对象的属性。

（4）Insert 菜单

Insert 菜单中的命令主要进行插入操作，各命令的功能如下：

① New Class…：插入一个新类。

② New Form…：插入一个新的表单类。

③ Resource…（【Ctrl+R】组合键）：插入指定类型的新资源。

④ Resource Copy…：创建一个不同语言的资源副本。

⑤ File As Text：在当前光标位置处插入文本文件内容。

⑥ New ATL Object…：插入一个新的 ATL 对象。

（5）Project 菜单

Project 菜单中的命令主要是项目的操作，各命令的功能如下：

① Set Active Project：激活指定项目。
② Add To Project：将组件或外部的源文件添加在当前的项目中。
③ Dependencies…：编辑当前项目的依赖关系。
④ Settings…（【Alt+F7】组合键）：修改当前编译和调试项目的一些设置。
⑤ Export Makefile…：生成当前可编译项目的（.mak）文件。
⑥ Insert Project into Workspace…：将项目加入到项目工作区中。

（6）Build 菜单

Build 菜单中的命令主要是对项目文件进行编译、连接、配置等操作，各命令的功能如下：
① Compile（【Ctrl+F7】组合键）：编译 C 或 C++ 源代码文件。
② Build（【F7】键）：生成应用程序的 .exe 文件（编译、连接，又称编连）。
③ Rebuild All：重新编连整个项目文件。
④ Batch Build：成批编连多个项目文件。
⑤ Clean：清除所有编连过程中产生的文件。
⑥ Start Debug：级联菜单，包含调试的一些操作。
⑦ Debugger Remote Connection…：设置远程调试连接的各项环境设置。
⑧ Execute（【Ctrl+F5】组合键）：执行应用程序。
⑨ Set Active Configuration：设置当前项目的配置。
⑩ Configurations…：设置、修改项目的配置。
⑪ Profiler：为当前应用程序设定各选项。

（7）Tools 菜单

Tools 菜单中的命令主要是浏览用户程序中定义的符号、定制菜单与工具栏、激活常用工具或更改选项和变量的设置。

（8）Window 菜单

Window 菜单中的命令主要是对窗口进行操作，各命令的功能如下：
① New Window：再打开一个文档窗口显示当前窗口内容。
② Split：文档窗口切分命令。
③ Docking View（【Alt+F6】组合键）：浮动显示项目工作区窗口。
④ Close：关闭当前文档窗口。
⑤ Close All：关闭所有打开过的文档窗口。
⑥ Next：激活并显示下一个文档窗口。
⑦ Previous：激活并显示上一个文档窗口。
⑧ Cascade：层铺所有的文档窗口。
⑨ Tile Horizontally：多个文档窗口上下一次排列。
⑩ Tile Vertically：多个文档窗口左右一次排列。
⑪ Windows…：文档窗口操作。

（9）Help 菜单

Help 菜单中的命令主要是为用户提供大量的帮助信息。

相关知识 2

1. 运行

程序源代码是静态的，只有运行起来才能发挥作用。编译运行是最经典、效率最高的运行方式。C 程序的高性能在很大程度上归功于编译。

2. 内存

程序在运行时是和数据一起保存在内存中、由 CPU 执行的。程序和数据都是以二进制形式存储的，存储单位是字节。每台计算机的内存都能存储一定字节数的内容。通常，每个存储单元能保存一个字节的数据。程序和数据怎样存储和该往哪里存储并不需要用户操心，操作系统和编译器会自动处理。

课后讨论

C 程序上机调试的步骤有哪些？

1.3.3 在 Visual C++ 2010 学习版环境中实现 C 程序

视 频

VC++ 2010 学习版安装与程序操作

Visual C++ 2010 学习版(简称 VC2010)是 Visual Studio 2010 的一个组件，是微软公司的 C++ 开发工具，具有集成开发环境，用于编辑 C 语言、C++ 以及 C++/CLI 等编程语言。

1.Visual C++ 2010 学习版主框架窗口

安装 Visual C++ 2010 学习版后，在“开始”菜单中单击“所有程序”，在弹出的子菜单中找到“Microsoft Visual Studio 2010 Express”文件夹，单击打开后，选择“Microsoft Visual C++ 2010 Express”选项，即可启动 Visual C++ 2010 学习版集成开发环境，启动界面如图 1-12 所示。

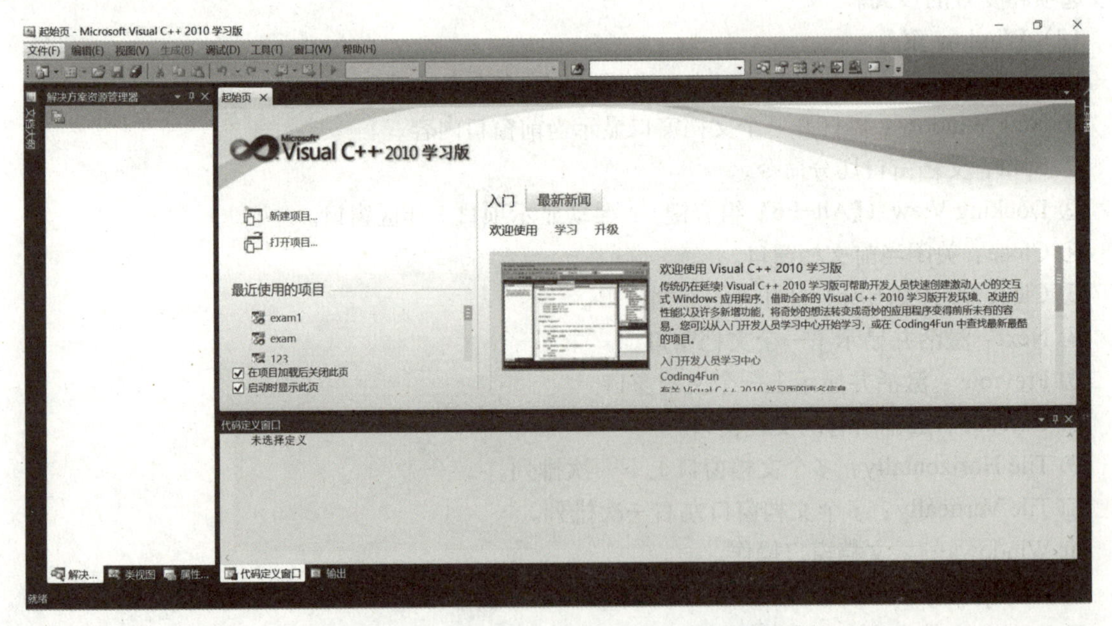

图 1-12 Visual C++ 2010 学习版启动界面

2. 在 Visual C++ 2010 学习版中编译 C 程序

① 新建项目，如图 1-13 所示。

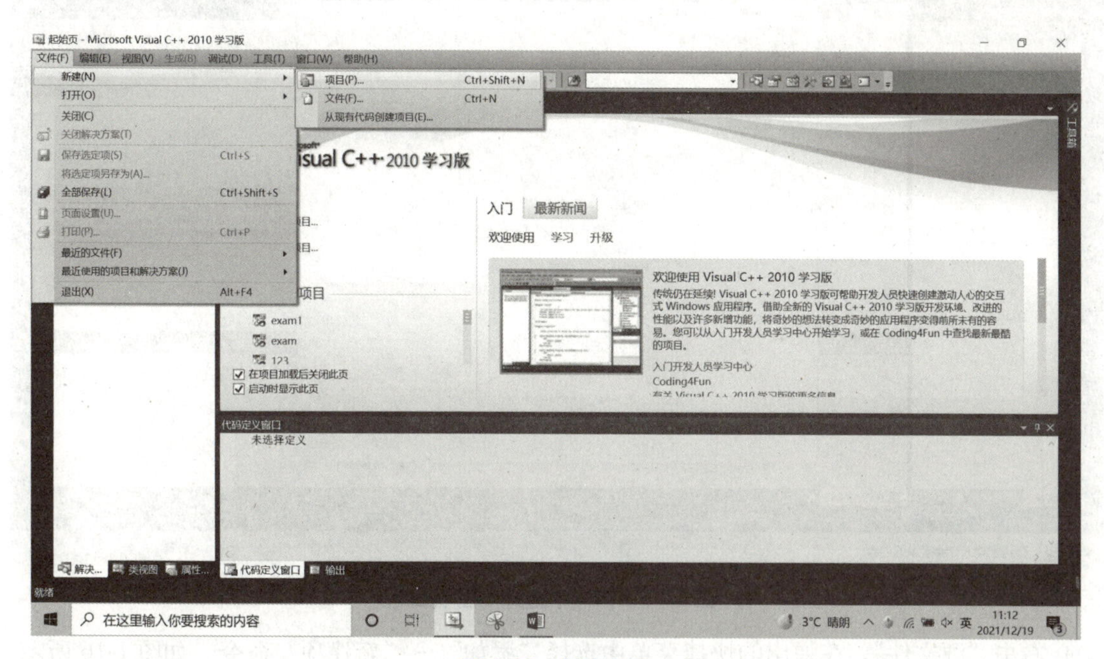

图 1-13　新建项目

② 新建“Win32 控制台应用程序”，如图 1-14 所示。

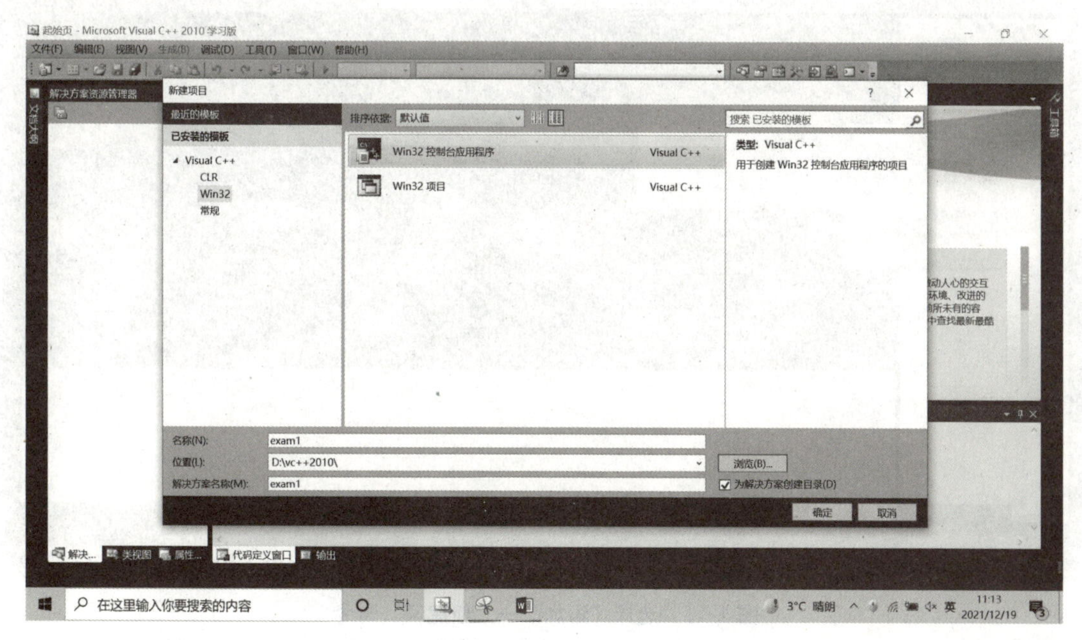

图 1-14　新建“Win32 控制台应用程序”

③ 在向导中选择“空项目”，如图 1-15 所示。

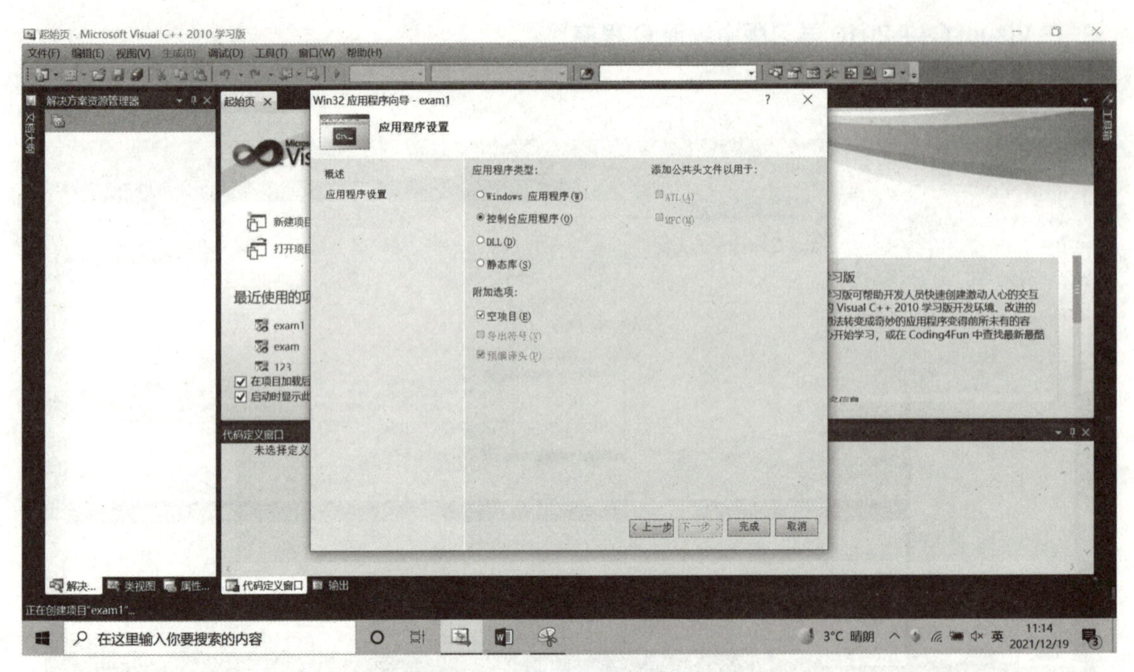

图 1-15　向导中选择“空项目”

④ 右击“源文件”，在弹出的快捷菜单中选择“添加”→“新建项”命令，如图 1-16 所示。

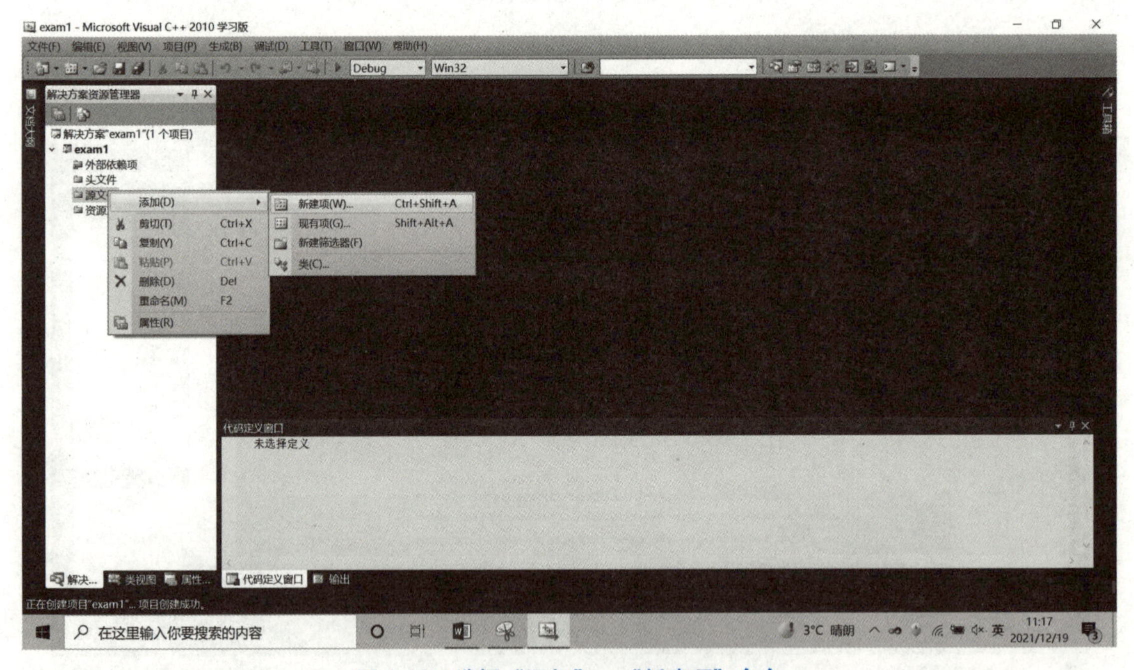

图 1-16　选择“添加”→“新建项”命令

⑤ 添加项里选择“C++ 文件”，输入文件名，如图 1-17 所示。

⑥ 输入程序代码，如图 1-18 所示。输入完毕后，保存项目：选择“文件”→“全部保存”命令；保存 C++ 文件：选择“文件”菜单中的“保存”或“另存为”命令。

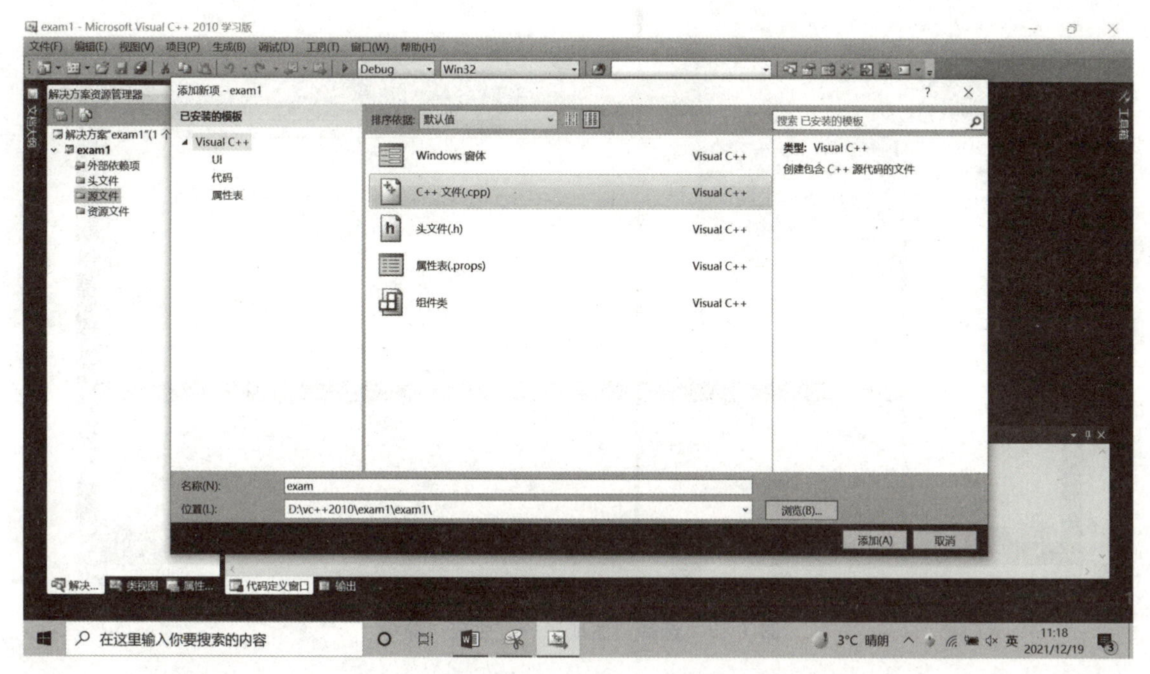

图 1-17　添加“C++ 文件”

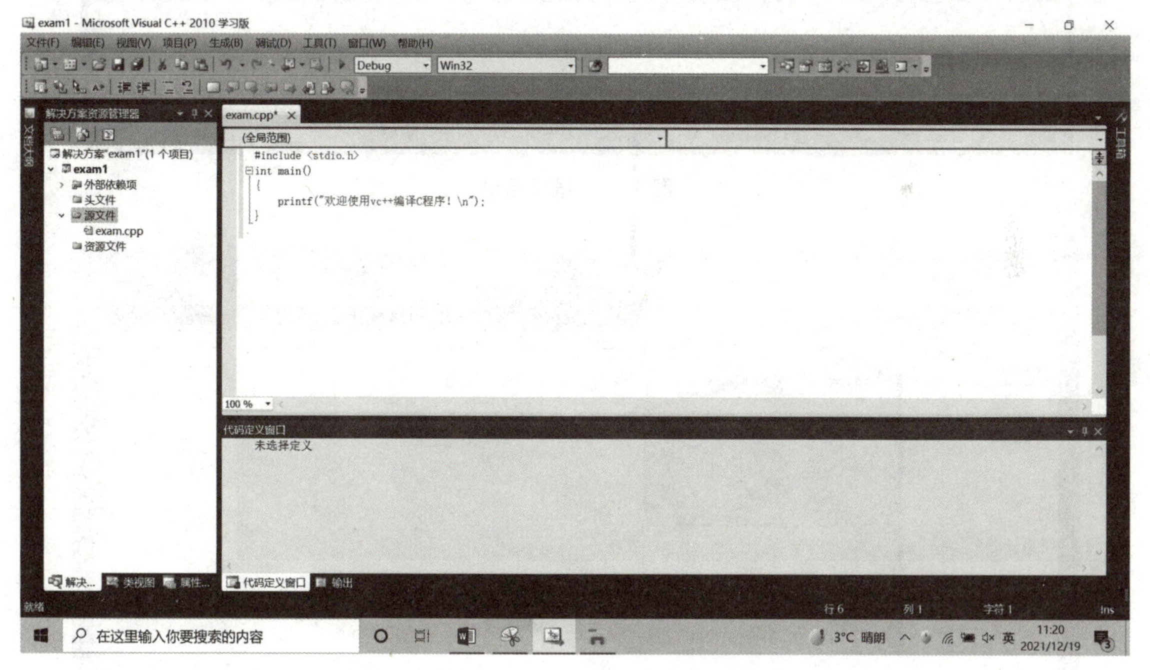

图 1-18　输入程序代码

⑦ 选择“生成”→“生成”命令，如图 1-19 所示。编译结果如图 1-20 所示。

⑧ 选择“调试”→“开始执行”命令，如图 1-21 所示。运行结果如图 1-22 所示。

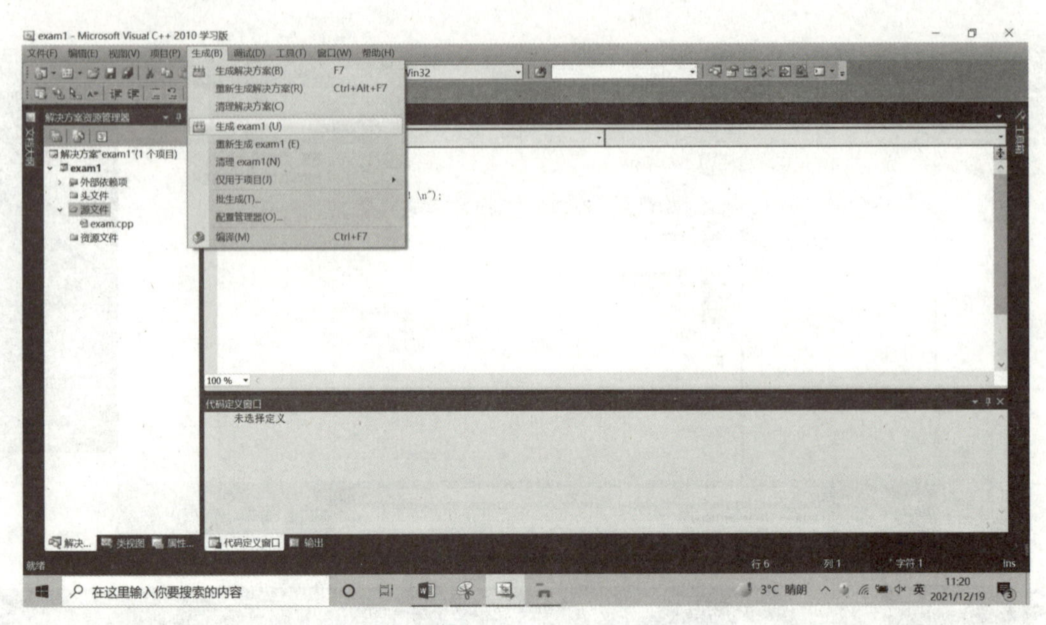

图 1-19 选择“生成”→“生成”命令

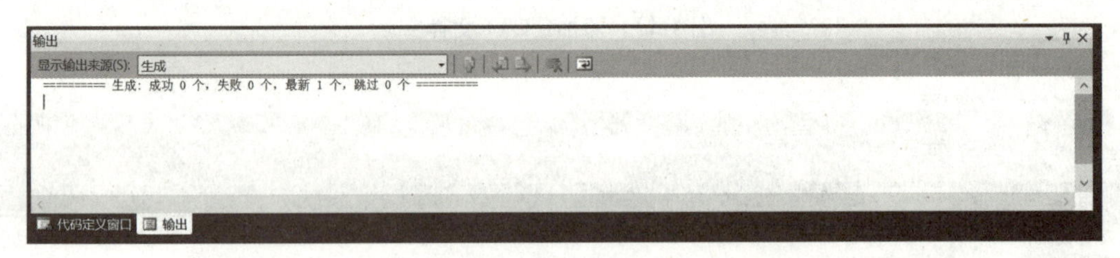

图 1-20 编译结果

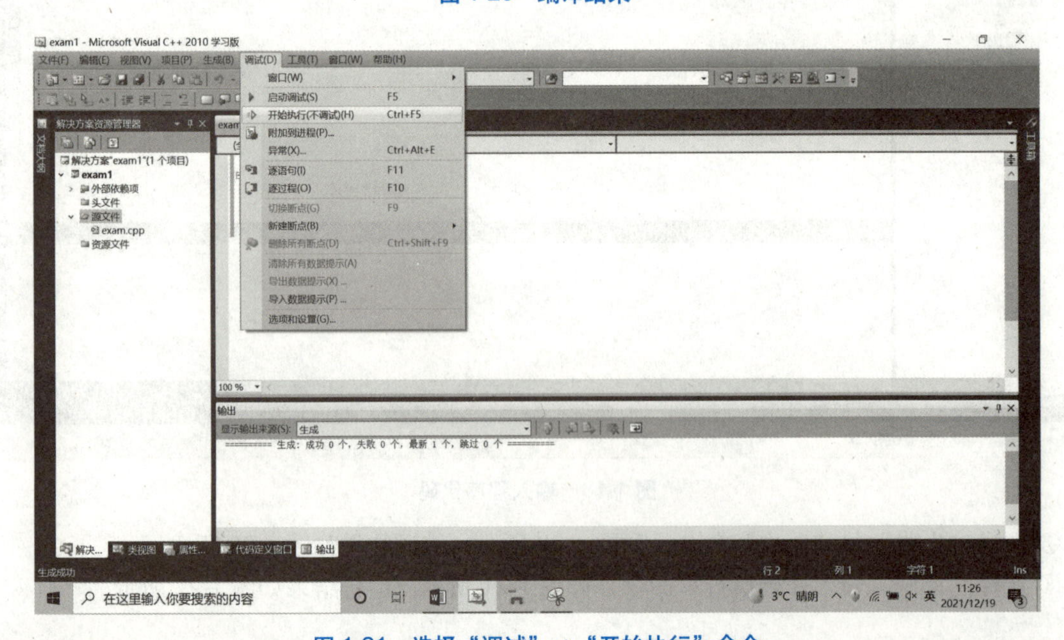

图 1-21 选择“调试”→“开始执行”命令

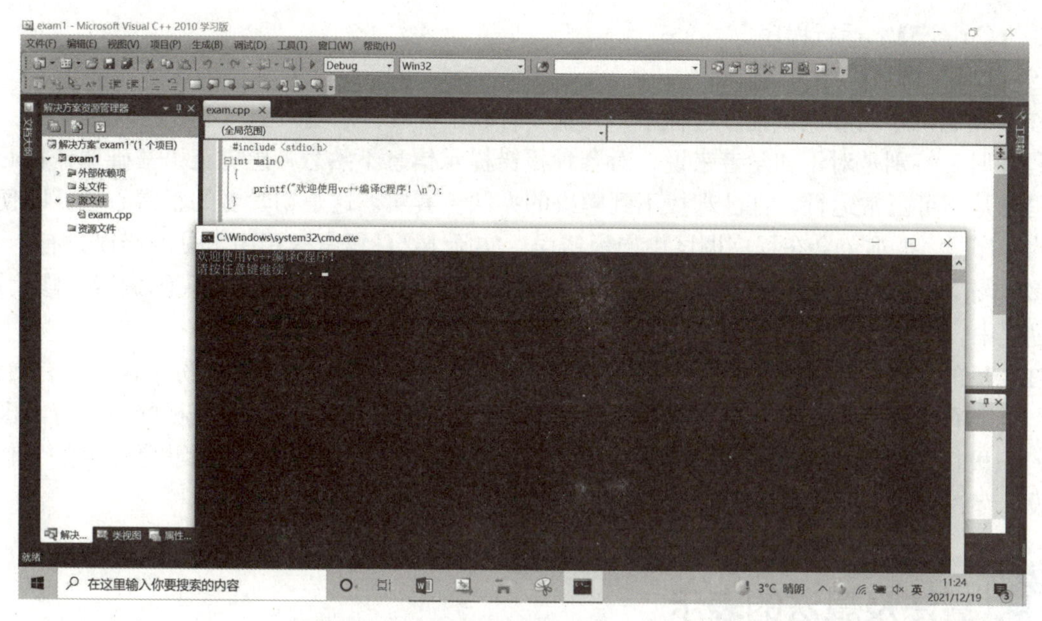

图 1-22　运行结果

⑧ 每次完成对程序的操作后，必须安全地保存好已建立的应用程序与数据，应正确地使用关闭解决方案来终止项目。选择“文件”→“关闭解决方案”命令，如图 1-23 所示。

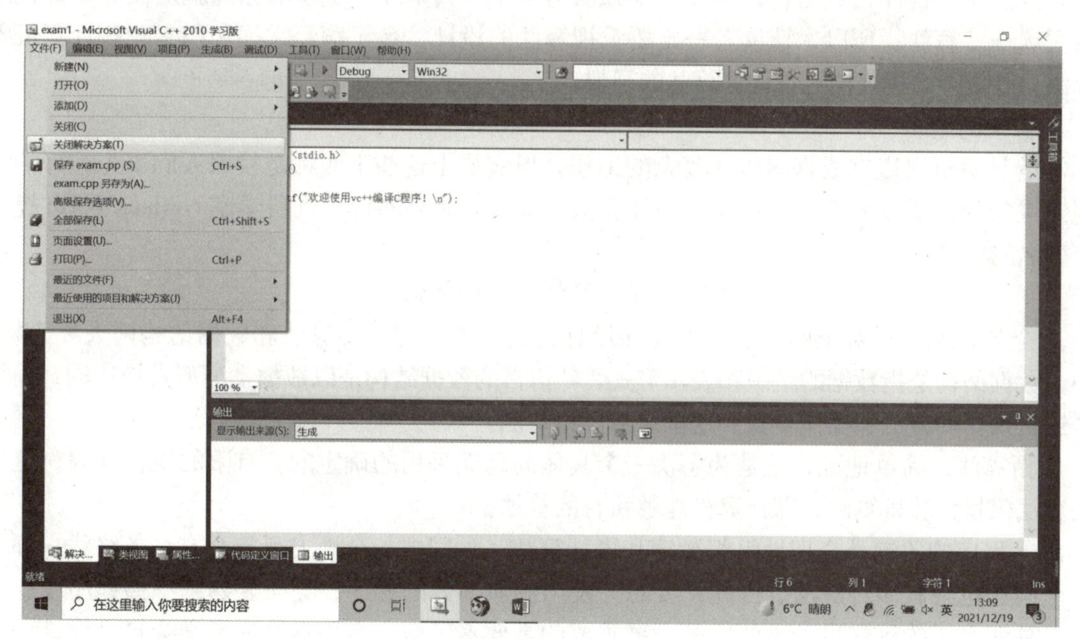

图 1-23　关闭解决方案

3. Visual C++ 2010 学习版常用快捷键

① 【Ctrl+N】：相当于选择“文件”→“新建”→“文件”命令。

② 【Ctrl+F7】：编译程序。

③ 【F7】：生成解决方案。

④【Ctrl+F5】：运行程序。

⑤【F5】：调试程序。

在 C 语言的学习和调试程序过程中，大家要有敢于挑战、乐观向上、不断进取的精神。在编写 C 程序时，特别是对于初学者来说，对各种报错提示信息不熟悉，感觉英语基础弱，担心自己的代码总是不可正常运行，自己却找不到解决的办法。其实，这是初学者的正常心理，即便是高水平的程序员，也难免会在程序调试中出现错误。实际上，C 语言应用中常见的错误只有十几种，只要多加练习、多尝试，很快就会应对出现的错误信息，得心应手地进行代码调试、修改错误，在此过程中，你也会获得自己战胜困难后的满足感。

在今后的工作中不可以因为一个解决不了的问题就主动退缩，对待每一份工作都要有责任心、耐心，也要有团队意识，在学校就要养成良好的习惯，将来在工作中也是一样的，要有大国工匠精神，积极投身创新实践。程序设计是一项需要程序员做到一丝不苟且逻辑非常缜密的工作。若程序设计存在错误，如计算精度舍入有误差，最后有可能演变为重大灾难。

1.4 算法及算法的表示

初学者常常会有这样的一种感觉：读别人编写的程序比较容易，自己编写程序解决问题时就难了，虽然学了程序设计语言，可还是不知从何下手。其中一个重要的原因就是没有掌握程序设计的灵魂——算法。所以，请读者一定要重视算法的设计，多了解、掌握和积累一些计算机常用的算法，养成编写程序前先设计好算法的习惯。

1. 算法的概念

尽管计算机可以完成许多极其复杂的工作，但实质上这些工作都是按照人们事先编好的程序的规定进行的，所以人们常把程序称为计算机的灵魂。著名的计算机科学家 Niklaus Wirth 提出了一个著名的公式：

程序 = 算法 + 数据结构

这个公式说明：对于面向过程的程序设计语言而言，程序由算法和数据结构两大要素构成。其中，数据结构是指数据的组织和表示形式，C 语言的数据结构是以数据类型形式描述的；而算法就是进行操作的方法和操作步骤。这里重点讨论算法。

所谓算法，简单地说，就是为解决一个具体问题而采用的确定的、有限的操作步骤。这里所说的算法仅指计算机算法，即计算机能够执行的算法。

编写程序的关键是合理地组织数据和设计算法。如同去一个地方可能会有多条路线一样，解决一个问题也会有多种算法。因此，要想开发出高质高效的程序，除了要熟练掌握程序设计语言这种工具和必要的程序设计方法以外，更重要的是要多了解、多积累并逐渐学会自己设计一些好的算法。

设计一个算法后，怎样衡量它的好坏呢？一般地，可用如下特性来衡量：

① 有穷性。算法包含的操作步骤是有限的，每一步都应在合理的时间内完成。

② 确定性。算法的每个步骤都应是确定的，不允许有歧义。例如，“如果 x 大于等于 0，则

输出 1；如果 x 小于等于 0，则输出 -1”。执行时，当 x = 0 时，既输出 1，又输出 -1，这就产生了不确定性。

③ 有效性。算法中的每个步骤都应是能有效执行的，且能得到确定的结果。例如，对一个负数取对数，就是一个无效的步骤。

④ 有零个或多个输入。有些算法无须从外界输入数据，如计算 10！；而有些算法需要输入数据，如计算 n！，n 的值是未知的，执行时需要从键盘输入 n 的值后再计算。

⑤ 有一个或多个输出。算法的实现是以得到计算结果为目的的，没有任何输出的算法没有任何意义。

2. 算法的描述

了解算法的概念后，读者关心的下一个问题自然就是如何表示算法。进行算法设计时，可以使用不同的算法描述工具，常用的有流程图、N-S 图、自然语言、计算机语言、伪代码等。

（1）流程图

流程图（flow chart）是一种流传很广的描述算法的方法。这种方法的特点是用一些图框表示各种类型的操作，用带箭头的线表示这些操作的执行顺序。美国国家标准学会（ANSI）规定了图 1-24 所示的符号作为常用的流程图符号。

“两数中取大数”的流程图如图 1-25 所示。从图中可以看出，用流程图描述算法的优点是形象直观，各种操作一目了然，不会产生歧义性，便于理解，算法出错时容易发现，并可直观转化为程序；其缺点是所占篇幅较大，由于允许使用流程图，过于灵活，不受约束，用户可使流程任意转向，从而造成程序阅读和修改上的困难，不利于结构化程序的设计。

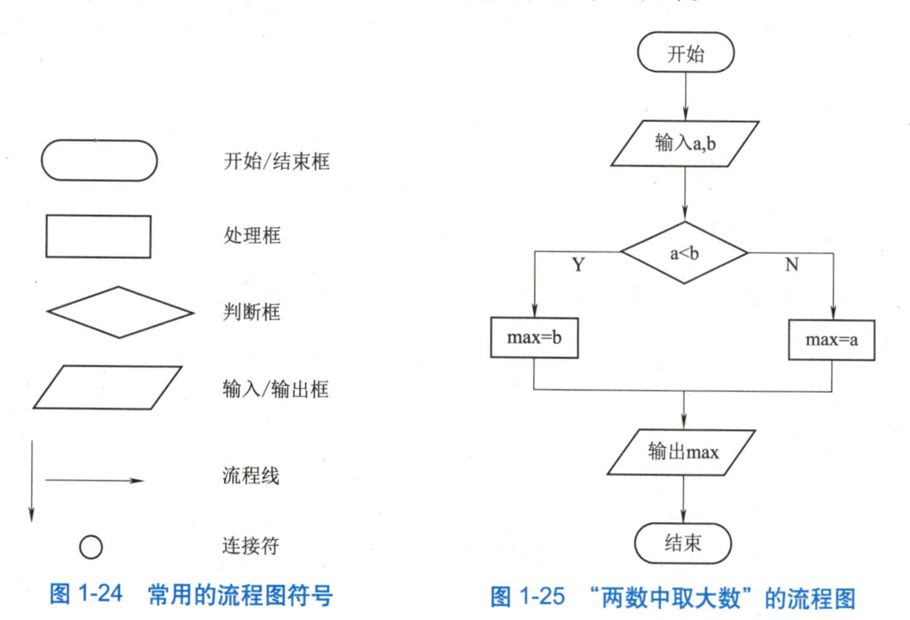

图 1-24　常用的流程图符号

图 1-25　“两数中取大数”的流程图

（2）N-S 图

灵活的流线可能会导致程序中出现安全隐患。针对流程图这一弊病，美国学者 L. Nassi 和 B. Schneiderman 于 1973 年提出了一种无流线的结构化流程图形式，简称 N-S 图。Chapin 在 1974 年对其进行了进一步扩展，因此 N-S 图又称 Chapin 图或盒状图。

N-S 图的最重要特点就是完全取消流程线，使得算法只能从上到下顺序执行，不允许有随意的控制流，从而避免了算法流程的任意转向，保证了程序的质量。N-S 图全部算法写在一个矩形框内。N-S 图的另一个优点就是直观形象，比较节省篇幅，尤其适合于结构化程序的设计，因而很受欢迎。

用 N-S 图描述的“三个数中取最大数”的算法如图 1-26 所示。

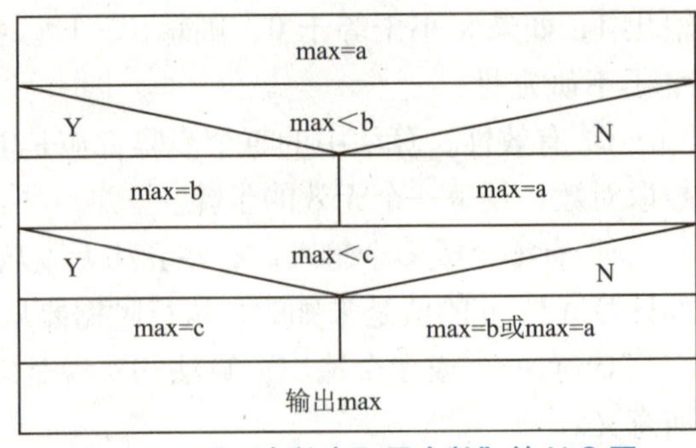

图 1-26 “三个数中取最大数”的 N-S 图

（3）自然语言

自然语言（natural language）就是人们日常生活使用的语言。用自然语言描述算法时，可使用汉语、英语和数学符号等。其比较符合人们日常的思维习惯，通俗易懂，初学者容易掌握。但其描述文字显得冗长，在表达上容易出现疏漏，并引起理解上的歧义性，不易直接转化为程序。所以，一般适用于算法比较简单的情况。

现假设待描述的问题是：在一组数中找出最大数。

首先分析此问题，并设计解决问题的算法，用自然语言描述如下：

① 输入一组数。

② 令第一个数为最大数并存入 max 中。

③ 将 max 与其余各数逐一进行比较。

a．若发现有大于 max 的数存在，则令其为新的最大数再次存入 max 中，然后重复③。

b．若没有发现大于 max 的数存在，那么 max 中所存放的数就是这组数中的最大值，转入④。

④ 输出最大数 max。

⑤ 算法结束。

（4）计算机语言

目前，有许多算法是用计算机语言描述的，如 Pascal，C/C++，VC++，Java 等。例如：

```
if(x>0)
   printf("正数");
else
   printf("负数");
```

（5）伪代码

伪代码是指用介于自然语言和计算机语言之间的一种文字和符号，它如同写文章一样，自上而下地写下来，每一行（或几行）表示一个基本操作。它不用图形符号，不能在计算机上运行，但是使用起来比较灵活，无固定格式和规范，只要写出来自己或别人能看懂即可。由于它与计算机语言比较接近，因此易于转换为计算机程序。

例如，“输出 x 的绝对值”的算法可以用伪代码表示如下：

```
if x is positive then
  print x
else
  print -x
```

它好像一个英语句子一样易懂，在西方国家用得比较普遍。也可以用汉字伪代码，例如：

```
若 x 为非负数（正数）    输出 x
否则    输出 -x
```

也可以中英文混用。

(6) 其他算法描述方法

除了上述介绍的算法描述方法外，还可以用 PAD 图（问题分析图）描述算法。PAD 图也没有流线，但有规则地安排了二维关系：从上到下表示执行顺序，从左到右表示层次关系。

在以上几种表示算法的方法中，具有熟练编程经验的专业人士喜欢用伪代码，初学者喜欢用流程图或 N-S 图，因为它们比较形象，易于理解。本书主要使用流程图和 N-S 图表示算法。

课后讨论

讨论上述几种算法描述工具各自的优缺点。

1.5 计算机语言的发展

计算机语言（computer language）有很多种，它是随着计算机的发展而发展的，人们一般把语言分为三大类：

1. 机器语言（低级语言）

机器语言是由 0、1 组成的机器指令的集合，对计算机来说，这是它唯一能直接“听”懂的语言。所以，常常称之为面向机器的语言。但是，对使用计算机的人来说，这是十分难懂的语言，它难读、难记、难写，容易出错，不同机型又不通用。

2. 汇编语言（低级语言）

汇编语言也称符号语言，它是把用二进制数表示的指令，用一些符号来表示。例如，用表示操作的英文缩写来代替汇编语言指令代码，用十六进制数表示数字。下面是一段汇编语言的代码：

```
LDA      A      ; 取出 A    (LDA=Load Accumulate)
ADD      B      ; A 和 B 相加
STA      C      ; 存入 C   (STA=Store Accumulate)
PRINT    C      ; 打印 C
STOP            ; 停止
```

第 1 条：LDA，即 Load Accumulate 的缩写，表示“取数”的操作，表示取出 A。

第 2 条：ADD，是“加”的意思，和 B 中存放的数相加。

第 3 条：STA，即 Store Accumulate 的缩写，把结果放在 C 中。

第 4 条：PRINT，表示输出 C 的值。

第 5 条：STOP，表示程序停止。

汇编语言相对机器语言而言容易读、容易记。但是，机器却不能识别。因此，计算机无法直接执行汇编语言，需要通过编译器把汇编语言程序翻译成机器语言程序，实现人机对话。

3. 高级语言

高级语言是更接近人的自然语言和数学表达式的一种语言，由表达不同意义的“关键字”和“表达式”按照一定的语法语义规则组成、完全不依赖机器的指令系统。这样的高级语言为人们提供了很大的方便，编制出来的程序易读易记，也便于修改、调试，大大提高了编制程序的效率和程序的通用性，便于推广交流，从而极大地推动了计算机的普及应用。

高级语言也需要“翻译”，通常有两种做法，即编译方式和解释方式。

常见的高级语言有 BASIC，FORTRAN，ALGOL，COBOL，C，C++/Visual C++，Java，Delphi，VB，C#，Python，Ruby 等。本书讲述的 C 语言因其强大的功能而成为目前广泛流行、经久不衰的高级编程语言。

此外，随着计算机的发展及应用出现了一些智能化语言，主要用于人工智能等领域。较有代表性的有 LISP 语言和 PROLOG 语言。

随着时代和社会发展的需要，编程语言也随之发生了很大的改变，旧有的语言不断完善、增加了新的特性；同时，也有很多优秀的新编程语言出现。每种语言都有一个漫长的发展改进历程，但站在巨人肩膀上的我们，应该记得那些弥足珍贵的历史中的瞬间，正是这些进步与发展，一步步推动着时代的发展，社会的变迁。

1.6 C 语言的应用

C 语言的应用非常广泛，应用领域也非常多，在此仅列出其中的一些典型应用。

（1）应用软件。Linux 操作系统中的应用软件都是使用 C 语言编写的，因此这样的应用软件安全性非常高。

（2）服务器端开发。很多游戏或者互联网公司的后台服务器程序都是基于 C/C++ 开发的，而且大部分是 Linux 操作系统。

（3）对性能要求严格的领域。一般对性能有严格要求的地方都是用 C 语言编写的，比如网络程序的底层和网络服务器端底层、地图查询、计算机通信等。

（4）系统软件和图形处理。C 语言具有很强的绘图能力和可移植性，并且具备很强的数据处理能力，可以用来编写系统软件（如 UNIX，Linux 等操作系统）、制作动画、绘制二维图形和三维图形等。

（5）数字计算。相对于其他编程语言，C 语言是数字计算能力超强的高级语言。

（6）嵌入式设备开发。手机、PDA 等时尚消费类电子产品相信大家都不陌生，其内部的应用软件、游戏等很多都是采用 C 语言进行嵌入式开发的。

（7）游戏软件开发。游戏大家更不陌生，很多人就是由玩游戏而熟悉了计算机。利用 C 语言可以开发很多游戏，比如推箱子、贪吃蛇等。

此外，C 语言在电子设备方面的应用也比较多，比如嵌入式行业就是用 C 语言做应用开发，包括手机软件、各种硬件驱动程序、网络安全（如防火墙之类）、数字机顶盒、路由器、监控安防方面等。所以，学好 C 语言在社会生活中一定会有用武之地的。

C 语言程序设计课程的特点每一节课之间的知识要点都是紧密联系的，需要大家一步步把基本知识掌握扎实，后面的内容就可融会贯通。作为计算机编程语言，C 语言本身入门起点就较高，逻辑思维必须严密，学习态度要专注、用心。和做人一样也必须脚踏实地，一步一个脚印地去提高自己，切不可“三天打鱼，两天晒网”。要想成为一个德才兼备的人才，就必须全面提高自己的各个方面，要做到一年如一日的坚持，培养精益求精的工匠精神。

技能训练 熟悉简单 C 程序

训练目的与要求： 模仿本章例题学会设计简单的 C 程序，并学会调试和运行。

训练题目： 熟悉 Visual C++ 环境，完成 C 程序的调试和运行。编写一个 C 程序，输出以下信息：

```
* * * * * * * * * * * * * * * * * * * * 
         I am a student!
* * * * * * * * * * * * * * * * * * * * 
```

案例解析： 这是一个以输出为主的程序，共有三行输出，程序代码如下：

```
#include "stdio.h"
void main()
{
   printf("* * * * * * * * * * * * * * * * * * * * *\n");
   printf("          I am a student!  \n");                 /* 输出字符串 */
   printf("* * * * * * * * * * * * * * * * * * * * *\n");
}
```

能力拓展 ——输出由“*”组成的“中国”的“中”字

模拟本章例题，由读者自行完成。

拓展阅读

程序设计之“华山论剑”——程序设计大赛

小　结

总体来说，计算机和计算机语言都越来越容易，越来越符合人类自身的习惯。C 语言是这个发展过程中的一个里程碑。由于 C 语言不仅用来编写系统软件，也用来编写应用软件，所以学习和使用 C 语言的人越来越多。本章主要从简单的 C 程序入手了解 C 语言的特点、程序结构、运行过程及常用算法描述。通过本章的学习，读者能够对 C 程序有初步的认识，可以设计并上机调试简单的 C 程序，体会出 C 程序的学习并不是一件很难的事情。

习　题

一、选择题

1. 一个 C 程序由（　　）。

   A. 若干主程序和若干子程序组成　　B. 一个或多个函数组成

   C. 若干过程组成　　D. 若干子程序组成

2. 一个 C 程序的执行是（　　）。

   A. 从 main( ) 函数开始，直到 main( ) 函数结束

   B. 从第一个函数开始，直到最后一个函数结束

C. 从第一条语句开始，直到最后一条语句结束

D. 从 main( ) 函数开始，直到最后一个函数结束

3. C 语言语句的结束符是（　　）。

A. 回车符　　B. 分号　　C. 句号　　D. 逗号

4. 以下说法正确的是（　　）。

A. C 程序的注释对程序的编译和运行不起任何作用

B. C 程序的注释只能是一行

C. C 程序的注释不能是中文信息

D. C 程序的注释中存在的错误会被编译器检查出来

5. 将 C 源程序进行（　　）可得到目标文件。

A. 编辑　　B. 编译　　C. 连接　　D. 拼接

6. 以下叙述中不正确的是（　　）。

A. 一个 C 源程序可由一个或多个函数组成

B. 一个 C 源程序必须包含一个 main( ) 函数

C. C 程序的基本组成单位是函数

D. 在 C 程序中，注释说明只能位于一条语句的后面

7. 下面有关 C 程序操作过程的说法中，错误的是（　　）。

A. C 源程序经过编译，得到的二进制文件即为可执行文件

B. C 源程序的链接实质上是将目标代码文件和库函数等代码进行连接的过程

C. C 源程序不能通过编译，通常是由于语法错误引起的

D. 导致不能得到预期计算结果的主要原因是程序算法考虑不周

8. C 语言规定，在一个源程序中，main( ) 函数的位置是（　　）。

A. 必须在最开始　　B. 必须在系统调用的库函数的后面

C. 必须在最后　　D. 语言规定，可以任意

9. 下列说法中，正确的是（　　）。

A. 机器语言与硬件相关，但汇编语言与硬件无关

B. 不同种类的计算机，其能理解的机器语言是相同的

C. 汇编语言采用助记符提高程序的可读性，但同样属于低级语言

D. 汇编源程序属于低级语言程序，计算机可以直接识别并执行

二、阅读程序写出结果

1. 程序代码如下：

```
#include <stdio.h>
void main()
{
   printf("I love China!\n");
   printf("we are students.\n");
}
```

程序的运行结果为 ________。

2. 程序代码如下：

```
#include <stdio.h>
void main()
{   int a;
    a=5;
    printf("\n%d",a+1);
}
```

程序的运行结果为 ________。

三、程序设计题

已知立方体的长、宽、高分别是 10 cm、20 cm、15 cm，编写程序求该立方体体积。

项目实训　设计个人特色名片

一、项目描述

根据所学的内容，掌握 C 程序结构及程序运行、调试过程，写出简单程序，并调试至运行正确。

设计一个包含个人信息（如姓名、班级、学号、个人爱好、住址、联系方式等）的特色名片并展示出来。为了显示美观，可以加一些星号或其他字符修饰。

二、项目要求

本项目是为了让读者能够编写简单程序而制定的。根据对 C 程序结构及程序运行步骤的了解，能够调试程序运行并输出正确结果；仿照例题设计简单的 C 语言程序并会调试、运行。

三、项目评价

项目实训评价表

能力	内　容		评　价				
	学 习 目 标	评 价 项 目	5	4	3	2	1
职业能力	能阅读简单的 C 程序	能了解 C 程序由函数组成					
		能掌握每个 C 程序有一个 main( ) 函数					
		能知道 C 程序语句书写格式					
	能设计简单的 C 程序	能了解算法的概念和表示方法					
		能设计简单 C 程序					
	能调试简单的 C 程序	能熟悉 VC 环境					
		能编辑能运行 C 源程序					
		能修改简单的错误，分析运行结果					
通用能力	阅读能力、设计能力、调试能力、沟通能力、相互合作能力、解决问题能力、自主学习能力、创新能力						
综 合 评 价							

第2章 应用C的基础知识实现数据的运算与处理

在C程序中，每个数据都属于一个确定的、具体的数据类型。数据类型是指数据的内部表示形式，它是进行C语言程序设计的基础。不同类型的数据在数据表示形式、合法的取值范围、占用内存储器的空间大小及可以参与的运算种类等方面有所不同。

运算符是程序中完成各种操作的操作码，C语言中运算符的种类非常多。本章将重点介绍C程序中最常用的算术运算符、赋值运算符、自增自减运算符、强制类型转换运算符、逗号运算符及它们的表达式。

学习目标

☑掌握C语言中常量和变量的概念。

☑了解C语言的基本数据类型，掌握数据的表示方法。

☑掌握算术运算符、赋值运算符、自增自减运算符、强制类型转换运算符、逗号运算符及其构成的表达式。

☑懂得实践出真知："纸上得来终觉浅，绝知此事要躬行"，培养"细微中显卓越，执着中见匠心"的职业习惯。

子曰："工欲善其事，必先利其器。"要做好一件事，准备工作非常重要。"预则立，不预则废。"在学习编制程序前，需要掌握一些必备的基础知识，比如题目涉及哪些量，数据怎么表示，数据类型是什么，这些都要先弄清楚。本章重点讲述计算机的基本知识，为后面章节的程序设计打下基础。

先看下面的例子。

【例2.1】求圆的面积。

程序代码如下：

```
#define PI 3.14159          /*定义符号常量PI，值为3.14159*/
```

```
#include "stdio.h"
void main()
{
    int r;                          /* 定义表示半径的 r，为整型 */
    float s;                        /* 定义表示面积的 s，为实型 */
    r=1;                            /* 赋值：将 1 送给 r*/
    s=PI*r*r;                       /* 计算圆的面积 */
    printf("s=%f",s);               /* 输出圆的面积 */
}
```

程序的运行结果为：

```
s=3.141590
```

说明

该程序中第 1 行用 #define 定义一个符号常量 PI，值为 3.14159，即此处定义 PI 代表常量 3.14159，在该程序中后面出现的 PI 都表示 3.14159。其优点在于能使用户以一个简单的名字代替一个长的数值，目的是提高程序的可读性。第 5 行 int r; 表示变量定义，定义一个整型变量 r，可以存放整型数据；第 6 行 float s; 也是变量定义，定义一个浮点型（实型）变量 s；第 7 行 r=1; 表示赋初值，半径值为 1；第 8 行 s=PI*r*r; 是计算圆的面积并赋值给 s 存储；第 9 行 printf("s=%f",s); 表示输出，输出圆的面积 s，%f 表示输出的数据为浮点型（实型）数据。

2.1 常量与变量

1. 常量和变量

（1）常量

常量是一种在程序运行过程中其类型和值保持固定不变的量。

C 语言一般常量的表示和日常生活中常量的表示基本相同，如 123，0，5.60 等。例 2.1 中的 PI 和常数 1 都是常量。

（2）变量

变量是在程序运行过程中可以改变、可以赋值的量。在 C 语言中，变量必须遵循“先定义后使用”的原则，即每个变量在使用之前都要用变量定义语句将其声明为某种具体的数据类型。例 2.1 中的 r 和 s 就是变量。

相关知识 1

变量具有三要素：名称、类型和值。

（1）变量定义

变量定义语句的形式如下：

```
类型  变量名 1[, 变量名 2,…];
```

其中，方括号内的内容为可选项。可以同时声明多个相同类型的变量，它们之间需要用逗号分隔。例如：

```
int a,b,c;
```

表示声明三个整型变量。这一部分内容将在 2.2 节中详细介绍。

说明

C 程序中的变量必须先定义后使用，而且表达式中的变量必须具有确定的值。

(2) 变量赋初值

C 语言允许在定义变量时对变量进行初始化，即对变量赋初值。例如：

给部分变量赋初值：

```
int n1,n2,n3=5;
```

表示将 n1，n2 和 n3 定义为整型变量，并对 n3 赋初值为 5。

可以对所定义的变量中一部分或全部赋初值，也可以对多个变量赋予相同的初值。但要注意，int x=y=2; 只表示 x 和 y 具有相同的初值，并不表示在程序中 x 和 y 的值一直相等。

在定义变量的同时对变量赋初值将使程序简洁，提高程序的可读性。

2. 标识符

程序中所用到的每一个变量都应该有相应的名称作为标识。给程序中的实体——变量、常量、函数、数组、结构体及文件名称称为标识符。简单地说，标识符就是一个名称。

① 标识符只能由英文字母（A ~ Z、a ~ z）、数字（0 ~ 9）和下画线（_）三类符号组成，且第一个字符必须为英文字母或下画线。

② 不允许使用关键字作为标识符的名称，因为关键字是系统已经定义过的具有特殊含义的标识符（C 语言的关键字参看附录 B）。另外，还有一些名称虽然不是关键字，但是系统已把它们留做特殊用途，如系统使用过的函数名等，用户也不要使用它们作为标识符（如 main），以免引起混乱。

③ 标识符命名应以直观且易于拼读为宜，即做到“见名知义”，最好使用英文单词及其组合，这样便于记忆和阅读。

④ 标识符区分大小写。例如，sum、Sum 和 SUM 是三个不同的标识符。虽然 C 程序严格区分大小写，但为避免引起混淆，程序中最好不要出现仅靠大小写区分的相似标识符。

【例 2.2】找出下列符号中合法的标识符。

3aB	"abc"	a.b	b	int
next	a3B	ok？	π	_switch

合法的标识符有：b，next，a3B，_switch；其他为不符合上述命名规则的非法标识符（其中 int 为系统关键字），请读者自己分析。若程序中用到希腊字母可用谐音代替，如例 2.2 中的 π 可用 PI 代替。

“国有国法，家有家规。”标识符的命名也是遵循一定规则。梁启超在苏州大学演讲时说过：“如果你要去做一个真正的人，那么知识自然是越多越好，如果你做不成一个人，那知识反而是越多越坏。”我们所学知识应用到为人民服务上面，做人做事要坚守底线和原则，遵守软件工程师的行为规范和职业道德，否则将危害社会。要坚决抵制违背职业道德的行为。要树立正确的人生观和价值观，遵守职业操守，遵守社会公德，用所学知识为人类造福。

① 常量和变量的区别。

② 在 C 程序中，可以使用没有定义的变量吗？定义了变量没有使用，可以吗？

2.2 C 语言的基本数据类型

C 语言提供了丰富的数据类型，其包括的数据类型如图 2-1 所示。

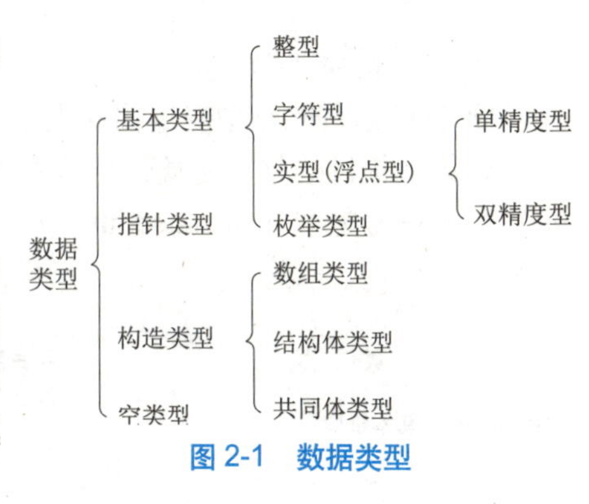

图 2-1　数据类型

2.2.1　整型数据

春秋战国时期，我国古人就已经熟练地使用十进位制的算筹记数法，这在世界数学史上是一个伟大的创造。我国运用十进制的历史比世界上第二个发明十进制的国家古代印度起码早约 1 000 年。计算机中的数据都是以二进制形式存储的。

除二进制之外，在计算机应用中，还会经常用到十进制、八进制和十六进制。

① 十进制形式：与数学上的整数表示相同。例如，12，-100，0。

② 八进制形式：在数码前加数字 0。例如，$012=1\times8^1+2\times8^0=10$（十进制）。

③ 十六进制形式：在数码前加 0x（数字 0 和字母 x）。例如，$0x12=1\times16^1+2\times16^0=18$（十进制）。

1. C 语言的整型常量

C 语言的整型常量有以下几种分类方法和表示：

① 按进制分类，C 语言的整型常量可分为十进制、八进制和十六进制，十进制整型数的数字由 0 ~ 9 表示，十进制无前缀。八进制是一种常用的表示形式；表示八进制数时，前边加 0，即加前缀 0；八进制数的数字由 0 ~ 7 表示。表示十六进制数时，前缀加 0x 或 0X；表示十六进制数的数字由 0 ~ 9 和 a ~ f 或 A ~ F 组成。整型常量按进制分类如表 2-1 所示。

表 2-1　整型常量按进制分类

分　类	表示方法	说　明	举　例
十进制	一般表示形式	逢十进一	100 表示十进制数 100
八进制	以数字 0 开头	逢八进一	0100 表示八进制数 100
十六进制	以 0x 开头	逢十六进一	0x100 表示十六进制数 100

② 按长短分类，整型常量可分为长整型、无符号整型和短整型。它们使用不同的后缀加以区别。

长整型常量的后缀用 L 或 l 表示，通常采用大写字母 L，因为小写字母 l 易与整数 1 混淆。无符号整型常量的后缀为 U 或 u。整型常量按长短分类如表 2-2 所示。

表 2-2 整型常量按长短分类

分 类	表示方法	所占字节数	举 例
短整型	一般表示形式	2	100 表示短型整数 100
长整型	在整型常量后面加上一个字母 l 或 L	4	100 l 或 100 L 表示长整型数 100
无符号整型	在整型常量后面加上一个字母 u 或 U	4	100 u 或 100 U 表示无符号整型数 100

注：一个字节在计算机内存中占用二进制的 8 位。

2. C 语言的整型变量

定义 C 语言的整型变量的标志是 int。一个整型变量可以保存一个整数。

C 语言提供的整型变量包括基本整型（int）、短整型（short 或 short int）、长整型（long 或 long int）和无符号整型（unsigned int、unsigned short、unsigned long），如表 2-3 所示。

表 2-3 整型变量类型

类 型	所占字节数	数的取值范围	举 例
[signed]int（基本整型）	4	–2 147 483 648 ～ 2 147 483 647	int x1,x2;
unsigned int（无符号整型）	4	0 ～ 4 294 967 295（0 ～ 2^{32}–1）	unsigned int y1,y2;
[signed] short（短整型）	2	–32 768 ～ 32 767	short z1,z2;
unsigned short（无符号短整型）	2	0 ～ 65 535	unsigned short f1,f2;
[signed] long（长整型）	4	–2 147 483 648 ～ 2 147 483 647	long h1,h2;
unsigned long（无符号长整型）	4	0 ～ 4 294 967 295	unsigned long k1,k2;
long long int（双长整型）	8	–2^{63} ～（2^{63}–1）	long long int x,y
unsigned long long（无符号双长整型）	8	0 ～ 2^{64}	unsigned long long x,y

2.2.2 实型数据

由于计算机中的实型数据是以浮点形式表示的，即小数点的位置可以是浮动的，因此，实型常量既可以称为实数，也可以称为浮点数。

1. C 语言的实型常量

C 语言的实型常量有两种表示形式：十进制小数形式和指数形式。

① 十进制小数由数字和小数点组成。小数点前表示整数部分，小数点后表示小数部分，具体格式如下：

```
<整数部分>.<小数部分>
```

其中，小数点不可省略，<整数部分>和<小数部分>不可同时省略。

② 指数形式又称科学记数法。该种表示形式包含数值部分和指数部分。数值部分表示方法同十进制小数形式，指数部分是一个可正可负的整型数，这两部分用字母 e 或 E 连接起来。其具体格式如下：

< 整数部分 >.< 小数部分 >e< 指数部分 >

其中，e 左边部分可以是 < 整数部分 >.< 小数部分 >，也可以只是 < 整数部分 >，还可以是 .< 小数部分 >；e 右边部分可以是正整数或负整数，但不能是浮点数。

实型常量表示方法如表 2-4 所示。

表 2-4　实型常量表示方法

表示方法	所占字节数	数值范围	说　明	举　例
小数形式	4（32 位）	$-10^{38} \sim 10^{38}$	由数字和小数点组成	0.123、.123、123.
指数形式	4（32 位）	$-10^{38} \sim 10^{38}$	由尾数、字母 e 或 E 和指数组成	3e6，1.56e-3

说明

3e+6 表示 3 乘以 10 的 6 次幂，1.56e–3 表示 1.56 乘以 10 的 –3 次幂。

注意：

在表示指数形式时，e 前必须有数字，e 后必须为整数。例如，3e6 也可以写为 3e+6，或写成 3e+06，或写成 3e+006，都是同一个数。

提示：

使用指数形式来表示很大或很小的数比较方便。

2. C 语言的实型变量

C 语言提供的实型变量包括单精度型（float）、双精度型（double）、长双精度型（long double）。

各种类型的实数的范围及所占字节数如表 2-5 所示。

表 2-5　实型变量类型

类　型	所占字节数	小数点后保留有效数字	数的取值范围（绝对值）	举　例
float	4（32 位）	6	0 及 $1.2 \times 10^{-38} \sim 3.4 \times 10^{38}$	float x1,x2;
double	8（64 位）	15	0 及 $2.3 \times 10^{-308} \sim 1.7 \times 10^{308}$	double y1,y2;
long double	8（64 位）	15	0 及 $2.3 \times 10^{-308} \sim 1.7 \times 10^{308}$	long double z1,z2;
	16（256 位）	19	0 及 $3.4 \times 10^{-4932} \sim 1.1 \times 10^{4932}$	

注意：
这里的有效数字是指小数点后保留的小数位数。Turbo C 对 long double 分配 16 个字节；而 Visual C++ 对 double 和 long double 一样处理，分配 8 个字节。

【例 2.3】实型数据的不同表示。

程序代码如下：

```
#include "stdio.h"
main()
{
    float a=12.3;
    printf("%f\n",a);                         /*a 以十进制小数形式输出 */
    printf("%e\n",a);                         /*a 以指数形式输出 */
}
```

程序的运行结果为：

```
12.300000
1.230000e+001
```

说明

对于每一个变量都应在使用前加以定义。实数 12.3 以“%f”格式输出，输出结果小数点后保留 6 位有效数字，不足位数补充 0，所以显示结果为 12.300000；第二次输出以“%e”格式（指数格式）输出，因为 12.3 即为 1.23 乘以 10 的 1 次幂，所以输出结果为 1.230000e+001。

【例 2.4】实型变量的定义与使用。

程序代码如下：

```
#include "stdio.h"
main()
{
    float  x=2,y=3.5,t;              /* 定义 x，y，t 为实型变量 */
    t=x;x=y;y=t;                      /* 这三条语句完成利用 t 将 x 和 y 的值进行交换 */
    printf("%f,%f\n",x,y);            /* 输出 x 和 y 的值，以逗号分隔 */
}
```

程序的运行结果为：

```
3.500000,2.000000
```

说明

实型数据默认在小数点后保留 6 位小数，不足位数补充 0。t=x;x=y;y=t; 这三条语句完成将 x 和 y 的值进行交换，借助于第三个变量 t，就像交换两个杯子中的液体，需要借助于一个空杯一样。这个知识点以后还会用到。

在初学阶段，对 long double 型用得较少，因此我们不做详细介绍。读者只要知道当数据要求精度特别高时需要用此类型即可。实型变量是用有限的存储单元存储的，因此，能提供的有效数字总是有限的，在有效位以外的数字将被舍去，由此可能会产生一些误差，这些细微误差一般可以忽略不计。

2.2.3　字符型数据

1. C 语言的字符常量

C 语言中有两种类型的字符常量：

① 普通字符：用单引号括起来的单个字符，例如，'a'，'@'，'1'。

② 转义字符：以 “\” 开头的具有特殊含义的字符，常用的转义字符如表 2-6 所示。

表 2-6　转义字符

字符形式	说　明	字符形式	说　明
\n	换行	\\	反斜杠字符 “\”
\t	横向跳格（即跳到下一个 Tab 位置）	\’	单引号（撇号）字符
\v	竖向跳格	\”	双引号字符
\b	退格	\0	空字符
\r	回车	\ddd	1 ～ 3 位八进制数对应的 ASCII 字符
\f	走纸换页	\xhh	1 ～ 2 位十六进制数对应的 ASCII 字符
\a	响铃（警告）		

表中列出的转义字符，意思是将反斜杠（\）后面的字符转换成另外的意义。例如，'\n' 中的 n 不代表字母 n 而作为 “换行符”。

表中的最后两行是用 ASCII 码（八进制和十六进制）表示的一个字符。例如，'\101' 和 '\x41' 都代表 ASCII 码(十进制)为 65 的字符 “A”。请注意 '\0' 或 '\000' 是代表 ASCII 码为 0 的控制字符，即 “空操作” 字符，它将用在字符串中。

【例 2.5】转义字符的使用。

程序代码如下：

视 频

例2.5

```
#include "stdio.h"
main()
{
   printf("ab\tcde\n");
   printf("f\101\n");
}
```

程序的运行结果为：

```
ab        cde
fA
```

说明

程序中没有设字符变量，用 printf( ) 函数直接输出双引号内的各个字符。请注意其中的“转义字符”。第一个 printf( ) 函数先在第一行左端开始输出 ab，然后遇到 \t，它的作用是“跳格”，即跳到下一个“制表位置”，在本书所用系统中一个“制表区”占 8 列。“下一个制表区”从第 9 列开始，故在 9 ~ 11 列输出 cde。下面遇到 \n，作用是“跳到”下一行的起始位置。第二个 printf( ) 函数在第 1 列输出字符 f，后面的 \101 代表大写字母 A。

注意：

在 C 语言中，字符常量具有一个整数值，即该字符的 ASCII 码值（见附录 A）。因此，一个字符常量可以与整型数进行加减运算。例如，'A'+10 运算是合法的，由于大写字母 'A' 的 ASCII 码值为 65，所以 'A'+10 值是 75。

2. C 语言的字符串常量

字符串常量是由双引号括起来的字符序列，如 "abc"，"a"，"$123.45"。

注意：

不要将字符常量与字符串常量混淆。'a' 是字符常量，"a" 是字符串常量，二者不同。

C 语言规定，任何一个字符串都有一个结束符，并指定结束符为空字符（'\0'）。

字符常量与字符串常量的区别有如下几点：

① 表示形式不同：字符常量用单引号作为定界符，字符串常量用双引号作为定界符。

② 字符常量通常可以给字符型变量赋值，而字符串常量通常被存放在一个字符数组中。

③ 字符串常量要有一个结束符（'\0'），而字符常量没有结束符，它只有一个字符。

④ 运算不同：字符常量除了可以比较外，还可以相减，并可以与整型数进行加减运算。

⑤ 字符常量输出可使用 printf( ) 函数的 %c 和 %d 格式符，分别输出字符常量的字符符号和字符的 ASCII 码值。字符串常量输出则使用 printf( ) 函数的 %s 格式符。

视 频

例2.6

3. 字符变量

【例 2.6】将小写字母转换为大写。

算法分析：从 ASCII 码表（参见附录 A）中可以看到每一个小写字母的 ASCII 码值比它相应的大写字母的 ASCII 码值大 32，所以，将一个小写字母的 ASCII 码值减去 32，就可以转换为对应的大写字母。

C 语言允许字符型数据与整数直接进行算术运算。

程序代码如下：

```
#include "stdio.h"
main()
{
   char c1,c2;          /* 定义两个字符型变量 */
```

```
    c1='a';                    /* 给 c1 赋值为 a 字符 */
    c2='b';                    /* 给 c2 赋值为 b 字符 */
    c1=c1-32;                  /* 将 c1 的 ASCII 码值
                                 减去 32 再送回原变量 */
    c2=c2-32;
    printf("%c %c\n",c1,c2);   /* 以字
    符形式输出 c1 和 c2 的值 */
}
```

程序的运行结果为：

```
A B
```

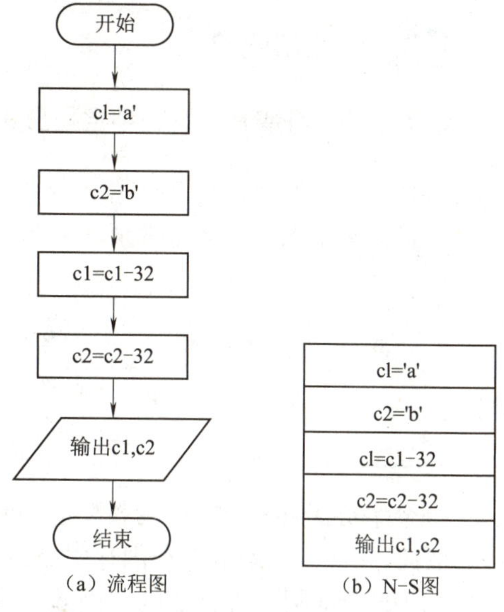

图 2-2　例 2.6 程序的流程图和 N-S 图

说明

程序的作用是将两个小写字母 a 和 b 转换为大写字母 A 和 B。'a' 的 ASCII 码值为 97，而 'A' 的 ASCII 码值为 65，'b' 的 ASCII 码值为 98，'B' 的 ASCII 码值为 66。本例的程序流程图和 N-S 图如图 2-2 所示。

思考：

若把大写字母转换为对应的小写字母，程序又该如何实现呢？

举一反三：

视频　例2.7

【例 2.7】将一个字符的值加 1 再输出。

程序代码如下：

```
#include "stdio.h"
main()
{
    char a,b;                      /* 定义两个字符变量 */
    a='a';                         /* 字符变量 a 赋初值 */
    b='b';                         /* 字符变量 b 赋初值 */
    printf("%d,%d,",a,b);          /* 输出字符变量 a 和 b 对应字符的 ASCII 码值 */
    printf("%c,%c",a+1,b+1);       /* 输出字符变量 a，b 中的下一个字符 */
}
```

程序的运行结果为：

```
97,98,b,c
```

说明

程序中定义 a 和 b 为字符型变量，并分别存入初始化值为字符 'a' 和 'b'，先分别输出字符 'a' 和 'b' 所对应的 ASCII 码值，再将其 ASCII 码值 +1，将变为 ASCII 码表中对应的下一个字符，再输出。

注意：

在 0 ~ 255 范围内，字符型数据与整型数据是通用的。

一个 char 型变量既能以字符格式输出，也能以整型格式输出，以整型格式输出时就是直接输出该字符对应的 ASCII 码值。

相关知识 2

C 语言的字符变量只有一种定义形式：

```
char 变量名；
```

字符变量用来存放字符常量，一个字符变量只能存放一个字符，如表 2-7 所示。

表 2-7　字符变量类型

类　型	所占字节数	说　明	数据的取值范围	举　例
char	1	存放单个字符	–128 ～ 127	char c1,c2;
unsigned char	1	存放单个字符	0 ～ 255	unsigned char x,y

每个字符都有一个等价的整型值与其相对应（即 ASCII 码值），char 型数据可以看成一种特殊的整型数。一个 int 型数据在内存中是以二进制形式存储的，而一个字符在内存中也是以其对应的 ASCII 码的二进制形式存储的。因此，在 C 语言中，只要在 ASCII 码取值范围内，char 型数据和 int 型数据之间的相互转换就不会丢失信息，这也说明 char 型常量可以参与任何 int 型数据的运算。

课后讨论

① 定义变量时一定要赋初值吗？不赋初值的变量一定不能用吗？

注意：

定义变量时不一定要赋初始值，但使用时必须赋初值，否则系统会分配一个随机数值。

② 字符变量只可以与整型数进行运算吗？

提示：

字符变量也可以和字符变量运算，如 'c'-'a' 值为 2。

2.3 C 语言的运算符和表达式

C 语言提供丰富的运算符和表达式，这为编程带来了方便和灵活。C 语言运算符的主要作用是与操作数构造表达式，实现某种运算。表达式是 C 语言中用于实现某种操作的算式，通常用表达式加分号组成 C 程序中的语句。

运算符可按其操作数的个数分为三类，它们是单目运算符（一个操作数）、双目运算符（两个操作数）和三目运算符（三个操作数）。

运算符可按其优先级的高低分为 15 类。优先级最高的为 1 级，优先级最低的为 15 级。具体见附录 C。

运算符还可按其功能分为算术运算符、关系运算符、逻辑运算符、赋值运算符、逗号运算符等。下面介绍几种基本的运算符及其所构成的表达式。

2.3.1　算术运算符及其表达式

常见的算术运算符有双目算术运算符（+、-、*、/、%）和正负号运算符（见表 2-8）。

表 2-8　算术运算符

运算符	名　称	运算规则	运算对象	对象个数	运算结果	结合方向	举　例	表达式值
+	正号	取原值	整型或实型	单目	整型或实型	从右向左	a=2;t=+a;	t=2
-	负号	取负值					a=2;t=-a;	t=-2
*	乘	乘法	整型或实型	双目	整型或实型	从左向右	2.5*3.0	7.5
/	除	除法					2.5/5	0.5
%	模（求余）	整数取余	整型		整型		10%3	1
+	加	加法	整型或实型		整型或实型		2.5+1.2	3.7
-	减	减法					5-4.6	0.4

注意：

在 C 语言中，用 * 表示 ×，用 / 表示 ÷。算术运算符优先级：*，/，% 同级，+（加）、-（减）同级，并且前者高于后者。上述运算符中，除了求余运算符 % 仅可做整数运算外，其余运算符均既可做整数运算，又可做浮点数运算。

【例 2.8】算术运算符的使用。

程序代码如下：

```
#include "stdio.h"
main()
{
    int x,y;
    x=-3+4*5-6;
    y=-3*4%-5/5;
    printf("%d,%d\n",x,y);
}
```

视频

例2.8

程序的运行结果为：

```
11,0
```

说明

上面的程序中，x=-3+4*5-6;表示先计算 4*5，结果为 20；再计算 -3+20，结果为 17；最后计算 17-6，结果为 11。y=-3*4%-5/5;表示先计算 -3*4，结果为 -12；再计算 -12%-5，结果为 -2；最后计算 -2/5，结果为 0。

注意：

两个整数相除的运算结果为一个整数。多数机器采用“向零取整”的方法，舍去小数部分。但要注意区分 C 语言中的整除和求余。

例如：5/2 的值为 2，而不是 2.5；-5/2 的值为 -2，而不是 -2.5。

1/5 的值为 0。

5%2 的值是 1，-5%2 的值是 -1。1%5 的值是 1。

上面的结果表明：当参与除法运算的数据都是整型数据和有实型数据时，结果是完全不同的。无论是在学习、生活中还是以后的工作中都要严格依法依章办事，讲规则，守规则，办任何事情都要一丝不苟，容不得一点违章违法，做遵纪守法守则的现代文明人。

2.3.2 赋值运算符及其表达式

1. 简单赋值运算

赋值运算符用来构成赋值表达式给变量进行赋值操作。赋值运算符用赋值符号“=”表示，它的作用就是将一个数据赋给一个变量。

由赋值运算符及相应操作数组成的表达式称为赋值表达式。其一般形式如下：

```
变量名 = 表达式
```

例如：

```
int a;
a=3+5;      /* 表示将 3+5 的值送给变量 a，即 a 的值是 8*/
```

注意：

赋值运算中的变量有“新来旧往”特性。如上例中，a 的原值是 8，若再执行 a=10 ;，则变量 a 的值将变为新的值 10。

变量可在定义时赋初值。例如：

```
int a=1;
```

相当于：

```
int a;
a=1;
```

2. 复合赋值运算

复合赋值运算符由一个双目运算符和一个赋值运算符构成。复合赋值运算如表 2-9 所示。

表 2-9　复合赋值运算符

运算符	名　称	运算规则	运算对象	对象个数	运算结果	结合方向	举　例	表达式值
*=	自反乘	a*=b　a=a*b	整型或实型	双目	整型或实型	从右向左	a=4;a*=2;	a=8
/=	自反除	a/=b　a=a/b					a=4;a/=2;	a=2
%=	自反模	a%=b　a=a%b	整型		整型		a=4;a%=2;	a=0
+=	自反加	a+=b　a=a+b	整型或实型		整型或实型		a=4;a+=2;	a=6
-=	自反减	a-=b　a=a-b					a=4;a-=2;	a=2

注意：

自反赋值运算符中的 5 个符号同级，且低于双目算术运算符。

例如：已知 a=4，则

① a+=2;　　　　　　　　/* 相当于 a=a+2，a 值为 6*/

② a*=3+5;　　　　　　　/* 相当于 a=a*(3+5)，a 值为 32*/

表达式②由于加法的优先级高于赋值运算，所以先计算加法。

采用这种复合的赋值运算符一是为了简化程序，使程序精练；二是为了提高编译效率。

视频

例2.9

2.3.3　自增和自减运算符

【例 2.9】自增运算符的应用：请分别计算出下列 x，y 的值。

程序段 1：

```
#include "stdio.h"
void main()
{   int a=5,x,y;
    x=a++;         /* 相当于 x=a;a=a+1;*/
    y=a;
    printf("x=%d,y=%d",x,y);
}
```

程序段的运行结果为：

```
x=5,y=6
```

程序段 2：

```
#include "stdio.h"
void main()
{   int a=5,x,y;
    x=++a; /* 相当于 a=a+1;x=a;*/
    y=a;
    printf("x=%d,y=%d",x,y);
}
```

程序段的运行结果为：

```
x=6,y=6
```

上述两个程序段的运行结果之所以不同，是因为 a++ 和 ++a 这两种表示形式。x=a++ 的运算过程是先引用 a 值 5 并赋给 x，然后 a 再自加 1 得到 6，所以 x=5；而 x=++a 是 a 先自加 1 得到 6，然后引用 a 的值并赋给 x，所以 x=6。

相关知识 3

自增（++）和自减（--）运算

作用：自增（++）运算使单个变量的值增 1，自减（--）运算使单个变量的值减 1。

两种运算类型：

① 前置运算：++i、--i，表示先使变量的值增 1 或减 1，再使用该变量。

② 后置运算：i++、i--，表示先使用该变量参加运算，再将该变量的值增 1 或减 1。

自增和自减运算符如表 2-10 所示。

表 2-10　自增和自减运算符

运算符	名 称	运算规则	运算对象	对象个数	运算结果	结合方向	举 例	表达式值
++	增 1（前缀）	先增值后引用	整型、实型或字符型变量	单目	同运算对象的数据类型	从右向左	a=2;x=++a;	x=3
++	增 1（后缀）	先引用后增值					a=2;x=a++;	x=2
--	减 1（前缀）	先减值后引用					a=2;x=--a;	x=1
--	减 1（后缀）	先引用后减值					a=2;x=a--;	x=2

注意：

自增和自减运算符中的 4 个符号同级，且高于双目算术运算符。

说明

单独的自增和自减运算，前置和后置等价。如 a++; 和 ++a; 等价，都相当于 a=a+1。

自增运算符（++）和自减运算符（--）只能用于变量，而不能用于常量或表达式，如 5++ 或 (a+b)++ 都是不合法的。自增和自减运算符的结合方向是“自右至左”。它们常用于后面章节的循环语句中，使循环变量自动增加 1；也用于指针变量，使指针指向下一个地址。

思考：

i=1;printf("%d",-i++); 的输出结果是什么？

2.3.4　强制类型转换运算符及其表达式

【例 2.10】强制类型转换运算符的使用。

程序代码如下：

```
#include "stdio.h"
void main()
{
   float x;
   int y;
   x=8.6;
   y=(int)x%5;    /* 将 x 强制为整型，对 5 求模运算，即求余数 */
   printf("x=%f,y=%d\n",x,y);
}
```

程序的运行结果为：

```
x=8.600000,y=3
```

说明

本程序是把实型 x 强制转换成整型，要把 x 前面的 int 用括号括起来。此处强制类型转换运算优先于 % 运算，因此先进行 (int)x 运算，将 x 强制转换为整型，得到数值 8，再对 3 求余数送给 y。从输出结果可以看出：x 的类型仍为 float 型，所以值仍等于 8.6。也就是说，当对一个变量进行强制类型运算时，其本身的数据类型并未发生改变，这一点大家在使用过程中应该注意。

相关知识 4

强制类型的一般形式为：

```
(类型名)(表达式)
```

例如：

```
(int)x+y          /*将x强制为整型，再加y*/
(double)(x*y)     /*将x*y的结果强制为double类型*/
(float)x          /*将x强制为实型*/
```

强制类型转换运算符如表 2-11 所示。

表 2-11　强制类型转换运算符

运算符	名称	运算规则	运算对象	对象个数	运算结果	结合方向	举 例	表达式值
(类型)	类型转换	转换为指定类型	整型或实型	单目	整型或实型	从右向左	float x=2.3; (int)x;	2

注意：

强制类型应该用括号把类型括起来。强制类型转换运算符高于算术运算符，且低于正、负号运算符。强制类型是暂时的、一次性的，不会改变其后边表达式的类型。

2.3.5　逗号运算符及其表达式

逗号在 C 语言中既可以作为分隔符，又可以作为运算符。逗号运算符又称顺序求值运算符，用它可将两个表达式连接起来，它的优先级最低。

逗号表达式的一般形式如下：

```
表达式1,表达式2,表达式3,…,表达式n
```

在执行时，上述表达式的求解过程为：先计算表达式 1 的值，然后依次计算其后面的各个表达式的值，最后求出表达式 n 的值，并将最后一个表达式的值作为整个逗号表达式的值。逗号运算符如表 2-12 所示。

表 2-12　逗号运算符

运算符	名称	运算规则	运算对象	对象个数	运算结果	结合方向	举 例	表达式值
,	逗号	最后一个表达式的值	表达式	双目	最后一个表达式的值	从左向右	2*3,5+7;	12

在只允许出现一个表达式的地方出现多个表达式时，常采用逗号表达式的形式。

注意：

逗号运算符所构成的表达式是按顺序执行的。

【例 2.11】逗号运算符的使用。

（1）a=3*5,a*4。

（2）x=(a=3,6*3)。

（3）x=a=3,6*a。

上述表达式的计算结果分别为：

表达式（1）先计算 a=3*5，结果为 15；再计算 a*4，结果为 60，整个表达式的值取最后表达式的值，为 60。

表达式（2）是一个赋值表达式，将一个逗号表达式的值赋给 x，x 的值等于 3*6，即 18。

表达式（3）是一个逗号表达式，它包括一个赋值表达式和一个算术表达式。赋值运算的优先级高于逗号运算，所以先计算 a=3，x=a，得值 x=3；再计算 6*a，结果为 18，整个表达式的值取后面的表达式的值，为 18。

思考：

上面的表达式（2）和（3）有什么区别？

事实上，逗号表达式无非是把若干表达式“串联”起来。在许多情况下，使用逗号表达式的目的只是想分别得到各个表达式的值，而并非一定需要得到和使用整个逗号表达式的值，逗号表达式最常用于循环语句中，详见第 5 章。

注意：

在计算表达式时，要考虑每一个运算符的优先级、结合方向和结果类型。算术运算符的优先级高于赋值运算符，赋值运算符的优先级又高于逗号运算符。

2.3.6 不同类型数据之间的混合运算

当不同类型的数据在运算符的作用下构成表达式时要进行类型转换，即把不同的类型先转换成统一的类型，然后再进行运算。

例如，假定 i 为整型，值为 2，f 定义为浮点型，值为 1.8，计算：

```
10+'A'+i*f-5
```

则从左到右扫描：

① 计算 10+'A'，将 'A' 转换为整数 65，再和 10 相加，得到 75。

② * 运算优先级高，先算 i*f，将 i 转换为 float 类型得 2.0，再计算 2.0*1.8，得值 3.6。

③ 将 10+'A' 的结果 75 和 i*f 的结果 3.6 相加，得值 78.6。

④ 将 10+'A'+i*f 的结果减去 5，计算 78.6−5，最终得值 73.6。

上面的类型转换过程编译系统自动完成，用户无须关心。

相关知识 5

通常数据之间的转换遵循的原则是“类型提升”，即如果一个运算符有两个不同类型的操作数据，那么在进行运算之前，先将较低类型的数据提升为较高类型，从而使两者的类型一致（但数值不变），然后再进行运算，其结果是较高类型的数据。类型的高低是根据其数据所占用的空间大小来判定的，占用空间越多，类型越高；反之越低。标准类型数据转换规则如图 2-3 所示。

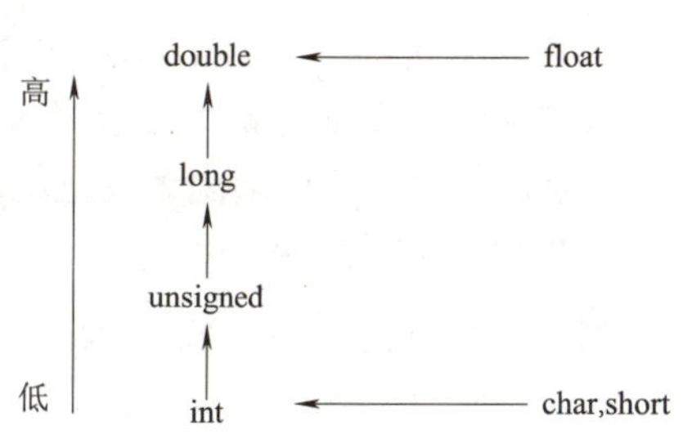

图 2-3　标准类型数据转换规则

当较高类型的数据转换成较低类型的数据时，称之为降格。

1. 运算符的优先级与结合性

在 C 语言中，要想正确使用一种运算符，必须清楚这种运算符的优先级和结合性。当一个表达式中出现不同类型的运算符时，首先按照它们的优先级顺序进行运算，即先运算优先级高的运算符，再运算优先级低的运算符。当两类运算符的优先级相同时，则要根据运算符的结合性确定运算顺序。

结合性表明运算时的结合方向。有两种结合方向：一种是从左向右；一种是从右向左（具体可参看附录 C）。

2. 表达式类型的确定

表达式类型的确定涉及下面几项：

① 算术表达式的类型是由该表达式中各个操作数的类型决定的。若表达式中各个操作数的类型相同，则表达式的类型就是某个操作数的类型。如果表达式中各个操作数的类型不同，则表达式的类型应是各操作数中类型高的操作数的类型。

② 赋值表达式的类型取决于左侧数值的类型。执行赋值表达式时，先计算等式右侧表达式的值，再将表达式的类型转换为等式左侧变量的类型，然后进行赋值。

③ 逗号表达式的类型取决于该表达式中最右边表达式的类型。

课后讨论

C 语言中各种运算符及其表达式的作用。

技能训练——变量及其表达式的运算

训练目的与要求： 学会数据类型定义和运算符的使用。

训练题目： 阅读下面的程序并写出结果。

```
#include "stdio.h"
void main()
{
   int a,b,c;
   float x,y;
   a=b=1;
   b+=2;                    /* 相当于 b=b+2;*/
   x=a++;                   /* 先引用 a 的值送给 x，然后 a 再自增为 2*/
   y=a+1.5;                 /* a 加上 1.5 值送给 y*/
   c=(int)y;                /* 强制为整型，值给 c*/
   printf("x=%f,y=%f\n",x,y);          /* 输出两个实型变量的数据 */
   printf("a=%d,b=%d,c=%d\n",a,b,c);/* 输出三个整型变量的数据 */
}
```

案例解析： 程序中 int a,b,c; 表示定义三个整型变量，以逗号分隔，用于存储三个整型数。float x,y; 表示定义两个实型变量，以逗号分隔，用于存储两个实型数据。a=b=1; 将 1 送给 b 和 a。后面的 4 行是赋值运算，最后输出各变量的值。

程序的运行结果为：

```
x=1.000000,y=3.500000
a=2,b=3,c=3
```

能力拓展 ——交换两个变量的值

两个变量 a=5，b=8 的值进行交换有下面的两种方法，读者可以进行验证。

① 借助第三个变量 t，用下列语句段完成：

```
t=a;        /* 先将 a 的值送给 t，即 t=5*/
a=b;        /* 再将 b 的值送给 a，此时 a 中原来的值被新的 b 值代替，即 a=8*/
b=t;        /* 再将原来存在 t 中的 a 值送给 b，此时 b 中存的就是原 a 值，即 b=5*/
```

最终 a=8，b=5，完成交换。

② 不借助第三个变量，用下列语句段完成：

```
a=a+b;      /* 先将 a+b 的和送给 a，此时 a 的值就是 a，b 的和，即 a=5+8=13*/
b=a-b;      /* 相当于将 a、b 的和值减去 b 的值，剩余就是原 a 中的值，给 b，即 b=13-8=5*/
a=a-b;      /* 相当于再将 a，b 的和值减去现在的 b 值（目前已存为新值 5），给 a，即 a=13-5=8*/
```

最终 a=8，b=5，也完成交换。

说明

变量在内存中的存储具有“新来旧往”的特性，总是用最新的值代替原来的值。

小 结

拓展阅读

百炼成“刚”——劳模纪刚的先进事迹

在本章中，我们重点学习了基本数据类型（包括整型、实型和字符型）的定义和使用方法，以及常用运算符(包括算术运算符、赋值运算符、逗号运算符)和其构成表达式的使用。

看到这些复杂的运算符，读者也许要问：怎样才能记住它们呢？其实，完全没有必要去死记硬背，关键在于灵活使用它们来为特定的目的服务。无论 C 运算符的优先级与结合性多么复杂，也不管运算符的优先级高低，只要将需要先计算的表达式用圆括号括起来即可解决所有问题。另外，为了保证运算的正确性，提高程序的可读性，不要在程序中使用太复杂或多用途的复合表达式。

习 题

一、选择题

1. 以下正确的 C 语言标识符是（　　）。

A. %X　　B. a+b　　C. a123　　D. test!

2. 以下结果为整型的表达式（设 int i;char c;float f;）是（　　）。

A. i+f　　B. i*c　　C. c+f　　D. i+c+f

3. 下面 4 个选项中，均是合法的整型常量的是（　　）。

A. 160，0xffff，011　　B. 0xcdf，01A，0xe

C. 01，986,012，0668　　D. 0x48A，2e5，0x

4. 下列不是 C 语言常量的是（　　）。

A. e–2　　B. 074　　C. "a"　　D. '\0'

5. 已知字母 A 的 ASCII 码值为十进制数 65，且 c2 为字符型，则执行语句 c2='A'+'6'-'3'; 后，c2 以字符形式体现的值为（　　）。

A. D　　B. 68　　C. 不确定的值　　D. C

6. 设逗号表达式 (a=3*5,a*4)，则 a+15 的值和 a 的值分别为（　　）。

A. 15，60　　B. 60，30　　C. 30，15　　D. 不确定，90

7. 设 a=2,b=0,c;，则执行语句 c=--b+a--; 后，a 的值和 c 的值分别为（　　）。

A. 0，1　　B. 1，0　　C. 2，0　　D. 1，1

8. 在 C 语言中，不同类型数据混合运算时，要先转换成同一类型后进行运算。设一表达式中包含有 int、long、char 和 double 类型的变量和数据，则表达式最后的运算结果及这 4 种类型数据的转换规律是（　　）。

A. long，int → char → double → long　　B. long，char → int → long → double

C. double，char → int → long → double　　D. double，char → int → double → long

9. 以下说法正确的是（　　）。

A. C 程序中的所有标识符必须小写

B. C 程序中关键字必须小写，其他标识符不区分大小写

C. C 程序中所有标识符不区分大小写

D. C 程序中关键字必须小写，其他标识符区分大小写

10. 在 C 语言中，要求参加运算的数必须是整数的运算符是（　　）。

A. /　　B. *　　C. %　　D. =

11. 设 x、y 均为 float 型变量，则以下不合法的赋值语句是（　　）。

A. ++x;　　B. y=(x%2)/10;　　C. x*=y+8;　　D. x=y=0;

12. 若定义了 int x;，则将 x 强制转化成双精度类型应该写成（　　）。

A. (double)x　　B. x(double)

C. double(x)　　D. (x)double

13. 下面的标识符定义中不正确的是（　　）。

A. sum　　B. a3　　C. int　　D. _stutend

二、程序阅读题

1. 程序代码如下：

```
#include "stdio.h"
void main()
{
   printf("%d,%d,%d,%d\n",1+2,5/2,-2*4,11%3);
```

```
    printf("%f,%f,%f\n",1.+2.,5./2.,-2.*4.);
}
```

程序的运行结果为 ________。

2. 程序代码如下：

```
#include "stdio.h"
void main()
{
    int j;
    j=3;
    printf("%d ,",++j);
    printf("%d ",j++);
}
```

程序的运行结果为 ________。

3. 程序代码如下：

```
#include "stdio.h"
void main()
{
    int x,y,z;
    x=y=2;z=3;
    y=x++-1;  printf("%d\t%d\t",x,y);
    y=--z+1;  printf("%d\t%d\n",z,y);
}
```

程序的运行结果为 ________。

4. 程序代码如下：

```
#include "stdio.h"
void main()
{
    char c1='a',c2='b',c3='c',c4='\101',c5='\116';
    printf("a%cb%c\tc%c\tabc\n",c1,c2,c3);
    printf("\t\b%c%c",c4,c5);
}
```

程序的运行结果为 ________。

提示：

此小题考查转义字符的使用。'\101' 为转义字符，101（八进制）=65（十进制），ASCII 码值 65 相当于 'A'；同理，'\116' 也为转义字符，相当于 'N'，ASCII 码值 78。

三、程序设计题

定义一个值为 5 的常量 m 和一个变量 n（假定值为 2.1），输出它们的乘积。

项目实训　设计产品超市智能计算器

一、项目描述

设计一个程序用于企业产品经销处销售结账使用。

假设一商店销售产品为计算机配件：计算机显示器每台 1 080 元，鼠标每个 66.5 元，键盘每个 129.8 元。自行给定各类产品的数量，自动完成金额的计算，并输出。

二、项目要求

本项目是为了综合运用“数据类型、运算符与表达式”的知识而制定的。

① 学会分析题目，确定程序设计中变量的个数和数据类型；给定各类产品的数量后，准确算出顾客应付的钱数。

② 能够独立编写出解决上述问题的程序，根据程序运行的结果分析程序的正确性。

三、项目评价

项目实训评价表

能力	内　容		评　价				
	学习目标	评价项目	5	4	3	2	1
职业能力	能学会使用常量和变量	能熟悉常量与变量的定义及使用					
	能熟悉 C 语言的基本数据类型	能灵活使用整型数据类型					
		能灵活使用实型数据类型					
		能灵活使用字符型数据类型					
	能掌握常用运算符及其表达式	能掌握算术运算符					
通用能力	阅读能力、设计能力、调试能力、沟通能力、相互合作能力、解决问题能力、自主学习能力、创新能力						
综合评价							

第3章 应用顺序结构设计程序解决简单实际问题

顺序结构是C程序中最简单、最基本、最常用的一种程序结构，也是进行复杂程序设计的基础。顺序结构的特点是完全按照语句出现的先后次序执行程序。在日常生活中，需要“按部就班、依次进行”处理和操作的问题随处可见。赋值操作和输入/输出操作是顺序结构中最典型的操作。

学习目标

☑了解三种基本程序设计结构。

☑掌握数据的输出函数和输入函数。

☑设计顺序结构程序。

☑养成一丝不苟、脚踏实地的工作作风，培养“大国工匠”素养。

我国超算“神威·太湖之光”打破了国外的技术封锁，勇夺世界超级计算机500强排名桂冠，真正实现了软硬件系统的完全自主可控，取得了突破性进展。在新时代如何延续古圣先贤的智慧再创辉煌，实现伟大复兴的中国梦，是这一代中国人的使命和责任。提高信息时代大学生的计算思维能力，培养软件开发后备人才，夯实我国在软件开发领域的重要地位，是目前的当务之急，所以，必须扎实学好程序设计，以适应时代的需要。

3.1 结构化程序设计的三种基本结构

结构化程序的三种基本结构分别是顺序结构、选择结构和循环结构，它们是一般的结构化程序所具有的通用结构。

【例3.1】阅读程序，说明程序的结构和执行过程。

程序代码如下：

```
#include <stdio.h>
```

```
void main()
{
    int a,b,c;                          /* 定义三个整型变量 */
    float x,y;                          /* 定义两个浮点型变量 */
    a=b=c=2;                            /* 赋初值 */
    x=3.0;                              /* 赋初值 */
    y=a*x*x+b*x*x+c;                    /* 计算 y 值 */
    printf("y=%f\n",y);                 /* 输出 y 值 */
}
```

视频

例3.1

程序的运行结果为：

```
y=26.000000
```

本例的程序流程图和 N-S 图如图 3-1 所示。

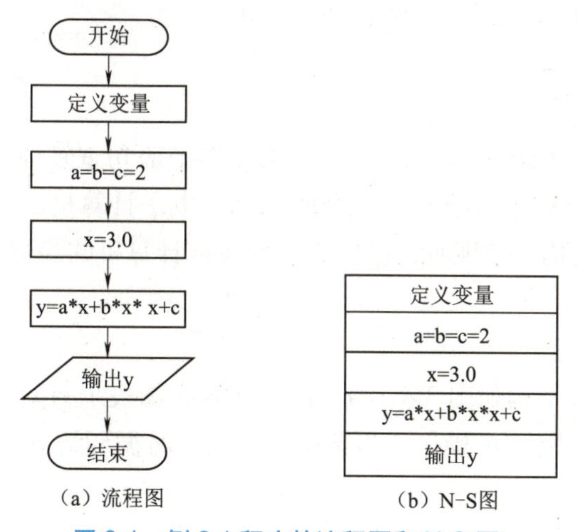

图 3-1　例 3.1 程序的流程图和 N-S 图

说明

上面程序执行的顺序为从上往下一条语句一条语句地执行，所以本程序的结构是顺序结构，它是按照书写的顺序执行的。

相关知识 1

1. 顺序结构

顺序结构中的语句是按书写的顺序执行的，语句的执行顺序与书写顺序一致。

用流程图表示顺序结构如图 3-2（a）所示，用 N-S 图表示顺序结构如图 3-2（b）所示，表示先执行 A 操作，再执行 B 操作，两者是顺序执行的关系。

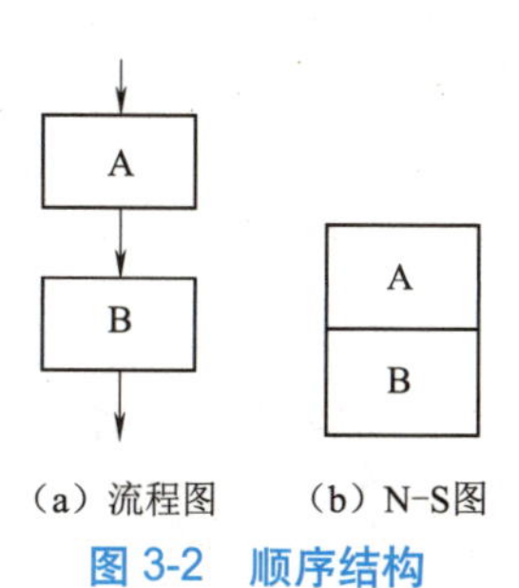

图 3-2　顺序结构

顺序结构的基本程序框架主要由三大部分组成：输入算法所需要的数据、进行运算和数据处理、输出运算结果数据。

在顺序结构中，程序的流程是固定的，不能跳转，只能按照书写的先后顺序逐条逐句地执行。这样，一旦发生特殊情况，无法进行特殊处理，但实际问题中，很多时候需要根据不同的判定条件执行不同的操作步骤，这就需要采用选择结构来处理。

2. 选择结构

最基本的选择结构是当程序执行到某一语句时，要进行条件判断，从两条执行路径中选择一条，所以选择结构又称分支结构。其根据情况可分为二支和多支。选择结构增加了编程的灵活性。例如，要在两个数 a、b 中取一个较大的数就要经过比较判断，决定是将 a 还是将 b 输出。选择结构给程序注入了最简单的智能。

用流程图表示选择结构如图 3-3（a）所示，用 N-S 图表示选择结构如图 3-3（b）所示，表示当条件 P 成立时，执行 A 操作，否则执行 B 操作，两者是选择执行的关系。

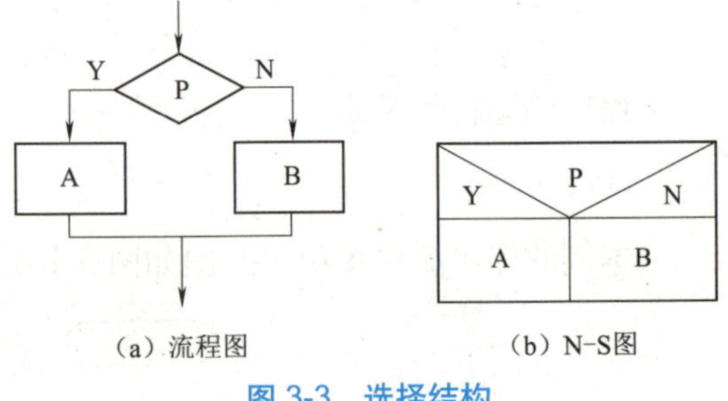

图 3-3　选择结构

3. 循环结构

循环结构是当满足某种循环的条件时，将一条或多条语句重复地执行若干遍，直到不满足循环条件为止。这种结构可使程序简洁明了。众所周知，电子计算机的一大优势是运算速度快，当能把一个复杂问题用循环结构来实现时，就能充分地发挥计算机的高速优势。

循环结构有两种类型：

（1）当型循环结构

用流程图表示当型循环结构如图 3-4（a）所示，用 N-S 图表示当型循环结构如图 3-4（b）所示，表示当条件 P 成立时，反复执行 A 操作，当条件 P 不成立时循环结束。

（2）直到型循环结构

用流程图表示直到型循环结构如图 3-5（a）所示，用 N-S 图表示直到型循环结构如图 3-5（b）所示，表示先执行 A 操作，再判断条件 P 是否成立，若条件 P 成立，则反复执行 A 操作，直到条件 P 不成立时循环结束。

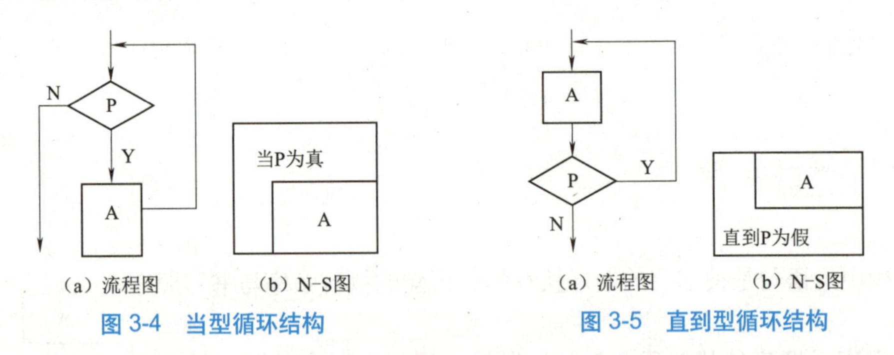

图 3-4　当型循环结构　　图 3-5　直到型循环结构

注意：

编写程序的时候，三种结构化的基本控制结构多是同时出现的。

3.2 数据的输入与输出

C 语言本身不提供输入 / 输出语句，输入和输出操作是由函数来实现的，称为“标准输入 / 输出函数”。C 语言提供的最基本的输入 / 输出函数包括 scanf( )/printf( )（格式输入 / 格式输出）、getchar( )/putchar( )（字符输入 / 字符输出）和 gets()/puts()（字符串输入 / 字符串输出）。在使用这些函数时要在程序的开头写上调用头文件的命令行：

```
#include <stdio.h>
```

或

```
#include "stdio.h"
```

它的作用是：将输入 / 输出函数的头文件 stdio.h 包含到用户源文件中。

3.2.1 格式输出函数 printf( )

【例 3.2】已知圆的半径 r=1.5，求圆的周长 length。

程序代码如下：

```
#include "stdio.h"
void main()
{
    float r,length,pi=3.14159;
    r=1.5;
    length=2*pi*r;
    printf("r=%7.2f,length=%7.2f\n",r,length);
}
```

视 频

例3.2

程序的运行结果为：

```
r=   1.50,length=   9.42
```

说明

程序中，用格式化输出函数 printf( ) 输出了半径和周长的值，以十进制小数输出，数据输出长度占 7 位（长度可以自己规定），并保留小数点后面两位，第三位自动四舍五入。提示信息 r= 和 length= 原样输出。本例的程序流程图和 N-S 图如图 3-6 所示。

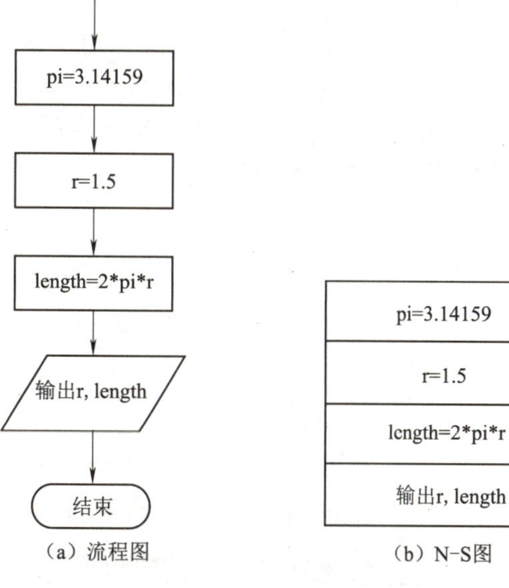

图 3-6　例 3.2 程序的流程图和 N-S 图

相关知识 2

格式输出函数 printf( ) 的一般形式如下：

```
printf(格式控制，输出项列表);
```

该函数将输出项按指定的格式输出到标准输

出终端。其中，格式控制是用双引号括起来并以字符串的形式描述的。

格式控制可以是下列两种形式的组合：

① 格式说明：用于规定对应输出项内容的输出格式。它由 % 和格式字符组成。printf( ) 函数的常用格式字符如表 3-1 所示。

表 3-1　printf( ) 函数的常用格式字符

格式字符	说　明	举　例	输出结果
%d 或 %i	十进制整数	int a=65; printf("%d",a);	65
%o	八进制整数	int a=65; printf("%o",a);	101
%x 或 %X	十六进制整数	int a=65; printf("%x",a);	41
%u	不带符号的十进制整数	int a=65; printf("%u",a);	65
%c	单一字符	int a=65; printf("%c",a);	A
%s	字符串	printf("%s", "China");	China
%f	小数形式的浮点数，默认保留 6 位小数	float a=12.345; printf("%f",a);	12.345000
%e 或 %E	指数形式的浮点小数	float a=12.345; printf("%e",a);	1.234500e+001
%g 或 %G	自动选取 e 格式或 f 格式中输出宽度较小的一种且不输出无意义的 0	float a=12.345; printf("%g",a);	12.345
%%	输出字符 %	printf("%%")	%

注意：

格式字符与其对应的输出项的类型要一致。例如，不要用 %f 去输出整数。%f 不能写为 %F。

在格式说明中，在 % 和上述格式字符间可以插入附加格式字符（又称修饰符）。printf( ) 函数的附加格式字符如表 3-2 所示。

表 3-2　printf( ) 函数的附加格式字符

字　符	说　明
l	对整型指 long 型，如 %ld，%lo，%lx，%lu；对实型指 double 型，如 %lf
h	只用于将整型格式字符修正为 short 型，如 %hd，%ho，%hx，%hu
m	数据最小宽度
n	对实数，表示输出的 n 位小数；对字符串，表示截取的字符个数
0n	指定输出域的宽度。若实际长度不足，在左端补 0
-	输出的数字或字符在域内向左靠

注意：

m 和 n 分别代表一个正整数。

其完整的格式如下：

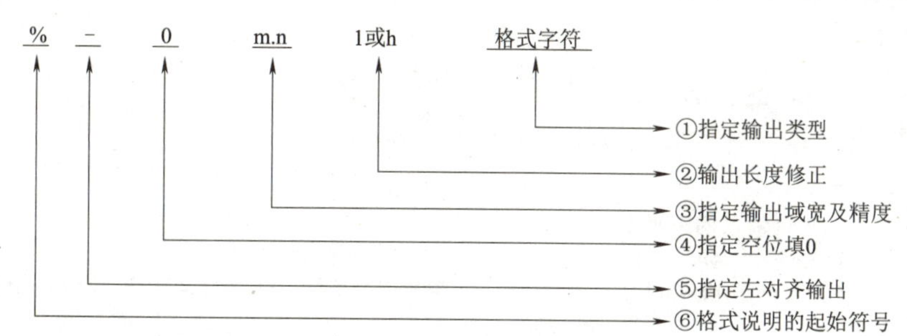

② 普通字符：指需要原样输出的字符，如逗号、空格等。例如：

```
a=2,b=3.5;
printf("a=%d,b=%f",a,b);
```

输出结果为：

```
a=2,b=3.500000
```

上面的语句中，%d 说明输出的变量 a 是十进制整数，%f 说明输出一个实数对应 b 变量，其他格式控制中的字符串原样输出。

【例 3.3】多种类型数据的输出。

程序代码如下：

```
#include <stdio.h>
void main()
{
    int a=10;
    float b;
    b=a/3.0;
    printf("a=%d,b=%f\n",a,b);          /* 输出 a 和 b 的值，以逗号分隔 */
}
```

视 频

例3.3

程序的运行结果为：

```
a=10,b=3.333333
```

说明

程序中的实型数输出，默认保留小数点后 6 位，第 7 位自动四舍五入。

思考：

① 输出结果数据之间若以分号分隔，如何修改程序？

② 输出结果要求保留两位小数，输出格式如何设定？

利用 printf( ) 函数可以输出整型、实型和字符型数据。而对于比较大的或比较小的实数，既可以用 %f 格式输出，也可以用 %e 格式以标准指数格式出现。

无符号形式 %u 是指无论正数还是负数，系统一律当作无符号整数来输出。

3.2.2 格式输入函数 scanf( )

一般的程序都需要输入数据。和输出函数 printf( ) 对应，scanf( ) 函数可实现数据的输入。

先看下面的例子：

【例 3.4】由键盘输入两个数再输出。

程序代码如下：

视 频

例3.4

```
#include <stdio.h>
void main()
{
   int a,b;
   printf("请输入两个整数：");
   scanf("%d%d",&a,&b);             /*输入两个整数*/
   printf("a=%d\tb=%d\n",a,b);   /*输出两个整数，\t 为转义字符，输出一个 Tab 符的长度*/
}
```

程序的运行结果为：

```
请输入两个整数：3 4<回车>
a=3     b=4
```

用 scanf( ) 函数输入数据的格式和 printf( ) 函数类似。C 语言默认空格是输入数据之间的分隔符，输入数据后按【Enter】键（回车）则表示输入结束。空格、跳格符、换行符都是 C 语言认定的数据分隔符。C 语言允许在输入数据时使用用户自己指定的字符（必须是非格式字符）来分隔数据。这时应在格式控制中的相应位置上出现这些字符。例如，scanf("%d,%d",&a,&b);，则应输入 3,4，即以逗号分隔 3 和 4。

相关知识 3

格式输入函数的一般形式如下：

```
scanf(格式控制，地址项列表);
```

该函数从标准输入设备上读入字符序列，并将它们按指定格式进行转换后，存储于地址项所指定的对应的变量中。其中，格式控制可以是下列两种形式的组合：

① 格式说明：同 printf( ) 函数有相似之处，也有不同之处。请参考 printf( ) 函数。

scanf( ) 函数提供的格式字符基本组成如下：

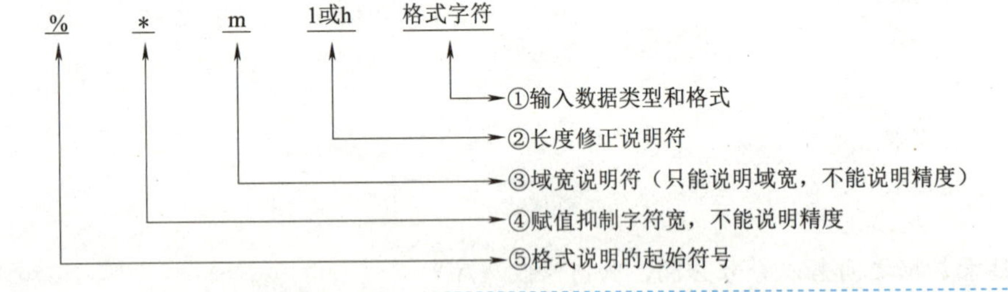

注意：

抑制字符 * 的作用是在按格式说明读入数据后不送给任何变量，即“虚读”。例如，scanf("%3d%*4d%f",&a,&b);，若输入为 123456789.23，则 a=123,b=89.23。在利用已有的一批数据时，若有一两个数据不需要，可以用此法“跳过”这些无用数据。

② 输入数据的分隔符。

【例 3.5】多种类型数据的输入。

例3.5

程序代码如下：

```
#include <stdio.h>
void  main()
{
    int a;
    float b;
    scanf("%d;%f",&a,&b);           /* 输入数据之间以分号分隔 */
    printf("a=%d,b=%f\n",a,b);
}
```

程序的运行结果为：

```
12;36.89<回车>
a=12,b=36.889999          /* 浮点型数据在内存中存储会有细微的误差 */
```

说明

输入数据格式控制规定以“;”分隔，则输入数据时应一致，也以“;”分隔。

【例 3.6】按格式控制中指定的域宽截取输入数据。

例3.6

程序代码如下：

```
#include <stdio.h>
void main()
{
    int a;
    float b,c;
    scanf("%2d%3f%4f",&a,&b,&c);
    printf("a=%d,b=%f,c=%f\n",a,b,c);
}
```

程序的运行结果为：

```
12345678987654321<回车>
a=12,b=345.000000,c=6789.000000
```

说明

由于 %2d 只要求读入 2 个数字字符，因此把 12 读入送给变量 a；%3f 要求读入 3 个字符，可以是数字、正负号或小数点，把 345 读入送给 b；又按 %4f 截取四位数 6789，送给 c。

思考：

以下语句的输入方式是什么？

```
scanf("a=%d,b=%f,c=%f",&a,&b,&c);
```

提示：

输入的数据应该为：a=12,b=345,c=6789.8 <回车>。

注意：

以上操作说明，如果在 scanf( ) 函数的格式控制符之间插入了其他字符作为数据之间的分隔符，则输入数据时要原样输入这些分隔符，否则将产生输入错误。为了减少输入错误，建议在输入语句前给出相应的 printf 语句增加输入数据的提示。如上面的思考题就可以在 scanf 语句前加入语句：printf(" 请输入数据：a=,b=,c="); 作为输入格式的提示，明确数据输入时的格式，以保证数据的正确读入。

警告：

输入数据时，不能企图规定精度。例如，scanf("%7.2f",&a);，这样做是不合法的，输入数据时不能规定精度。

③ 地址项列表：地址项列表是由若干等待输入的内存单元地址组成的，地址项之间用逗号分隔。该地址可以是变量的地址或字符串的地址等，其作用是存放输入的数据。C 语言中变量地址的表示是在变量前加前缀符号“&”。

注意：

在用 scanf( ) 函数输入数据时，后面的是地址表列，表示变量地址的前缀符号“&”不能丢掉。如果丢掉，程序也可以正常编译、执行，但输入的数据没有存到希望的变量中，导致最终结果错误。这是初学者容易犯的错误，应引起注意。

3.2.3 单个字符输入 / 输出函数（getchar( )/putchar( )）

视 频

例3.7

【例 3.7】用 getchar( ) 函数从键盘输入一个大写字母，要求以小写字母输出。

算法分析：输入字符可以使用 getchar( ) 函数，输出字符可以使用 putchar( ) 函数。大小写字母之间的转换是通过 ASCII 码的换算实现的。从 ASCII 码表中可以看到每一个大写字母与它相应的小写字母的 ASCII 码值相差 32。

程序代码如下：

```
#include <stdio.h>
void main()
{
    char c1,c2;                      /* 定义两个字符变量，名称分别为 c1 和 c2*/
    c1=getchar();                    /* 从键盘输入一个字符送给变量 c1*/
    putchar(c1);putchar('\n');       /* 输出存入 c1 中的字符，然后输出换行符 */
    printf("%c,%d\n",c1,c1);         /* 输出字符及其对应的 ASCII 码值 */
    c2=c1+32;                        /* 大写字母转换为小写字母，其 ASCII 码相差 32*/
    printf("%c,%d\n",c2,c2);
}
```

若输入的是大写字母 A，则程序的运行结果为：

```
A< 回车 >
A
A,65
a,97
```

说明

由 ASCII 码表（参看附录 A）可知，一个大写字母比其对应的小写字母 ASCII 码值小 32，设输入字符变量 c1，输出变量 c2，二者关系为 c2=c1+32，%c 与 %d 对应同一个字符变量，分别对应输出其本身和它对应的 ASCII 码值。

注意：

应该记住一些常用字符的 ASCII 码值，字母 A ~ Z 对应 ASCII 码值为 65 ~ 90；a ~ z 对应 ASCII 码值为 97 ~ 122；空格对应 ASCII 码值为 32；数字 0 ~ 9 对应 ASCII 码值为 48 ~ 57。

相关知识 4

1. 单个字符输出函数

单个字符输出函数的一般形式如下：

```
putchar(表达式);
```

该函数将指定的表达式的值所对应的字符输出到标准输出终端上。表达式可以是字符型或整型，它每次只能输出一个字符。例如：

```
putchar('#');        /* 输出字符 # */
```

2. 单个字符输入函数

单个字符输入函数的一般形式如下：

```
getchar();
```

该函数从标准输入设备（一般为键盘）上输入一个可打印字符，并将该字符返回为函数的值。

注意：

该函数的括号内无参数。

字符的输入无须用单撇括起来，直接输入字符即可。在执行 getchar( ) 函数时，虽然是读入一个字符，但并不是从键盘输入一个字符，该字符就被读入送给一个字符变量，而是等到输入完一行按【Enter】键后，才将该行的字符输入缓冲区，然后 getchar( ) 函数从缓冲区中取一个字符给一个字符变量。

可以用 putchar(getchar( )); 表示读入一个字符，然后将它输出到终端。

例 3.7 程序第 6 行输出字符的两个 putchar( ) 函数也可以用 printf("%c\n",c1); 语句代替。

课后讨论

格式输入 / 格式输出函数使用时应注意什么？

输出和输入操作函数 printf( ) 和 scanf( ) 是最常用的两个函数，要想熟练掌握它们的应用方法，必须进行大量的上机练习。对于格式的设定要细心，调试要有耐心，养成一丝不苟、脚踏实地的工作作风，这样才能掌握符号的内在规律，应用起来得心应手。“实事求是，严谨细致”也是程序设计者的基本工作素质要求。不仅需要学习 C 语言的语法规则和程序设计方法，更需要培养自己严谨、坚毅的职业素养。

3.3 顺序结构程序设计举例

顺序结构是程序设计的最简单的结构，其程序的执行也是按照从上到下的顺序进行的。下面给出两个以顺序结构设计的应用实例。

【例 3.8】输入任意三个整数，求它们的和与平均值（结果保留两位小数）。

分析

视 频

例3.8

这是一个简单的顺序结构程序，三个数是程序的输入项，和及平均值是程序的两个输出项，其算法可以表示如下：

① 输入三个数，可用 scanf 语句完成。

② 计算它们的和及平均值，用赋值语句完成。

③ 输出结果，用 printf 语句完成。

程序代码如下：

```
#include <stdio.h>
void main()
{
  int num1,num2,num3,sum;
  float aver;
  printf( "请输入三个整数(数据用逗号分隔):"); /*输入数据提示*/
  scanf("%d,%d,%d" ,&num1,&num2,&num3);     /*输入三个整数，数据之间以逗号分隔*/
  sum=num1+num2+num3;                       /*求累加和*/
  aver=sum/3.0;                             /*求平均值*/
  printf("num1=%d,num2=%d,num3=%d\n",num1,num2,num3);/*输出三个整数*/
  printf("sum=%d ,aver=%6.2f \n",sum,aver);/*输出三个数和，输出平均值，保留两位小数*/
}
```

程序的运行结果为：

```
请输入三个整数(数据用逗号分隔):3,5,10<回车>
num1=3,num2=5,num3=10
sum=18 ,aver=  6.00
```

举一反三：

仿照上例，编制程序输入任意三个整数，求它们的积。

【例 3.9】实现华氏温度与摄氏温度转换。输入一个华氏温度值，要求输出摄氏温度值。华氏温度转化成摄氏温度的公式为 C=5/9(F−32)（式中，C 表示摄氏温度值，F 表示华氏温度值），结果保留 2 位小数。

算法分析：本题需要从键盘输入一个数 F，通过表达式的运算后，求得 C 的值就是转换后的结果。

视 频

例3.9

程序代码如下：

```
#include <stdio.h>
void main()
{
    float  F,C;
    scanf("%f",&F);
    printf("F=%f\n",F);
    C=5.0/9*(F-32);
    printf("C=%.2f\n",C);
}
```

若输入 12，则程序的运行结果为：

```
12<回车>
F=12.000000
C=-11.11
```

思考：

① 表达式 C=5.0/9*(F-32) 是否还有其他表示形式？

② 上面的表达式中分子为什么写为 5.0 而不是直接写为 5 呢？结果有什么不一样？

提示：

在 C 语言中，两个整数相除，结果自动取整。

技能训练 1　printf( ) 函数典型格式

训练目的与要求：熟练掌握 printf( ) 函数典型格式应用。

训练题目：阅读下列程序，写出运行结果，理解 printf( ) 函数的格式应用。

```
#include <stdio.h>
void main()
{
    int a=100;
    float b=123.4567;
    printf("a=%d,",a);                          /*输出一个十进制数*/
    printf("a=%5d,a=%-5d",a,a);                 /*输出一个十进制数，规定宽度占 5 位*/
    printf("a=%2d\n",a);                        /*输出一个十进制数，规定宽度占 2 位*/
    printf("b=%f,%12f\n",b,b);                  /*输出实数 b，规定占 12 位输出*/
    printf("b=%10.2f,%-10.2f,%.2f\n",b,b,b);/*输出实数 b，宽度占 10 位，保留两位小数*/
}
```

上面程序的运行结果为：

视 频

技能训练1

```
a=100,a=  100,a=100  ,a=100
b=123.456703,  123.456703
b=    123.46,123.46    ,123.46
```

案例解析：

在上面的程序中，printf 格式中“%5d”表示输出的数据宽度占 5 位，如 a 是 100 占 3 位，不足位数左边补 2 个空格，默认右对齐，“%-5d”表示输出的数据宽度占 5 位，左对齐，如 a 是 100 占 3 位，不足位数在右面补 2 个空格；“%2d”表示输出的数据宽度占 2 位，但实际输出 a 是 100 占 3 位，将自动突破限制。printf( ) 输出函数格式中的“%10.2f”表示数据宽度共占 10 位，保留 2 位小数，第三位小数自动进行四舍五入，小数点占 1 位，则整数部分占 7 位，不足位数自动在左边补空格（数据右对齐）。若在输出函数格式中写为“%-10.2f”，则数据左对齐，不足位数在右面补空格。

技能训练 2 顺序结构程序设计——已知三角形三条边求面积

视 频

技能训练2

训练目的与要求：学会简单的顺序程序设计

训练题目：输入三角形的边长，求三角形面积。

案例解析：

算法可以表示如下：

① 输入三角形的三条边长 a、b、c，假定这三条边能构成三角形。

② 确定从三条边长求三角形面积的方法，三角形面积的公式为

$$\text{area} = \sqrt{s(s-a)(s-b)(s-c)}$$

式中，$s=(a+b+c)/2$。

③ 输出求解出的三角形面积 area。

程序代码如下：

```
#include <stdio.h>
#include <math.h>   /* 需调用数学函数 sqrt() 求算术平方根，包含在 math.h 头文件中 */
void main()
{
   double a,b,c,s,area;
   printf("请输入三角形的三条边长(数据间用逗号分隔):");
   scanf("%lf,%lf,%lf",&a,&b,&c);                /* 输入三角形的三条边 */
   s=(a+b+c)/2.0;                                /* 计算 s*/
   area=sqrt(s*(s-a)*(s-b)*(s-c));               /* 计算三角形面积 area*/
   printf("a=%.2f\nb=%.2f\nc=%.2f\narea=%.2f\n",a,b,c,area);/* 输出结果 */
}
```

输入：

```
请输入三角形的三条边长(数据间用逗号分隔): 3,4,6<回车>
```

输出：

```
a=3.00
b=4.00
c=6.00
area=5.33
```

说明

程序中使用了函数 sqrt(x)，这是一个求 x 算数平方根的数学函数，包含在 math.h 头文件中，因此在程序的开始需要加一行“#include <math.h>”，表示可以对标准数学函数直接引用，其他标准数学函数参看附录 F。

拓展阅读

国之骄傲——“神威 · 太湖之光”

小　结

本章首先介绍了结构化程序设计的三种基本结构，然后重点讲解了 C 语言的输入和输出操作是由函数 printf( )，putchar( )，scanf( )，getchar( ) 来实现的。

C 语言的格式输入 / 输出的规定比较烦琐，用得不对就得不到预期的结果，而输入 / 输出又是最基本的操作，几乎每一个程序都包含输入 / 输出，不少读者由于掌握不好而浪费了大量的调试程序时间。虽然本章做了比较仔细的介绍，但是在学习本书时不必花许多精力去死抠每个细节，重点掌握最常用的一些使用规则即可，建议这章学习时以自己多上机练习为宜。

习　题

一、选择题

1. 阅读以下程序，当输入数据的形式为 25,13,10 时，正确的输出结果为（　　）。

```
#include <stdio.h>
void main()
{
   int x,y,z;
   scanf("%d,%d,%d",&x,&y,&z);
   printf("x+y+z=%d\n",x+y+z);
}
```

A．x+y+z=48　　B．x+y+z=35　　C．x+z=35　　D．不确定值

2. 以下程序的运行结果是（　　）。

```
#include <stdio.h>
void main()
{
   int n=2,m=2;
   printf("%d,%d\n",++m,n--);
}
```

A．2,2　　B．2,3　　C．3,2　　D．3,3

3. 以下程序的运行结果是（　　）。

```
#include <stdio.h>
void main()
{
   int  a=2,b=5;
```

```
    printf("a=%%d,b=%%d\n",a,b);
}
```

A．a=%2,b=%5　　B．a=2,b=5　　C．a=%%d,b=%%d　　D．a=%d,b=%d

提示：

scanf 语句格式中 “%%” 表示输出百分号本身。

4．执行下列程序时输入 2468101，程序的运行结果为（　　）。

```
#include <stdio.h>
void main()
{
    int x,y;
    scanf("%2d%*2d%2d",&x,&y);
    printf("%1d\n",x+y);
}
```

A．24　　B．92　　C．34　　D．125

提示：

scanf 语句格式中 “%*d” 表示 “虚读” 一个十进制整数，将其放弃而不存储。

5．执行下列程序时输入 aceg，程序的运行结果为（　　）。

```
#include <stdio.h>
void main()
{
    char x,y;
    x=getchar();
    y=getchar();
    putchar(x);putchar('\n');putchar(y);
}
```

A．a c　　B．a e　　C．a
c　　D．a
e

提示：

多个字符型数据连续输入时，数据之间不必加分隔符。

二、程序阅读题

1．程序代码如下：

```
#include <stdio.h>
void main()
{
    int a,b,x;
    x=(a=3,b=a--);
```

```
    printf("x=%d,a=%d,b=%d\n",x,a,b);
}
```

程序的运行结果为 ______。

2. 程序代码如下:

```
#include <stdio.h>
#include <math.h>                                    /* 包含数学函数的头文件 */
void main()
{
    int  a=1,b=2,c=2;
    float  x=10.5,y=4.0,z;
    z=(a+b)/c+sqrt((int)y)*1.2/c+x;    /*sqrt(y) 函数表示求 y 的算术平方根 */
    printf("z=%f\n",z);
}
```

程序的运行结果为 ______。

3. 程序代码如下:

```
#include <stdio.h>
void main()
{
    int x=1,y=2;
    char c1,c2;
    c1=getchar();
    c2=getchar();
    printf("%d%d%d\n",x,y,x);
    putchar(c1);putchar(c2);
    printf("%d%d%d",y,x,y);
}
```

若从键盘输入 a < 回车 >，则程序的运行结果为 ______。

提示:

字符输入时回车符也是字符。

三、程序填空题

下面程序的功能是不用第三个变量，实现两个数的对调操作。

```
#include <stdio.h>
void main()
{
   int a,b;
   scanf("%d %d",&a,&b);
   printf("a=%d,b=%d\n",a,b);
   a=a+b;
   b=_________?_________;
   a=_________?_________;
   printf("a=%d,b=%d\n",a,b);
}
```

提示：

可参看本书第 2 章“能力拓展”。

四、程序设计题

假设银行定期存款的年利率 rate 为 2.25%，并已知存款期为 n 年，存款本金为 capital 元，试编程计算 n 年后可得到本利之和 deposit（提示：2.25% 编写程序时应写为 0.0225，本金和年数未知，从键盘输入，假设不计算复利，用年利息直接乘以年限即可）。

项目实训 企业员工工资计算

一、项目描述

本项目是为了培养“顺序结构程序设计”能力而制定的。目的是培养读者学会应用顺序结构设计程序，独立解决实际应用中的问题。

内容：完成如下程序设计题目。

设企业某工种按小时计算工资，每月劳动时间（小时）× 每小时工资 = 总工资，总工资中扣除 8% 作为公积金，剩余的为实发工资。编写一个程序从键盘输入劳动时间和每小时工资，打印出应发工资和实发工资。

二、项目要求

学会分析题目确定变量的个数和数据类型，然后计算出用户“应发工资”、“公积金”和“实发工资”数。

要求：

① 能够独立编写程序，并能够按照企业政策的变化（如公积金比例调整）修改程序。

② 根据程序运行的结果分析程序的正确性。

三、项目评价

项目实训评价表

能力	内容		评价				
	学习目标	评价项目	5	4	3	2	1
职业能力	能了解程序设计三种基本结构	能知道顺序结构					
		能知道选择结构					
		能知道循环结构					
	能掌握数据的基本输入/输出函数	能灵活使用 printf( ) 函数输出各类数据					
		能灵活使用 scanf( ) 函数输入各类数据					
	能进行顺序结构程序设计	设计顺序结构程序					
通用能力	阅读能力、设计能力、调试能力、沟通能力、相互合作能力、解决问题能力、自主学习能力、创新能力						
综合评价							

第4章 应用选择结构设计程序实现分支判断

C语言是一种结构化的程序设计语言，选择结构是其三种基本结构之一，必须牢固掌握。在大多数结构化程序设计问题中读者都将会遇到选择问题，因此熟练运用选择结构进行程序设计是必须具备的能力。本章将循序渐进地介绍C语言程序设计中使用选择结构进行程序设计的方法。

学习目标

☑运用if语句进行选择结构程序设计。
☑掌握关系运算符、逻辑运算符及其构成的表达式。
☑掌握条件运算符及运算。
☑运用嵌套的if语句进行选择结构程序设计。
☑运用switch语句进行多分支选择结构程序设计。
☑培养科技报国，面对人生，树立远大目标，选择正确的人生道路的素养。

4.1 选择结构程序设计简介

选择是时常发生的，比如当一个人走到岔路口的时候会面临着选择：先向左走还是先向右走？这需要依据目的地方向进行选择。人生的路该怎么走也面临着选择，有人选择了一条发奋读书、勤奋工作、在自己工作岗位上做出一番成绩，而有人选择另外一条路。不同的选择会成就不同的人生路。作为一名老师，选择的是立足三尺讲台、“立德树人”，把“教书育人”视为天职、争做一个“好老师”，为教育事业奉献自己的一生。你的人生路又如何选择呢？这都是值得大家认真思考的问题。程序设计也一样，在程序流程中也会面临着诸多选择。在这一章中重点介绍选择结构。

通过前面章节的学习，我们已经掌握了顺序结构程序的执行方法：按照先后次序依次顺序执行。而现实中的很多编程问题往往需要根据不同的条件采用不同的操作，例如：

① 将一批数中的正整数输出来（判断是否大于 0）。

② 把学生考试成绩不及格的学生名单打印出来（判断成绩是否超过 60 分）。

类似的问题如果采用顺序结构来进行程序设计显然是不合适的。因此，需要掌握另外一种程序设计方法——选择结构程序设计方法。

选择结构又称分支结构，是依据条件成立与否来选择执行不同操作的一种程序设计方法。标准选择结构的流程图如 4-1 所示。下面来看一个例子。

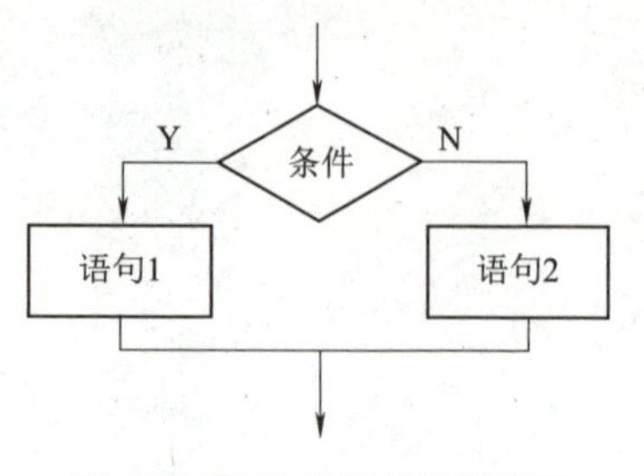

图 4-1　标准选择结构流程图

【例 4.1】判断学生成绩是否合格。

任意输入一名学生成绩，自动判断成绩是否合格。如果成绩达到 60 分及以上，就认为是合格，给出判断结果；否则，认为不合格，也给出判断结果。

算法分析与设计：在本例中学生成绩是从键盘读入的数据，定义变量 score 表示，因此判断学生成绩是否合格，实际上就是判断学生成绩是否大于或等于整数 60。如果学生成绩（score）大于或等于整数 60，则该学生成绩为“合格”，否则为“不合格”。此题目完成需要三步：

① 任意输入一名学生的成绩。

② 判断是否大于等于 60。

③ 输出结果。

解题的流程图如图 4-2 所示。

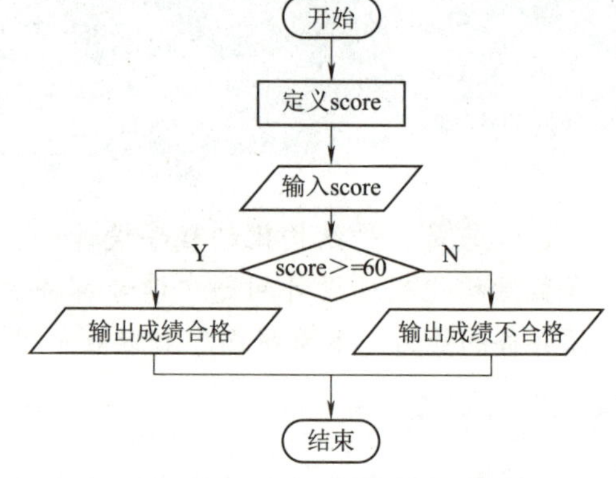

图 4-2　判断学生成绩是否合格流程图

程序代码如下：

```
#include <stdio.h>
void main()
{
    int score;
    printf("Please input a student's score:");
    scanf("%d",&score);
    if(score>=60)                    /* 用关系表达式判断该成绩是否大于或等于 60 分 */
        printf("The student's score has passed.\n");
    else
        printf("The student's score hasn't passed.\n");
}
```

当用户在运行程序并根据程序提示从键盘输入不同数据时，程序将得到如下两种不同的运行结果：

① 当输入的分数大于或等于 60 时，如输入数据为 79：

```
Please input a student's score:79 <回车>
```

则输出：

```
The student's score has passed.
```

② 当输入的分数小于 60 时，如输入 45：

```
Please input a student's score:45< 回车 >
```

则输出：

```
The student's score hasn't passed.
```

在上面的例子中，if…else…是典型的选择结构程序语句，表示“如果……否则……”。程序执行时需要进行判断。

通过上面的例题可以看出，选择结构程序设计就是根据给定的条件执行相应的操作语句的程序设计。具体使用规则参见 4.2 节。

课后讨论

选择结构程序与顺序结构程序执行流程有什么区别？

4.2 if 语句的典型形式

if 语句是选择结构程序设计中最常用的一种语句，因此通常也把 if 语句称为条件分支语句。C 语言提供了三种形式的 if 语句：简单 if 形式（简单选择）、if…else…形式（标准双分支选择）、if…else if…语句形式，else 子句中又包含 if 语句（嵌套选择形式）。

4.2.1 简单 if 形式

【例 4.2】输入任意两个整数分别放于变量 x，y 中，根据其值的大小关系输出对应的数值。

算法分析：本例中要求判断变量 x，y 的值的大小关系，首先从键盘输入变量 x，y 的值，然后再采用默认形式 if 语句判断它们的大小关系并输出对应的数值。程序流程图可参考图 4-3。

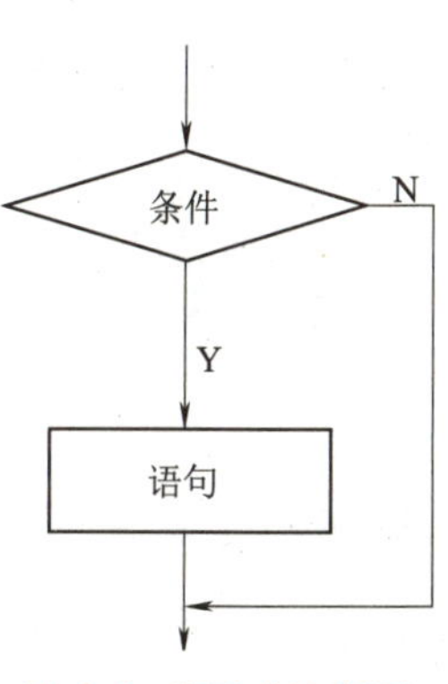

图 4-3　if 形式流程图

程序代码如下：

```
#include <stdio.h>
void main()
{
    int x,y;
    printf("Please input x,y:");
    scanf("%d,%d",&x,&y);
    if(x>y)          //如果 x 值大于 y 值，输出一行星号
        printf("******\n");
    printf("%d,%d\n",x,y);
}
```

视 频

例4.2

程序的运行结果为：

```
① Please input x,y:5,3 < 回车 >
   ******
   5,3
```

```
② Please input x,y:10,35 <回车>
   10,35
```

说明

程序中第一条输出语句 printf("Please input x,y:"); 是让用户输入数据时的提示语句，提示用户从键盘输入变量 x、y 的值。而当输入的变量 x 值大于变量 y 值时（如上述第一种运行情况），便执行 printf("******\n"); 语句，向屏幕输出字符串“******”，同时继续向屏幕输出变量 x、y 的值（5,3）；当变量 x 值小于变量 y 值时（如上述第二种运行情况），程序不执行（跳过）printf("******\n"); 语句，但继续执行语句 printf("%d,%d\n",x,y);，向屏幕输出变量 x、y 的值（10, 35）。

注意：

分析下列程序。

```
#include <stdio.h>
void main()
{
    int x,y;
    printf("Please input x,y:");
    scanf("%d,%d",&x,&y);
    if(x>y)
    { printf("******\n");
      printf("%d,%d\n",x,y);
    }
}
```

程序的运行结果为：

```
① Please input x,y:5,3 <回车>
   ******
5,3
② Please input x,y:10,35 <回车>
```

第①种情况是条件满足时执行两条语句的结果；第②种情况是条件不满足，屏幕什么也不显示。

因为 if 语句条件满足时有两个语句而且用花括号括起来，所以当满足条件时，执行两个语句；当条件不满足时，一条语句也不执行。

思考：

如何比较三个数的大小呢？

相关知识 1

简单 if 形式又称默认形式或单分支选择，是 if 语句中最基本、最简单的使用形式，其语法格式如下：

```
if(表达式)
    语句;
```

其含义为：判断括号内表达式的值，若其值不为 0，执行语句；否则，跳过语句。

if 形式的程序流程图如图 4-3 所示。

4.2.2　标准 if…else…形式

例 4.1 就是这种典型标准形式的 if 语句。

相关知识 2

if…else…形式又称双分支选择，是 if 语句中最常使用的形式。其语法格式为：

```
if(表达式)
    语句 1;
else
    语句 2;
```

其含义为：判断括号内表达式的值，若为非 0，执行语句 1；否则，执行语句 2。

if…else…形式的程序流程图如图 4-4 所示。

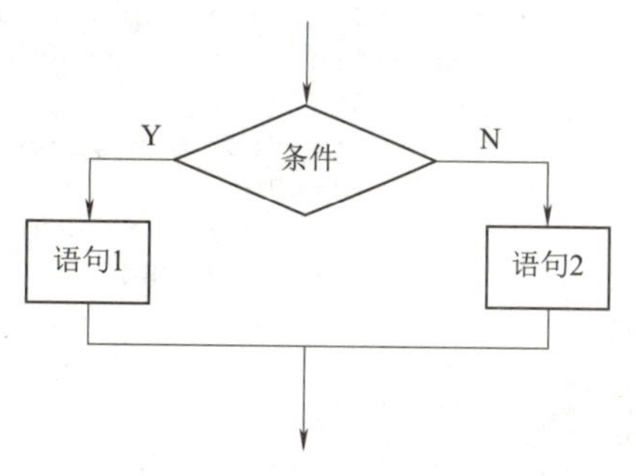

图 4-4　if…else…形式流程图

4.2.3　if…else if…形式

在 2020 年初暴发的新型冠状病毒肺炎疫情中，国家卫健委依据新冠肺炎疫情实际情况和发展态势，综合考虑新增和累计确诊病例数等因素，将县市区划分为低风险地区（无确诊病例或连续 14 天无新增确诊病例）、中风险地区（14 天内有新增确诊病例，累计确诊病例不超过 50 例，或累计确诊病例超过 50 例，14 天内未发生聚集性疫情区）、高风险地区（累计病例超过 50 例，14 天内有聚集性疫情发生）。据此，要求根据相关信息判断某地区的风险等级。不同于前面介绍的单分支和双分支，很明显这个案例有三种风险等级，即三种结果。因此，需要根据不同的信息进行决策，这就是典型的多分支选择结构。

当然，疫情发生后，在国外疫情泛滥的情况下，国内疫情很快就平息了，根本原因是我国具有优越的社会制度，还有中华民族众志成城、坚强的毅力以及不畏困难、战胜困难的勇气和能力，充分体现出中华民族是一个伟大的民族。

在实际应用时，需要多重判断的例子很多，如下面的学生成绩等级判定就是一个典型例子。

【例 4.3】根据学生分数，评定成绩的等级。

编写程序：要求输入一个学生的考试成绩（0 ~ 100），输出其分数和对应的等级。学生成绩共分 5 个等级：小于 60 分的为 E 级；60 ~ 69 分的为 D 级；70 ~ 79 分的为 C 级；80 ~ 89 分的为 B 级；90 分以上的为 A 级。要求：输入任意一个学生的考试成绩（0 ~ 100），输出其分数和对应的等级。

算法分析：在此问题中只需要定义一个整型变量用来存放学生成绩即可，用普通字符 A，B，C，D，E 表示等级并输出。本题需要用选择多分支 if 结构解决，其算法的流程图如图 4-5 所示。

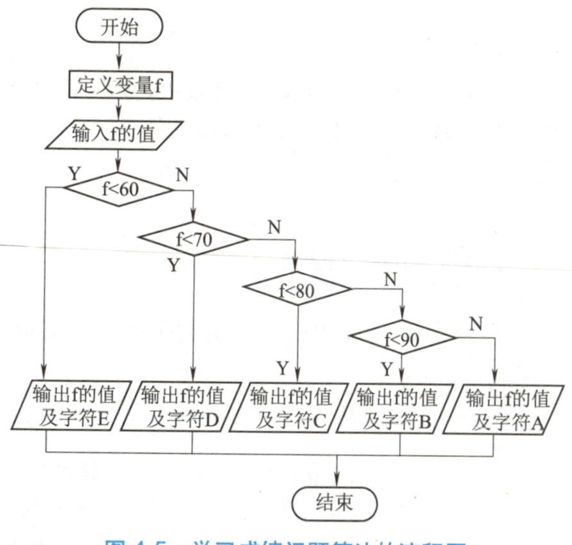

图 4-5　学习成绩问题算法的流程图

程序代码如下：

```
#include <stdio.h>
void  main()
{
   int f;
   printf("Please input a student's score:");
   scanf("%d",&f);    //输入一个学生成绩，假定输入的分数在1~100之间
   if(f<60)
      printf("%d, E\n",f);
   else if(f<70)
             printf("%d, D\n",f);
         else if(f<80)
                   printf("%d, C\n",f);
               else if(f<90)
                         printf("%d, B\n",f);
                     else if(f<=100)
                               printf("%d, A\n",f);
                           else
                               printf("data error!\n");
   }
```

视 频

例4.3

当用户在运行程序并根据程序提示从键盘输入不同数据时，程序的运行结果如下：

```
① Please input a student's score: 49 <回车>
49, E
② Please input a student's score: 89 <回车>
89, B
③ Please input a student's score: 201 <回车>
data error!
```

思考：

如何编写高考按成绩录取的程序？

注意：

在 if…else if…形式的 if 语句中，后一个表达式的执行是在前面表达式不成立的基础上进行的，因此后面条件的描述中实际上已经包含对前面条件的否定，如上例中子句 else if(f<70) 中的 f<70 相当于 f>=60 并且 f<70。

相关知识 3

多分支 if…else if…形式是解决多个分支选择时常用的形式，其语法格式如下：

```
if(表达式1)                   语句1;
else  if(表达式2)             语句2;
            …
    else  if(表达式n-1)       语句n-1;
             else             语句n;
```

其含义为：在多个用来选择的条件表达式中，首先计算表达式 1 的值，如果表达式 1 的值为真，

则执行分支语句 1，否则，再计算表达式 2 的值；如果表达式 2 为真，则执行分支语句 2……如果所有 if 后的表达式都不为真，则执行分支语句 n。

if…else if…形式的程序流程图如图 4-6 所示。

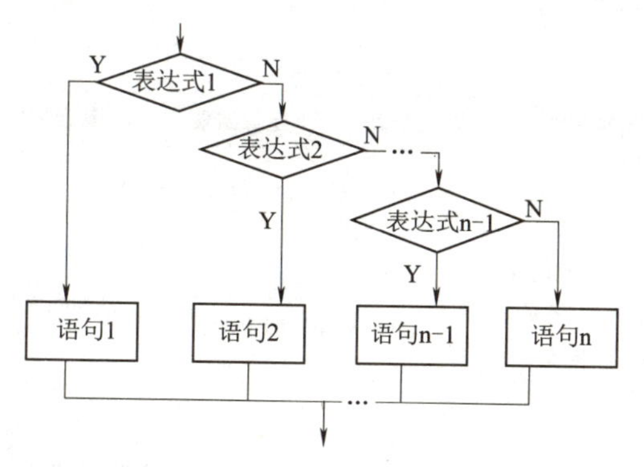

图 4-6　if…else if…形式流程图

有关 if 语句使用的几点说明：

① if 语句中的条件表达式必须用 ( ) 括起来，并且在括号外部不能加分号。

② if 或 else 子句后面的执行语句均有分号。

③ else 是 if 语句的子句，必须与 if 搭配使用，不可以单独使用。

④ 当 if 或 else 子句后是多个执行语句构成的语句组时（复合语句），必须用 { } 括起来，否则各子句均只作用于其后第一个分号处。例如：

```
if(a>b)
{
    a++;
    b++;
}
else
{
    a=0;
    b=5;
}
```

⑤ if 或 else 子句后只接单个分号时，应将其作为空语句处理。

课后讨论

① 三种形式的 if 语句的含义和使用方法。

② 嵌套 if 语句与多分支的 if 语句有何区别？举例说明在实际编程过程中这两种选择语句能否用来解决相同的问题。

4.3　选择结构中常用的运算符和表达式

在进行选择结构程序设计时，往往需要在条件中进行比较，有时不仅仅是一个条件，而需要多个条件联合决定，这就涉及本节介绍的条件或逻辑表达式的计算。

4.3.1 关系运算符及其表达式

所谓“关系运算”实际上就是“比较运算”。将两个值进行比较，判断其比较的结果是否符合给定的条件。关系运算符如表 4-1 所示。

表 4-1 关系运算符

运算符	名 称	运算规则	对象个数	运算结果	结合方向	举 例	表达式值
<	小于	满足则为真，结果为 1；不满足则为假，结果为 0	双目	逻辑值（真或假，即整型 1 或 0）	从左向右	a=1;b=2;a<b;	1
<=	小于或等于					a=1;b=2;a<=b;	1
>	大于					a=1;b=2;a>b;	0
>=	大于或等于					a=1;b=2;a>=b;	0
==	等于					a=1;b=2;a==b;	0
!=	不等于					a=1;b=2;a!=b;	1

注意:

① 关系运算符的优先级低于算术运算符。

②“等于”运算符是“==”，即为代数式中的两个等号。通常容易在使用“等于”运算符时写成一个等号，使程序产生意想不到的错误。

③ 使用关系运算符构成的关系表达式的值是逻辑值。要么为“真”，要么为“假”。在 C 语言中规定用 1 表示“真”，用 0 表示“假”，“非零即为真”。

4.3.2 逻辑运算符及其表达式

逻辑运算符用来进行逻辑运算，逻辑运算也称布尔运算。用逻辑运算符连接操作数组成的表达式称为逻辑表达式。逻辑表达式的值（或称逻辑运算的结果）也只有真和假两个值。当逻辑运算的结果为真时，用 1 作为表达式的值；当逻辑运算的结果为假时，用 0 作为表达式的值。当判断一个逻辑表达式的结果时，则是根据逻辑表达式的值为非 0 时表示真；为 0 时表示假。逻辑运算符如表 4-2 所示。

表 4-2 逻辑运算符

<table>
<tr><th>运算符</th><th>名称</th><th>运算规则</th><th>对象个数</th><th>运算结果</th><th>结合方向</th><th>举 例</th><th>表达式值</th></tr>
<tr><td>!</td><td>非</td><td>逻辑非</td><td>单目</td><td rowspan="3">逻辑值（整型）</td><td>从右向左</td><td>a=1;!a;</td><td>0</td></tr>
<tr><td>&&</td><td>与</td><td>逻辑与</td><td rowspan="2">双目</td><td rowspan="2">从左向右</td><td>a=1;b=0;a&&b;</td><td>0</td></tr>
<tr><td>||</td><td>或</td><td>逻辑或</td><td>a=1;b=0;a||b;</td><td>1</td></tr>
</table>

注意:

除了逻辑非外，逻辑运算符的优先级低于关系运算符。逻辑非这个符号比较特殊，它的优先级高于算术运算符。逻辑运算符的优先级为：! 大于 &&，而 && 大于 ||。

提示：

在 C 语言中“非 0 即为真”。

例如，a=2;b=3;，则：

```
a&&(a-b)            /*值为真，即结果为 1*/
(a+b)&&3||b         /*结果为 1*/
!(a+b)&&-2          /*结果为 0*/
```

注意：

当出现形如 a && b && c 的情况时，运算的过程为：只有 a 值为真，才判断 b 的值；只有 a 和 b 的值都为真，才判断 c 的值；同理，若形如 a || b || c，只要 a 的值为真，就不必判断 b 和 c 的值，只有 a 的值为假，才判断 b 的值；a 和 b 的值都为假时，才判断 c 的值。例如，a=1,b=2,c=3，运行表达式 --a&&b++&&(c=c+3) 后 a 的值为 0，而 b，c 的值会保持不变，整个表达式的值也为 0。因为 --a 已经为 0，所以后面的运算不再进行。

技能训练 1　关系运算与逻辑运算

训练目的与要求：学会关系运算和逻辑表达式的计算。常见运算符优先级关系如表 4-3 所示。

训练题目：表达式求值。

案例解析：

计算下列表达式的值。

若 a=1,b=2,c=3,x=4,y=5;，请计算下列表达式的值。

（1）c<=a+b；

（2）a=b>c；

（3）(a==b)||(x==y)；

（4）'a'&&'b'；

（5）x!=5。

上述表达式的计算结果分别为：

表 4-3　常见运算符优先级关系

运 算 符	优先级
!（非）	高 ↑
算术运算符（*、/、%、+、-）	
关系运算符（<、<=、>、>=、==、!=）	
&& 和 ||	
赋值运算符	
逗号运算符	低

```
1,0,0,1,1
```

表达式（1）先计算 a+b 和为 3，再判断 c<=3，成立，所以结果为 1。而表达式（2）是先比较 b 和 c 的大小，值为 0，然后再把结果赋给 a，所以 a=0，表达式的结果也为 0。表达式（3）a==b 不成立，x==y 也不成立，相当于 0||0，所以结果为 0。表达式（4）不是把变量 a，b 的值进行逻辑“与”运算，而是把字符 'a' 和 'b' 的 ASCII 码值进行逻辑运算，因为这两个字符的 ASCII 码值不为 0（非 0 即为真），所以表达式的结果为 1。表达式（5）x 不等于 5 成立，所以结果为 1。

视 频

例4.4

【例 4.4】设计一个应用程序，判断某一年是否为闰年。

算法分析：

通常判断某年为闰年有如下两种情况：

① 该年的年份能被 4 整除但不能被 100 整除。

② 该年的年份能被 400 整除。

假设在程序中用整型变量 Y 表示该年的年份。

上述两种情况可以分别表示为：

① (Y%4==0)&&(Y%100!=0)

② Y%400==0

根据实际情况可知在上述两种情况中，只要能让其中任何一种成立，即可断定该年为闰年，因此最终用来判断某年是否为闰年的表达式如下：

```
(Y%4==0)&&(Y%100!=0)||(Y%400==0)
```

当表达式的值为 1 时则该年为闰年，为 0 时则为非闰年。

程序代码如下：

```
#include <stdio.h>
void main()
{
    int Y;
    printf("Please input the year number:");
    scanf("%d",&Y);
    if((Y%4==0)&&(Y%100!=0)||(Y%400==0))            /*判断是否为闰年*/
         printf("%d is a leap year.\n",Y);
     else
         printf("%d is not a leap year.\n",Y);}
```

程序的运行结果为：

```
① Please  input the year number:2021 <回车>
  2021 is not a leap year.
② Please  input the year number:2020 <回车>
  2020 is a leap year.
```

【例 4.5】设计一个应用程序，判断某一年是否为闰年。（设定一个标记闰年的标记 leap 变量）

程序流程图如图 4-7 所示。

程序代码如下：

```
#include <stdio.h>
void main()
{
    int Y,leap;
    printf("Please input the year number:");
    scanf("%d",&Y);
    if((Y%4==0)&&(Y%100!=0)||(Y%400==0))
        leap=1;
    else
        leap=0;
    if(leap) /*判断 leap 是否为真，相当于 if(leap==1)*/
        printf("%d is a leap year.\n",Y);
    else
        printf("%d is not a leap year.\n",Y);
}
```

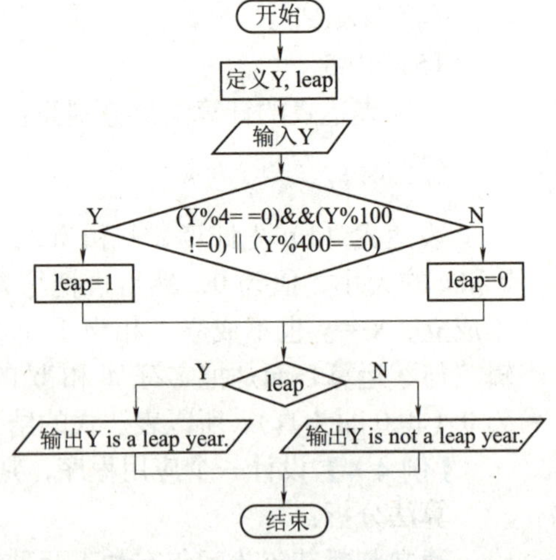

图 4-7 例 4.5 的程序流程图

程序的运行结果为：

```
① Please  input the year number:2021 <回车>
```

```
   2021 is not a leap year.
② Please  input the year number:2020 <回车>
   2020 is a leap year.
```

程序的运行结果和例 4.4 的是一样的。说明：程序中应用了标准的 if…else…形式，在第一个 if 语句中判断闰年的条件，程序中引入了一个标志性的变量，名为 leap（这个变量名用户可以自己定义其他的名称），若是闰年，将 leap 设为 1，否则将 leap 设为 0。在第二个 if 语句中只需看 leap 是否为真就可以了。在实际应用中，有些程序需要这样设定一个如 leap 的变量表示某种状态，以方便应用，读者可以根据需要灵活应用。本例中也可以不用，如上面的例 4.4。

思考:

输入今年的年号，判断今年是否为闰年。

注意:

在条件语句中“等于”用“==”,要区别于赋值语句中的“=”。“||”为“或”(或者),“&&”为“与”(并且)。

if 或 else 子句中有两个以上的语句时，需要用 {} 括起来。

例如，表示如果 a 小于 b，将两个数交换，则程序代码应为:

```
if(a<b)
{
    t=a;
    a=b;
    b=t;
}
```

表示若满足 if 语句中 a<b 的条件时需要执行三条语句，必须用 {} 括起来；若没有花括号，则表示 a<b 条件满足时只执行第一条语句 t=a;，后面的两条语句不受 if 条件的限制。

4.3.3　条件运算符及其表达式

条件运算符是 C 语言中唯一的一个三目运算符，即它有三个参与运算的操作数。先看下面的例 4.6。

【例 4.6】用条件表达式输出两个数中的最大值。

程序代码如下：

```
#include <stdio.h>
void main()
{
    int a,b,max;
    printf("Please input a,b:");
    scanf("%d%d",&a,&b);
    printf("max=%d\n",(a>b)?a:b); /* 输出 max 的值，如果 a>b 则 max 值为 a，否则为 b*/
}
```

程序的运行结果为：

```
Please input a,b: 5  8 <回车>
max=8
```

相关知识 4

由条件运算符组成条件表达式的一般形式如下：

```
表达式 1? 表达式 2: 表达式 3
```

其求值规则为：条件表达式的运算是先计算表达式 1（通常为关系或逻辑表达式）的值，如果表达式 1 的值为非 0，则整个条件表达式取表达式 2 的值，否则取表达式 3 的值。条件表达式通常用于赋值语句之中，例如：

```
if(a>b)    max=a;
else       max=b;
```

就可以用 max=(a>b)?a:b; 替换，二者的运行情况及结果完全一致。

条件运算符的优先级：条件运算符的运算优先级低于关系运算符和算术运算符，但高于赋值运算符。因此，max=(a>b)?a:b 可以去掉括号而写为 max=a>b?a:b。

> **注意：**
> 条件运算符的结合性为自右至左。

例如，a>b?a:c>d?c:d 应理解为 a>b?a:(c>d?c:d)，这也就是条件表达式嵌套的情形，即其中的表达式 3 又是一个条件表达式。

> **注意：**
> 条件运算符“?”和“:”是一对运算符，不能分开单独使用。

视 频

能力拓展

能力拓展

（1）若 a,b,c,d 的值分别是 1,2,3,4, 如有语句：z=(a>b)?a:b;，结果如何？

（2）若 a,b,c,d 的值分别是 4,3,2,1, 语句：z=(a>b)?a:b;，结果又如何？

分析（1）（2）答案是否相同，执行过程是否一样。

> **课后讨论**
> 条件表达式在有些情况下可以替换 if 语句为某一个变量赋值，请问：是否所有的选择结构语句均可以用条件表达式替换？如果能，试举例说明怎样替换。

4.4 嵌套 if 语句形式

一个 if 语句又包含一个或多个 if 语句（或者说是 if 语句中的执行语句本身又是 if 结构语句的

情况）称为 if 语句的嵌套。当流程进入某个选择分支后又引出新的选择时，就要用嵌套的 if 语句。

【例 4.7】从键盘上输入三个互不相等的实数 a，b，c，输出其中的最小值。

本题可以采用多种不同的 if 结构来解决，在此选择用嵌套的 if 语句来解决。程序流程图可参考图 4-8。

程序代码如下：

```
#include <stdio.h>
void main()
{
    float a,b,c,min;
    printf("Please input a,b,c:");
    scanf("%f%f%f",&a,&b,&c);
    if(a<b)
    {
        if(a<c) min=a;              //a<b, 且 a<c, 所以 a 最小
        else     min=c;             //a<b, 且 a>c, 所以 a 比 b 小 , 但比 c 大, 所以 c 最小
    }
    else
    {
        if(b<c) min=b;              //a>b, 且 b<c, 所以 b 最小
        else     min=c;             //a>b, 且 b>c, 所以 c 最小

    }
    printf("min=%f\n",min);
}
```

视频

例4.7

程序的运行结果为：

```
Please input a,b,c:3.4 -56.7 123<回车>
min=-56.700001            (注: 浮点型数据输出因存储问题会有细微误差)
```

相关知识 5

嵌套 if 语句的标准语法格式如下：

```
if(表达式 1)
    if(表达式 2) 语句 1;
    else 语句 2;
else
    if(表达式 3)  语句 3;
    else 语句 4;
```

其含义为：先判断表达式 1 的值，若表达式 1 为非 0，再判断表达式 2 的值，若表达式 2 为非 0，则执行语句 1，否则执行语句2。若表达式1的值为0，再判断表达式3的值，若表达式 3 为非 0，则执行语句 3，否则执行语句 4。其流程图如图 4-8 所示。

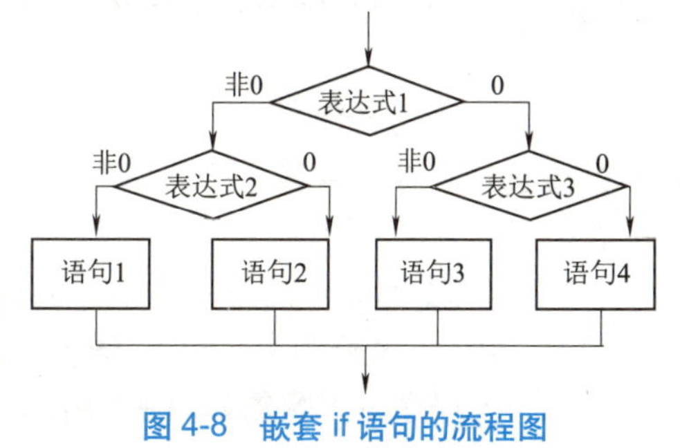

图 4-8　嵌套 if 语句的流程图

这种在 if 语句中本身又包含 if 语句的选择结构，常用于解决比较复杂的选择问题，其中的每一条语句都必须经过多个条件共同决定才能执行（如同行人要到某个目的地，

只有在每个十字路口都做出正确选择后才能到达一样)。

有关嵌套 if 语句使用的几点说明:

① 嵌套 if 语句的使用非常灵活,不仅标准形式的 if 语句可以嵌套,其他形式的 if 语句也可以嵌套;被嵌套的 if 语句可以是标准形式的 if 语句,也可以是其他形式的 if 语句。例如:

```
if(表达式1)                              if(表达式1)
    if(表达式2)  语句1;                      if(表达式2)        语句1;
    else      语句2;                         else
                                                 if(表达式3)    语句2;
                                                 else           语句3;
```

② 被嵌套的 if 语句本身又可以是一个嵌套的 if 语句,称为 if 语句的多重嵌套。

③ 在多重嵌套的 if 语句中,else 总是与离它最近并且没有与其他 else 配对的 if 配对。

知识拓展

嵌套在 C 语言程序设计中是一种常见的结构,在某一个结构中的某一条执行语句本身又具有相同的结构时,就称之为嵌套。C 语言中常见的嵌套结构有选择结构的嵌套、循环结构的嵌套、函数调用的嵌套等,在后面的章节中也将常常遇到不同的嵌套结构,可以仿照 if 语句嵌套来理解。

注意:

按上面所述的 if 与 else 配对的关系,应该能够分清楚 if 与 else 之间的匹配关系。嵌套 if 语句的书写风格,应该把处于同一逻辑意义上的语句写在同一列上,使程序从形式上更清晰、更美观。这种缩进格式只是略微增加了源程序的长度,编译后目标程序丝毫不会受到影响,因此大可不必担心采用缩进格式后程序会变臃肿。

前面讲的 if…else…语句以及 if 语句嵌套关系,都遵循一定的原则。比如可以只有 if 语句没有 else 语句,但出现 else 语句必须有与之对应的 if 语句;if 与 else 的配对原则是:else 始终与它前面最近的、尚未配对的 if 语句成对出现(当然用括号 {} 可以改变顺序)。在判断条件时要正确应用关系运算符、逻辑运算符以及条件运算符。就像我们平时要懂得统筹管理,做事要有计划、有顺序和有章法,这样可以节约时间、提高效率,培养自己"求真务实,严谨细致"的精神,做一个凡事有条理的人,养成良好的逻辑思维和脚踏实地的工作作风,在未来的学习和工作中事半功倍。

4.5 switch 语句的应用——评定学生成绩

switch 语句又称开关语句,在 C 程序中专门用来处理多分支选择问题。用 switch 语句编写的多分支选择程序,就像一个多路开关,使程序流程形成多个分支,使用起来比复合 if 语句及嵌套 if 语句更加方便灵活。

【例 4.8】给定一百分制成绩,要求输出成绩等级 A,B,C,D,E。90 分以上为 A,80 ~ 89 分为 B,70 ~ 79 分为 C,60 ~ 69 分为 D,60 分以下为 E。

例 4.8 程序的 N-S 图如图 4-9 所示。

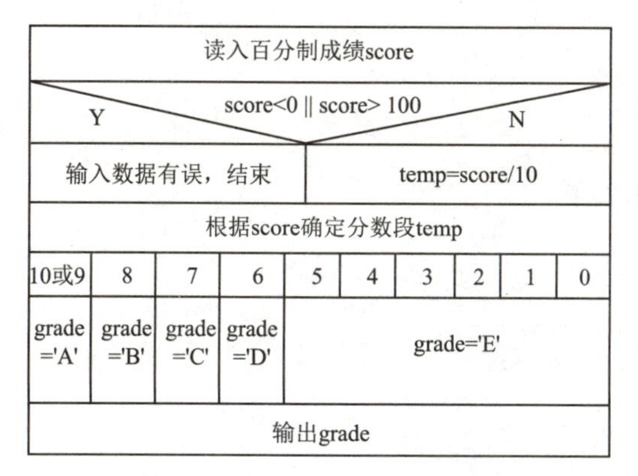

图 4-9　例 4.8 程序的 N-S 图

程序代码如下：

```
#include "stdio.h"
void main()
{
    int score,temp;
    char grade;
    scanf("%d",&score);   //输入一个学生成绩
    if(score>100||score<0)
       printf("\n 输入数据有误。\n");
    else
    {
       temp=score/10;     //将成绩整除 10 可以得到一位数，以备下面分级使用
       switch(temp)
       {
          case 10:
          case  9: grade='A';break;            //90~100，包括 100 分成绩为 A 级
          case  8: grade='B';break;            //80~89 分成绩为 B 级
          case  7: grade='C';break;            //70~79 分成绩为 C 级
          case  6: grade='D';break;            //60~69 分成绩为 D 级
          case  5:
          case  4:
          case  3:
          case  2:
          case  1:
          case  0: grade='E';break;            //0~59 分成绩为 D 级

       }
       printf("score: %d,grade: %c\n",score,grade);  //输出学生成绩和对应的等级
    }
}
```

程序的运行结果为（比如输入成绩为 85 分，输出等级为 B 级）：

```
85<回车>
Score: 85,grade: B
```

相关知识 6

1. switch 语句

switch 语句的语法格式如下：

```
switch(表达式)
{
    case  常量1: 语句1;break;
    case  常量2: 语句2;break;
    ...
    case  常量n: 语句n;break;
    default:     语句n+1;break;
}
```

其含义为：先计算表达式的值，判断此值是否与某个常量表达式的值匹配，如果匹配，控制流程转向其后相应的语句，否则，检查 default 是否存在，如存在则执行其后相应的语句，否则结束 switch 语句。

使用 switch 结构设计多分支选择结构程序，不仅使用更加方便，而且程序可读性也更高。其流程图如图 4-10 所示。

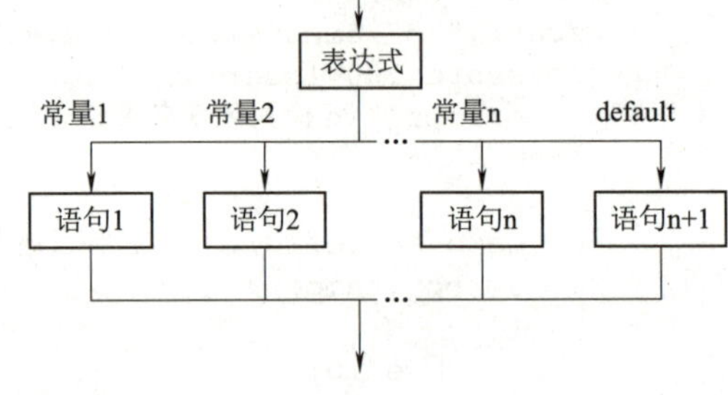

图 4-10　switch 结构的流程图

有关 switch 语句使用的几点说明：

① 括号内的表达式可以是整型或字符型。

② case 后的每个常量表达式必须各不相同。

③ case 子句和 default 子句的位置是任意的。

④ 每个 case 之后的执行语句可多于一个，但不必加{}。

⑤ 允许几种 case 情况下执行相同的语句，不必每个都写。

⑥ switch，break，default，case 均为 C 语言的关键字。

2. break 语句

break 语句在 C 语言中称为中断语句，只有关键字 break，没有参数。break 语句不仅可以用来结束 switch 的分支语句，而且可以在循环结构中实现中途退出，即在循环条件没有终止前也可以使用 break 语句来跳出循环结构。详见第 5 章相关知识。

注意：

switch 语句中本来不包含 break 语句，但 switch 语句不像 if 语句一样只要满足某一条件则可在执行相应的分支后自动结束选择。在 switch 语句中，当表达式的值与某个常量表达式的值相等时，即执行常量表达式后对应的语句，然后不再进行判断，继续执行后面所有 case 分支的语句，因此需要在每个 case 分支的最后加上一条 break 语句，以帮助结束选择。

课后讨论

同样是 C 程序设计中的多分支选择语句，试举例说明 switch 语句与 if…else if…形式的复合 if 语句有何异同。

4.6 选择结构程序设计应用实例

选择结构是程序设计的重要结构，在实际应用中被广泛应用。下面给出了几个应用选择结构设计的程序实例。

4.6.1 计算银行存款利息

在银行存款利息的计算过程中，不同年限存款利息也不同，所以需要用到选择结构实现。

【例 4.9】试编写程序解决银行如何根据存入现金和年限计算利息。

视 频

例4.9

算法分析：

假设银行计算利息的情况如下：

① 当存储年限 Y 为 1 年以上时，月息 r 为 5‰。

② 当存储年限 Y 为 2 年以上时，月息 r 为 6‰。

③ 当存储年限 Y 为 3 年以上时，月息 r 为 6.5‰。

④ 当存储年限 Y 为 5 年以上时，月息 r 为 8‰。

⑤ 当存储年限 Y 为 8 年以上时，月息 r 为 10‰。

根据上述分析，本题适于使用复合 if 结构进行程序设计，其中银行每一种月息情况对应于其中的一个分支。程序中选择流程如图 4-11 所示。

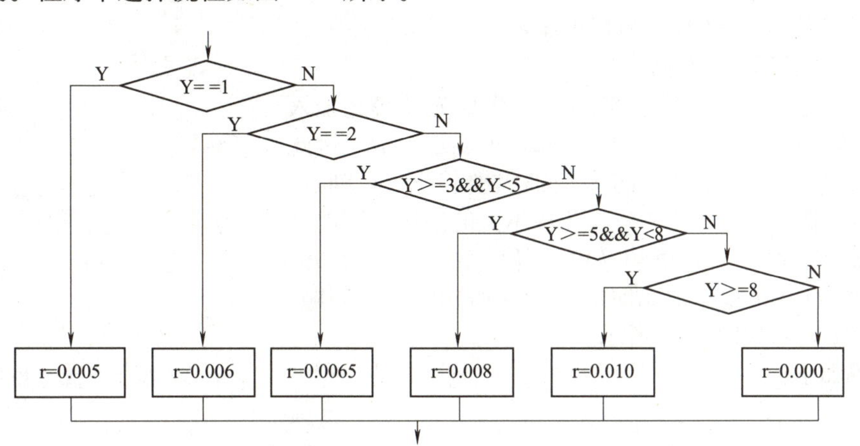

图 4-11　银行利率选择流程图

假定输入的年份为整数，程序代码如下：

```
#include <stdio.h>
void main()
{
    int Y;
    float m,r,t;                                        /* 本金，月利率，本利合计 */
    printf("Please input money and year:");
    scanf("%f,%d",&m,&Y);                               /* 输入本金和年限 */
    if(Y==1)    r=0.005;                                /* 根据年限定利率 */
        else if(Y==2)               r=0.006;
            else if(Y>=3&&Y<5)      r=0.0065;
```

```
    else if(Y>=5&&Y<8)                  r=0.008;
        else if(Y>=8)                   r=0.010;
    else                                r=0.0;
  t=m+m*r*12*Y;
  printf("Total=%.2f\n",t);
}
```

程序的运行结果为：

```
Please input money and year:1256.35,7<回车>
Total=2100.62
```

4.6.2 智能体检电子秤

依据不同的体重可以判断出不同的健康情况，这种应用程序的设计必须用选择结构进行分类。

视 频

例4.10

【例 4.10】试编程判断某人是否属于标准体型。

算法分析：

根据身高与体重的关系，医务工作者经过广泛的调查分析得出以下“体征指数”与肥胖程度的关系：

体征指数 t= 体重 w/(身高 h)^2 （w 的单位为 kg，h 的单位为 m）

当 $t<18$ 时，为低体重。

当 $18\leqslant t<25$ 时，为正常体重。

当 $25\leqslant t<27$ 时，为超重体重。

当 $t\geqslant 27$ 时，为肥胖。

根据以上问题的分析，要判断体型，应该先从键盘输入 w 和 h 以计算体征指数 t，而 w、h、t 都有可能是小数，因此它们应被定义为 float 型变量。而体型则需要根据 t 来判定，因此需要采用 if 语句；而 t 又被分为几种不同的情况，因此很容易想到用多分支选择的 if 语句（也可以用多个 if 语句和嵌套的 if 语句解决）。在此介绍如何用嵌套 if 语句解决本问题。其算法用流程图表示如图 4-12 所示。

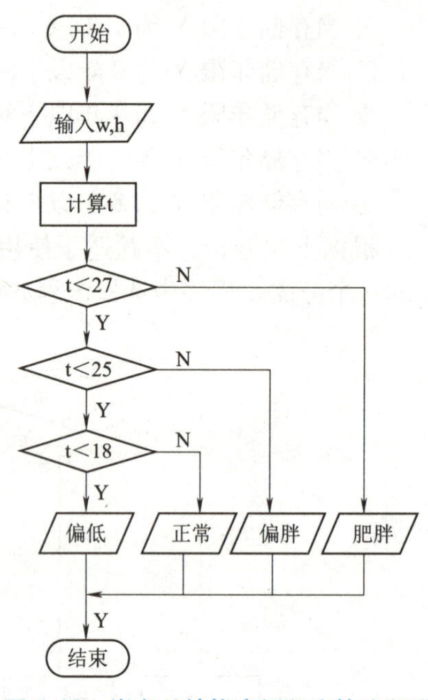

图 4-12　嵌套 if 结构实例程序的流程图

程序代码如下：

```
#include <stdio.h>
void main()
{
    float h,w,t;
    printf("Please input w,h:");               //输入体重和身高，以逗号分隔
    scanf("%f,%f",&w,&h);
    t=w/(h*h);                                 //体重除以身高的平方值送给 t
    if(t<18)             printf("t=%.2f is lower weight! \n",t);
    if(t>=18&&t<25)      printf("t=%.2f is standard weight!\n",t);
    if(t>=25&&t<27)      printf("t=%.2f is higher weight! \n",t);
    if(t>27)             printf("t=%.2f is too fat!\n",t);
}
```

程序的运行结果为：

```
① Please  input  w,h:70,1.73 <回车>
```

```
   t=23.39 is standard weight!
② Please  input  w,h:65,1.95 <回车>
   t=17.09 is lower weight!
③ Please  input  w,h:80,1.60 <回车>
   t=31.25 is too fat!
```

思考:

上面的例题是否可以用 if语句的其他形式实现?

上面的程序答案不是唯一的，可以应用 if 语句的其他形式实现，如下面的程序使用了 if 语句的嵌套形式实现的。阅读时注意 if 和 else 的层次和对应关系，学会灵活使用 if 语句。

```
//依据体重身高判断体型是否标准
#include <stdio.h>
main()
{
   float h,w,t;
   printf("Please input w,h:");
   scanf("%f,%f",&w,&h);
   t=w/(h*h);
   if(t<27)
   {
      if(t<25)
      {
         if(t<18)
            printf("t=%.2f is lower weight! \n",t);
         else
            printf("t=%.2f is standard weight!\n",t);
      }
      else
         printf("t=%.2f is higher weight! \n",t);
   }
   else
      printf("t=%.2f is too fat!\n",t);
}
```

视 频

例4.10举一反三

程序的运行结果与例 4.10 相同。

举一反三:

在全球一体化的形势下，我国是一个开放、包容、友好的国家，对外交流越来越多。无论是外国人还是中国人，都非常关注健康问题。按国际上世界卫生组织和国内国家卫生健康委员会的意见，依据一个人的体征指数 BMI(BMI 值计算公式 “BMI = 体重（公斤）/ 身高的平方（米）判断身体状况的标准如下表所示，如何设计程序按国内、国际分别给出结果呢?

分　类	国际 BMI 值	国内 BMI 值
偏瘦	<18.5	<18.5
正常	18.5 ~ 25	18.5 ~ 24
偏胖	25 ~ 30	24 ~ 28
肥胖	≥30	≥28

4.6.3 设计简易计算器

在实现简易计算器的程序中，依据输入的不同运算符进行了相应的运算，可以由多分支选择结构来完成。在下面的例 4.11 的基础上可以扩充完成其他计算功能。

【例 4.11】编写可以完成加、减、乘、除运算的计算器程序。

算法分析：编写计算器程序，也就是编写一个程序在输入两个运算数及一个运算符后就可以进行运算。但是，要进行不同的运算，需要根据所输入的运算符号决定。

若输入的运算符为“+”，则进行加法运算；若输入“–”，则进行减法运算；若输入“*”，则进行乘法运算；若输入“/”，则进行除法运算；若输入其他字符时，则给出错误信息。

根据上述分析，发现此问题中需要使用三个实型变量 a，b，c，其中两个用来存放从键盘输入的运算数，另外一个用来存放运算结果；此外还需要定义一个字符型变量（op），用来存放从键盘输入的字符（运算符）。同时根据上述分析发现，对于每次输入的数据和运算符，都将可能会有 5 种不同的处理方式，因此需要使用多分支选择。而在进行多分支选择时，如果条件为可列举的非连续字符或整数时，通常会选择用 switch 语句解决，而这个问题正好是这种情况，因此本题选择用 switch 语句来编程。

算法的流程图表示如图 4-13 所示。

视 频

例4.11

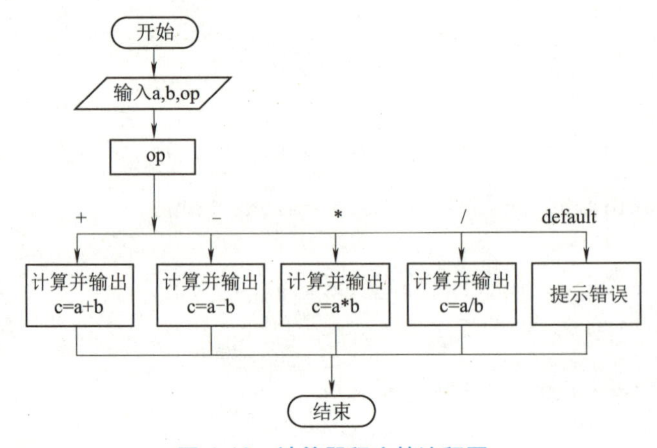

图 4-13 计算器程序的流程图

程序代码如下：

```
#include <stdio.h>
void main()
{
   float a,b,c;
   char op;
   printf("Please input a,op,b:");
   scanf("%f%c%f",&a,&op,&b);
   switch(op)
   {
      case '+': c=a+b;break;
      case '-': c=a-b;break;
      case '*': c=a*b;break;
      case '/': c=a/b;break;
```

```
        default: printf("input Error\n"); c=0; break;
    }
    printf("%f%c%f=%f\n",a,op,b,c);
}
```

程序的运行结果为：

```
① Please input a,op,b:3+5<回车>
  3.000000+5.000000=8.000000
② Please input a,op,b:10/2<回车>
  10.000000/2.000000=5.000000
```

例 4.11 中列出了加、减、乘、除 4 种情况，如果增加其他功能，只需按照上面的方法添加即可。

在实际应用中，系统菜单设计、商场商品折扣的计算、企业员工奖金的计算等都可以用这种多分支的结构实现。

技能训练 2　选择结构的灵活应用

训练目的与要求：选择语句的灵活运用。要求熟悉本章的实现选择结构的各种形式，根据下面的任务思考有几种解决方法，然后借鉴所给的任务实现方法，牢固掌握选择结构的程序设计方法，实现选择语句的灵活运用。

训练题目：编写程序，输入某年某月，求该月的天数。

案例解析：1，3，5，7，8，10，12 这 7 个月每月 31 天；4，6，9，11 这 4 个月每月 30 天；2 月闰年 29 天，平年 28 天。闰年是指能被 4 整除而不能被 100 整除或能被 400 整除的年份。有了以上常识，就可以用选择语句分别针对上述各种情况进行讨论，对于 2 月，可以用嵌套 if 语句来判断是否是闰年。

视　频

技能训练2

方法一：

程序代码如下：

```
#include <stdio.h>
void main()
{
    int  y,m,d;
    printf("\n please input the year and month\n");
    scanf("%d%d",&y,&m);
    if(m==1||m==3||m==5||m==7||m==8||m==10||m==12)
        d=31;
    else if(m==4||m==6||m==9||m==11)
        d=30;
    else if(m==2)
        if(y%4==0&&y%100!=0||y%400==0)
            d=29;
        else
            d=28;
    else
        printf("\n  input error!\n");
    printf("\n There are %d days in %d,%d",d,m,y);
}
```

程序的运行结果为：

```
please input the year and month
2020 2<回车>
There are 29 days in 2,2020
```

注意：

在条件语句中“等于”用“==”，要区别于赋值语句中的“=”。

上面的题目若改为用 switch 语句如何实现？

方法二：

程序代码如下：

```
#include <stdio.h>
void main()
{
   int  y,m,d;
   printf("\n please input the year and month\n");
   scanf("%d%d",&y,&m);
   switch(m)
   {
      case 1:
      case 3:
      case 5:
      case 7:
      case 8:
      case 10:
      case 12: d=31;break;
      case 2: if(y%4==0&&y%100!=0||y%400==0)
                 d=29;
             else d=28;
                 break;
      case 4:
      case 6:
      case 9:
      case 11: d=30;break;
      default: printf("\n  input error!\n");break;/* 退出 */
   }
   printf("\n There are %d days in %d,%d",d,m,y);
}
```

程序的运行结果为：

```
please input the year and month
2020 2<回车>
There are 29 days in 2,2020
```

在该技能训练中，方法一是复合的条件语句的应用；方法二是运用多分支 switch 语句实现的。通过这个技能训练，你能更好地理解和掌握 if 语句和 switch 语句，学会更灵活地应用两种语句实现选择结构程序设计。在实际应用中，用哪种方法都可以，可根据实际情况和自己的喜好进行选择。

能力拓展——幼儿园自动分班

视频

能力拓展

某幼儿园招生，只招收 2 ~ 6 岁的孩子。规定 2 岁、3 岁孩子进小班（lower class）；4 岁孩子进中班（middle class）；5 岁、6 岁孩子进大班（higher class）。编写一个分班程序，即输入孩子年龄，输出其年龄和进入的班号。例如，输入 3，输出“age：3，enter lower class”。

根据前面所学的知识，完成该题目，可以分别用 if 语句和 switch 语句两种方式实现。

小　结

选择结构程序设计是 C 语言中非常重要的一种程序设计方法。尽管 C 语言程序设计非常复杂，一个规模较大的 C 程序往往需要结合多种不同的程序设计方法才能解决，但选择结构本身十分简单。本章分别对选择结构流程控制语句（if 语句、嵌套 if 语句、switch 语句）等进行了介绍。通过本章的学习，读者能够了解选择结构程序设计的特点和一般规律，并最终能够灵活使用 if 语句和 switch 语句设计程序。

拓展阅读

科技报国——“共和国勋章”获得者孙家栋院士

习　题

一、选择题

1. 以下程序的运行结果是（　　）。

```
#include <stdio.h>
void main()
 {
    int x=1,y=2,z=0,i=3;
    if(x<y) z=1;
    if(x<i) z=2;
    printf("%d",z);
 }
```

A. 1　　B. 2　　C. 3　　D. 0

2. 以下程序的运行结果是（　　）。

```
#include "stdio.h"
void main()
 {
    int a=2,b=-1,c=2;
    if(a<b)
       if(b<0) c=0;
       else c+=1;
    printf("%d\n",c);
 }
```

A．1　　B．2　　C．3　　D．0

3．已知 int x=30,y=50,z=80;，以下语句执行后变量 x，y，z 的值分别为（　　）。

```
if(x>y||x<z)
{ z=x;x=y;y=z;}
```

A．x=50, y=80, z=80　　B．x=50, y=30, z=30

C．x=30, y=50, z=80　　D．x=80, y=30, z=50

思考：

本题去掉 if 语句下面的 {} 结果还一样吗？如果不一样，答案是多少呢？（提示：答案为 B）

4．当 a=1，b=3，c=5，d=4 时，执行完下面程序段后 x 的值为（　　）。

```
if(a<b)
    if(c<d) x=1;
         else if(a<c)
             if(b<d) x=2;
             else  x=3;
         else  x=6;
    else  x=7;
```

A．1　　B．2　　C．3　　D．6

5．下面不正确的 if 语句形式是（　　）。

A．if (x=y) ;　　B．if (x==y) m=0,n=1;

C．if (x>=y) m=0 else n=1;　　D．if (x!=y) m=n;

6．对下面程序运行结果的分析中，正确的是（　　）。

```
#include <stdio.h>
void main()
  {
     int x,y;
     scanf("%d,%d",&x,&y);
     if(x>y)
         x=y;y=x;
       else
           x++;y++;
       printf("%d,%d\n",x,y);
  }
```

A．若输入 4 和 3，则输出 4 和 5　　B．若输入 3 和 4，则输出 4 和 5

C．若输入 4 和 3，则输出 5 和 4　　D．有语法错误，不能通过编译

7．以下程序的运行结果是（　　）。

```
#include <stdio.h>
void main()
 {
   int  x=10,y=5;
   switch(x)
   {
```

```
        case  1: x++;
        default: x+=y;
        case  2: y--;
        case  3: x--;
    }
    printf("x=%d,y=%d",x,y);
}
```

A．x=15,y=5　　B．x=10,y=5　　C．x=14,y=4　　D．x=15,y=4

8. 设有声明 int a=1,b=0;，则执行以下语句后的输出结果为（　）。

```
#include <stdio.h>
void main()
{
    int a=1,b=0;
    switch (a)
    {
      case 1:
          switch (b)
          {
              case 0:printf("**0**");break;
              case 1:printf("**1**");break;
          }break;
      case 2:printf("**2**");break;
    }
}
```

A. **0**　　B. **0****2**

C. **0*****1*****2**　　D. 有语法错误

提示：

上面的是 switch 语句的嵌套形式，break 语句只跳出本层 switch 语句。

二、填空题

1. 已知 A=7.5，B=2，C=3.6，则表达式 A>B&&!C 的值是 ________。
2. 能够表示“40<x<=60 或 x<120”的 C 语言表达式是 ________。
3. 在 C 语言中，对于 if 语句，else 子句与 if 子句的配对约定是 ________。
4. 当 a=1，b=2，c=3 时，以下 if 语句执行后，a，b，c 中的值分别为 ________。

```
if(a>c)
    b=c;
    a=c;
    c=b;
```

5. 当 a=1，b=2，c=3 时，以下 if 语句执行后，a，b，c 中的值分别为 ________。

```
if(a>c)
   { b=c;
     a=c;
     c=b;
}
```

6. 以下程序的运行结果为 ________。

```
#include <stdio.h>
void main()
{
   int  a=2,b=3,c;
   c=a;
   if(a>b) c=1;
   else if(a==b) c=0;
      else  c=-1;
   printf("%d\n",c);
}
```

三、程序填空题

通过键盘输入一个字符，判断该字符是数字字符、英文字母、空格还是其他字符。请在程序空缺位置填空。

程序代码如下：

```
#include <stdio.h>
void main()
{
   char ch;
   ch=getchar();
   if(________?________)
      printf("It is an English character!\n");
   else if(________?________)
      printf("It is an number!\n");
   else if(________?________)
      printf("It is a space character!\n");
   else
      printf("It is other character!\n");
}
```

四、程序设计题

1. 从键盘输入一个英文字母，如果是大写字母，则将它变为小写字母输出；如果是小写字母，则将其变为大写字母输出。

2. 计算分段函数的值。根据输入的 x 值计算下列表达式中 y 的值。

$$y=\begin{cases}2x & (x>-1)\\ 3 & (x=-1)\\ 4+x & (x<-1)\end{cases}$$

3. 编写程序，输入一个整数，判断它是奇数还是偶数。若是奇数，输出 Is Odd；若是偶数，输出 Is Even。

项目实训　企业员工奖金分配

一、项目描述

本项目是为了掌握选择结构的程序设计方法而制定的，目的是熟练使用 if 语句和 switch 语句，学会用选择结构解决实际应用问题。

企业员工的奖金根据业绩分配。设企业销售部门员工奖金分配方案按照销售的产品的业绩的提成分配奖金，具体如下：

① 业绩金额 <1 万元，奖金按 3% 提成。

② 1 万元≤业绩金额 < 5 万元，奖金按 10% 提成。

③ 5 万元≤业绩金额 < 20 万元，奖金按 15% 提成。

④ 业绩金额超过 20 万元，超过部分按 20% 提成。

输入一个员工的业绩金额，输出该员工的奖金数。

二、项目要求

根据所学的知识，综合前 4 章的内容，根据选择结构程序设计的概念，培养独立完成编写选择结构程序的能力。

① 编写出解决上述项目的程序。输入一个员工业绩后，根据不同业绩计算出奖金数，然后输出其业绩和对应的奖金。

② 学会灵活运用条件语句进行编程，根据程序运行的结果分析程序的正确性，并学会灵活修改程序。（如奖金分配的比例改变，如何修改程序？）

三、项目评价

项目实训评价表

能力	内　容		评　价				
	学习目标	评价项目	5	4	3	2	1
职业能力	能学会 if 语句的应用	能灵活使用 if 语句					
		能会用嵌套 if 语句					
	能掌握多项选择语句	能运用 switch 语句					
	能进行选择结构程序设计	能用 if 语句或 switch 语句设计选择结构程序					
通用能力	阅读能力、设计能力、调试能力、沟通能力、相互合作能力、解决问题能力、自主学习能力、创新能力						
综合评价							

第5章 应用循环结构设计程序实现重复操作

循环结构是程序设计中一种非常重要的结构。几乎所有的实用程序中都包含循环结构，因此应该牢固掌握。循环结构是结构化程序三种基本结构之一，它和顺序结构、选择结构共同作为各种复杂程序的基本构造单元。循环就是重复执行程序语句的工作，即重复工作，这是计算机比较擅长的工作之一。循环结构一般由循环初值、循环条件、循环体及循环控制变量组成。

C语言可以组成各种不同形式的循环结构，分别由while语句、do…while语句和for语句来实现。为了更方便地控制程序流程，C语言还提供了两个循环辅助控制语句：break语句和continue语句。

学习目标

☑掌握循环的概念及实现机理。

☑熟练掌握用while、do…while、for语句实现循环的方法。

☑学会使用终止循环语句break、continue语句。

☑学会用循环结构进行程序设计。

☑懂得"九层之台起于垒土，千里之行始于足下的道理"，培养"好好学习，天天向上"的良好品质，做到"日有所获，月有所累，年有所成"，在平凡中塑造伟大。

1951年，毛泽东主席题词"好好学习，天天向上"，成为激励一代代中国人奋发图强的经典语录。

请思考下列问题：

问题1：一年365天，假定能力值的基数记为1，当好好学习一天时，能力值相比前一天提高1‰；当没有学习时，能力值相比前一天下降1‰。每天努力和每天放任，一年下来的能力值相差多少呢？

问题2：请继续分析，一年365天，如果好好学习时能力值比前一天提高5‰，当放任时相比前一天下降5‰，效果相差多少呢？

问题3：一年365天，如果好好学习时能力值相比前一天提高1%，当放任时相比前一天下降1%，效果相差多少呢？

问题 4：一年 365 天，一周 5 个工作日，如果每个工作日都很努力，可以提高 1%，仅在周末放任一下，能力值下降 1%，效果如何呢？

结果分析见表 5-1。

表 5-1　天天向上的力量对比

努力方式		天天向上的力量	
每天努力	每天放任	向上	向下
1‰	1‰	1.44	0.69
5‰	5‰	6.17	0.16
1%	1%	37.78	0.03
工作日每天努力 1%，周末放任 1%		向上 5 天、向下 2 天的力量 4.63	

由表 5-1 可以看出：随着每天努力值由 1‰、5‰提高到 1%，一年下来能力值将提高为初始值的 1.44、6.17 到 37.78 倍；而每天只是放任能力值下降微不足道的 1%，一年下来能力值就会接近于 0；每周努力 5 天，休息 2 天，一年的水平仅是初始值的 4.63 倍，与每天坚持所提高的 37 倍相去甚远。

由此大家会得出一个结论：

每天进步一点点，积少成多，只要坚持 365 天不间断，一年下来的初始能力值可以提高 37 倍，效果是惊人的，这就是天天向上的力量！

勤学如春起之苗，不见其增，日有所长；辍学如磨刀之石，不见其损，日有所亏。我们不能小看微小的积累与进步，这些终将让我们发生质变；也不能有任何懈怠与侥幸，这会让我们与优秀产生巨大差距。

千里之行，始于足下。不积跬步，无以至千里。

美国宾夕法尼亚大学心理学教授 Angela Duckworth 提出理论——GRIT：成功的关键。

GRIT 原意是砂砾，与中文中“坚毅”的含义最为接近。研究表明：成功的先兆不是智商，而是日复一日的坚持，这就是坚毅的力量。

早在 100 年前，被毛泽东主席称誉为“华侨旗帜、民族光辉”的爱国华侨领袖、企业家、教育家、慈善家陈嘉庚提出“诚毅”二字，即诚以待人、毅以处事。他在烽火战争年代坚持投身教育事业，先后创办了集美小学、集美中学、集美大学和厦门大学，用一生的实践诠释了获得成功的关键。

通过这些例子大家应该明白，只要专注坚守，日积月累，你终将会成为一个熟练的软件设计者，成为“大国工匠”。“业精于勤，荒于嬉。”我们要严格自律，不负青春，不负韶华，不负时代。

5.1　为什么使用循环

在日常生活中，我们经常会碰到使用循环的例子。

① 大家都知道，使用银行卡时进入系统密码最多只能输入三次，超过三次系统就会自动锁定，这个应如何控制？（重复三次输入和判断操作）

② 奥运参赛选手某项目评分时要求去掉一个最高分，再去掉一个最低分，给出选手的最后得分，如何评判？

③ 如何设计“不忘初心牢记使命”主题大合唱比赛评分程序？

④ 有程序段：

```
printf("重要的事情说三遍：\n");
for(i=0;i<=3;i++)
printf("不忘初心，牢记使命！\n");
```

运行结果：

```
重要的事情说三遍：
不忘初心，牢记使命！
不忘初心，牢记使命！
不忘初心，牢记使命！
```

这样的例子非常多，现在分析下面的问题：

在程序设计中如何求解 $\text{sum}=\sum_{n=1}^{100} n$。

分析：这是一个简单的累加问题，即求自然数 1 ～ 100 的累加和，可以用多种算法来实现。

算法 1：直接写出算式 sum=1+2+3+4+5+…+100 很简单。但是，需要写 100 项加法运算，非常烦琐，不适合编程。

算法 2：考虑到 1+2+3+…+100 可以改写为 (((1+2)+3)+…+100)，则有下列算法：

S1: p1=0+1;

S2: p2=p1+2;

S3: p3=p2+3;

…

S99: p99=p98+99;

S100: p100=p99+100，结果在 p100 里。

此算法要写 100 步，一样麻烦，同时要使用 100 个变量：p1，p2，…，p100，本算法同样不适合编程。

但是，读者可以从上面的算法中看出一个规律，即每一步都是两个数相加，其中加数总是比上一步加数增加 1 后参与本次加法运算，被加数总是上一步加法运算的和。可以考虑用一个变量 i 存放加数，一个变量 p 存放上一步的和。那么每一步都可以写成 p+i，然后将 p+i 的和存入 p，即每一步都是 p=p+i。也就是说，p 既代表被加数又代表和。这样可以得到算法 3。执行完步骤 S100 后，结果就存在 p 中。

算法 3：

S0: p=0,i=1;

S1: p=p+i,i=i+1;

S2: p=p+i,i=i+1;

S3: p=p+i,i=i+1;

…

S100: p=p+i,i=i+1。

算法 3 从表面上看与算法 2 差不多，同样要写 100 步，似乎也不适合编程，但是从算法 3 可以看出 S1 ~ S100 步骤实际上是一样的，也就是说，S1 ~ S100 同样的操作重复做了 100 次。计算机对重复的操作可以用循环完成，在上面的算法基础上采用循环功能实现的算法如算法 4 所示。

算法 4：

S0: p=0,i=1（循环初值）；

S1: p=p+i,i=i+1（循环体）；

S2: 如果 i 小于或等于 100，重复执行步骤 S1 及 S2；否则，算法结束（循环控制）。

最终 p 中的值就是 1+2+…+100 的值。

从算法 4 可以看出这是一个典型的循环结构程序，N-S 图如图 5-1 所示。

p=0,i=l
当i≤100
p=p+i
i=i+1
打印p的值

图 5-1　循环结构 N-S 图

如何实现循环结构程序设计呢？在下一节中将介绍具体的实现语句。

5.2 while 语句与 do…while 语句

5.2.1 while 语句（当型循环）

while 语句是实现循环结构的常用语句之一，常用于实现“当型”循环。下面是一个用 while 语句实现循环的例子。

【例 5.1】利用 while 语句求 $sum=\sum_{n=1}^{100} n$。

算法分析：可以参考 5.1 节中的算法 4，N-S 图如图 5-2 所示。

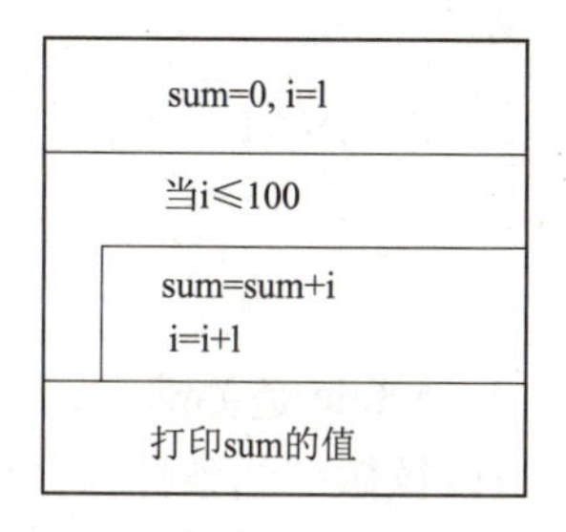

图 5-2　例 5.1 的 N-S 图

程序代码如下：

```
#include "stdio.h"
void main()
{
    int i=1,sum=0;
    while(i<=100)
    {
        sum=sum+i;
        i++;
    }
    printf("sum=%d",sum);
}
```

视 频

例5.1

程序的运行结果为：

```
sum=5050
```

上面的例子中，i 表示循环变量，sum 存放累加和。i=1,sum=0 表示进入循环前需要置“初值”

（循环的起始状态），该语句只执行一次；i<=100 表示循环执行的“条件”（控制循环什么情况下执行）；当变量 i 的值超过 100 时，循环结束，否则反复执行“循环体语句”（重复执行的，有规律性的）“sum=sum+i;i++;”。i++ 表示每次递增 1，即循环变量的步长是 1。

循环的“初值”“循环条件”“循环体”构成了循环程序的三要素。

上述循环程序运行过程分析如下：

循环次数	sum	i 的值	循环条件（i<=100）
初始	0	1	true
第 1 次	sum=0+1=1	2	true
第 2 次	sum=1+2=3	3	true
第 3 次	sum=3+3=6	4	true
第 4 次	sum=6+4=10	5	true
…			
第 99 次	sum=4851+99=4950	100	true
第 100 次	sum=4950+100=5050	101	false

相关知识 1

while 语句的一般形式如下：

```
while(表达式)    语句;                    /* 循环体只有一个语句 */
```

或

```
while(表达式)
{
    语句序列;                              /* 循环体有两个以上的语句 */
}
```

while 是关键字，其中，表达式称为“循环条件”，语句序列称为“循环体”。为便于初学者理解，可以读做“当条件（循环条件）成立（为真），循环执行语句序列（循环体）”。

执行过程是：

① 先计算 while 后面的表达式的值，如果其值为“真”则执行循环体。

② 执行一次循环体后，再判断 while 后面的表达式的值，如果其值为“真”则继续执行循环体，如此反复，直到表达式的值为假，退出此循环结构。

while 循环的流程图和 N-S 图如图 5-3 所示。

使用 while 语句需要注意以下几点：

① while 语句的特点是先计算表达式的值，然后根据表达式的值决定是否执行循环体中的语句。因此，如果表达式（此例为 i<=100）的值开始就为“假”，那么循环体一次也不执行，循环语句直接结束。

② 当循环体由多个语句（两个以上的语句）组成时，必须用 { } 括起来，形成复合语句。例如，例 5.1 中有两个循环语句“sum=sum+i;”和“i++;”，必须用 {} 括起来，否则默认循环体就一个语句“sum=sum+i;”。

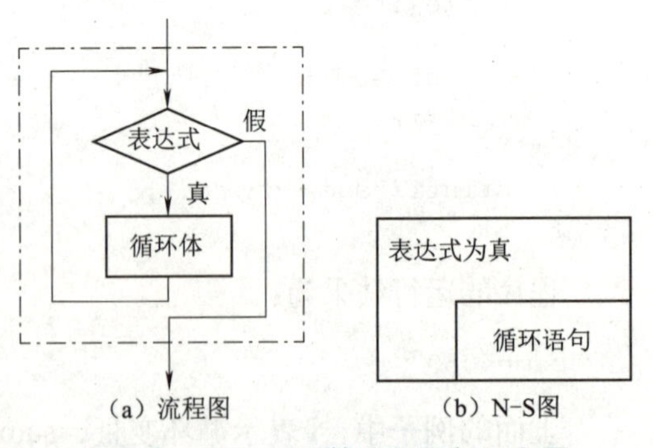

图 5-3　while 循环的流程图和 N-S 图

③ 循环的初值 i=1,sum=0 必须进入循环前预先给定，否则其值是不可预测的，结果差别很大，读者不妨上机试一下。

④ 在循环体中应有使循环趋于结束的语句，以避免“死循环”的发生。例 5.1 中的 i++; 就是使 i 的值每次递增，从 0 开始，每循环一次递增 1，即循环的步长为 1，逐步向 100 的方向移动，当 i 值为 101 时，超过了循环终值 100，则循环结束。若没有此语句（i++;），永远也达不到循环终止条件（i>100），循环永远也不会结束。

⑤ 上面的每次累加值 i，从 1 开始，每循环一次执行 i++，自动生成下一个数进行累加，无须使用 scanf( ) 函数输入。

⑥ 例 5.1 中，i++; 可以写为 i=i+1; 或写为 ++i;。

举一反三:

① 编程计算自然数 1 连加到 n 值，即求 1+2+3+…+n 的值，其中 n 由用户指定。

程序代码如下:

```
#include "stdio.h"
void main()
{
    int  i=1,sum=0,n;
    scanf("%d",&n);
    while(i<=n)
    {
        sum=sum+i;
        i++;
    }
    printf("sum=%d",sum);
}
```

输入:

```
100<回车>
```

输出:

```
sum=5050
```

上面的例子中修改循环的条件，将（i<=100）变为（i<=n），n 的值不知道，可从键盘输入。

② 求 sum=1+3+5+7+⋯+99。

分析：该问题首先观察循环的终值发生了变化，由 100 变为 99，所以可将循环条件改为 (i<=99); 再者循环中的加数每次递增 2，所以将步长由 1 变为 2，即将 i=i+1; 变为 i=i+2;。

③ 求 sum=2+4+6+8+⋯+100。

分析：该问题和上面的类似，首先观察循环的加数每次递增 2，所以将步长由 1 变为 2，即将 i=i+1; 变为 i=i+2;，但需注意 i 的初值不能是 1 了，应为 0 或 2。

上面的例子读者可自行上机体验。

技能训练 1 用循环解决迭代累加题

训练目的与要求：循环语句的灵活应用。熟悉 while 语句的语法，学会利用循环的三个要素分析解决累加迭代类型题。

训练题目：在例 5.1 的基础上思考：如何求 sum=1+1/2+1/4+…+1/50？

案例解析：观察数列 1，1/2，…，1/50。其分子全部为 1，分母除第一项外，全部是偶数。同样考虑用循环实现。其中，累加器用 sum 表示（初值设置为第一项 1，以后不累加第一项），循环控制用变量 i 控制，i 为 2 ~ 50，每次递增 2，数列通项为 1/i。

程序代码如下：

```
#include "stdio.h"
void main()
{
   float  sum=1;                          /* 将数列的第一项单独作为初值 */
   int i=2;                               /* 数列计算从第二项开始 */
   while(i<=50)
   {
      sum=sum+1.0/i;                      /* 累加。因两个整数相除将自动取整，所以要将其一变为实型 */
      i+=2;                               /* 分母每次递增 2*/
   }
   printf("sum=%f",sum);
}
```

程序的运行结果为：

```
sum=2.907979
```

读者很容易就能发现此例与例 5.1 在算法及程序上都有相似的地方。

能力拓展 1——求 1 ~ 10 之间的奇数之和及偶数之积

上面的例题非常具有普遍意义，应该熟练掌握。其实很多题目在原来的基础上稍做修改，就可以解决其他问题，在今后的程序设计中要学会这种举一反三的学习方法。

5.2.2 do…while 语句（直到型循环）

do…while 语句可以实现“直到型”循环，先无条件地执行循环体语句，再进行判断。直到条件为假，退出循环。下面的例子是 do…while 语句的典型应用。

【例 5.2】利用 do…while 语句求 $sum=\sum_{n=1}^{100} n$。

例 5.2 的 N-S 图如图 5-4 所示。

sum=0, i=1
sum=sum+i i=i+1
当i≤100
打印sum的值

图 5-4　例 5.2 的 N-S 图

程序代码如下：

```
#include "stdio.h"
```

```
void main()
{
    int i=1,sum=0;
    do
    {
        sum=sum+i;
        i+=1;
    } while(i<=100);
    printf("sum=%d",sum);
}
```

视 频

例5.2

程序的运行结果为：

```
sum=5050
```

相关知识 2

do…while 语句的一般形式如下：

```
do
{
    语句序列；
} while(表达式);
```

其中，表达式称为“循环条件”，语句序列称为“循环体”。为便于初学者理解，可以读做：“执行语句序列（循环体），当条件（循环条件）成立（为真）时，继续循环”或“执行语句序列（循环体），直到条件（循环条件）不成立（为假）时，循环结束”，如图 5-5 所示。

执行过程如下：

① 执行 do 后面的循环体语句。

② 计算 while 后面的表达式的值，如果其值为“真”，则继续执行循环体，直到表达式的值为假，退出此循环结构。

分析上面讲解的例 5.1 和例 5.2，用 while 语句和 do…while 语句可以实现相同的题目。对照两个程序：它们具有相同的初值、相同的循环体、相同的循环控制条件，运行结果也相同，即同一个题目既可以用 while 语句实现，也可以用 do…while 语句实现，只要其循环体相同，则结果也相同。

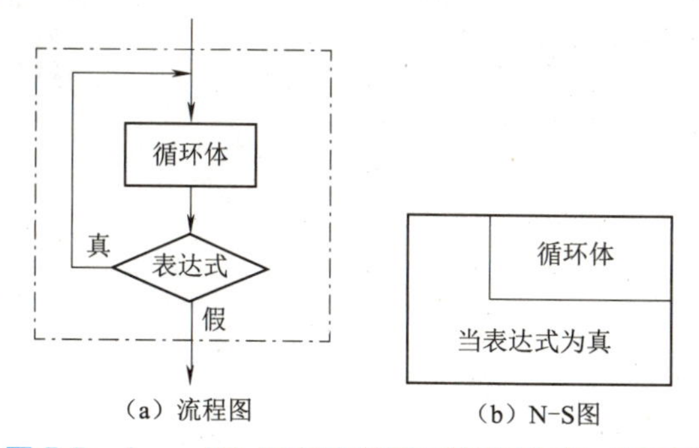

（a）流程图　　（b）N-S图

图 5-5　do…while 语句实现循环的流程图和 N-S 图

二者什么时候有区别呢？

当 while 条件一开始就为假时，二者结果有区别。例如，上面的例子中，如果初值 i=0 改为

i=300，则例 5.1 中，循环开始条件 (i<=100) 不成立，则循环一次也不执行，运行结果为 0；但例 5.2 中，若初值 i=0 改为 i=300，将先无条件执行一次循环：sum=sum+i; i++;，则 sum 值变为 300，i 的值变为 301，再判断条件 (i<=100)，此时不满足，循环退出，输出的值为 301。读者可以自行上机体会。

注意：

do…while 循环与 while 循环有以下区别：

① do…while 循环总是先执行一次循环体，然后再求表达式的值，是“先上车，后买票”。因此，无论表达式是否为“真”，循环体至少执行一次。

② while 循环先判断循环条件再执行循环体，是“先买票，后上车”。当循环条件不成立时，循环体一次也不执行。

③ 在 if 语句、while 语句中，表达式后面都不能加分号，而在 do…while 语句的表达式后面则必须加分号。

认真、仔细是程序设计者的基本素养，每个小数点、每个分号的使用在程序设计中都起着举足轻重的作用，不可小觑，可谓“失之毫厘，谬以千里”。就像我们做人做事也一样，“细节决定成败”。在实际生活和工作中要识大局，注重细节，养成良好的习惯，做到懂规矩、守纪律，努力学习，不断提高自己的素养和能力。

5.3 for 语句实现循环

for 语句是实现循环的最常用的语句。一般用于循环的初值、终值和步长确定的情况。也就是说，当循环次数已知的情况下一般应用 fcr 语句，而且 for 语句更加灵活。例 5.3 是一个 for 语句的典型应用。

【例 5.3】利用 for 语句求$sum=\sum_{n=1}^{100} n$。

程序代码如下：

视频

例5.3

```
#include "stdio.h"
void main()
{
    int i,sum=0;                                /* 置初值 */
    for(i=1;i<=100;i++)                         /* 循环控制 */
        sum=sum+i;                              /* 循环累加 */
    printf("sum=%d",sum);
}
```

程序的运行结果为：

```
sum=5050
```

说明

程序中，i=1 表示循环变量 i 的初值为 1，该语句只执行一次；i<=100 表示循环执行的条件，当变量 i 的值超过 100 时，循环结束，否则反复执行循环体语句 sum=sum+i; 和本程序中使循环趋于结束的语句 i++;。和前面的例子一样，在进入循环之前将存放累加和的变量 sum 初值置 0 的执行结果是一样的。

相关知识 3

for 语句的一般形式如下：

```
for(表达式 1；表达式 2；表达式 3)
    循环体；
```

```
表达式 1；
while(表达式 2)
{
    循环体；
    表达式 3；
}
```

for 是关键字，其后有三个表达式，各个表达式用“;”分隔。三个表达式可以是任意的表达式，通常主要用于 for 循环控制。

for 循环的流程图如图 5-6 所示。

for 循环执行过程如下：

① 计算表达式 1。

② 计算表达式 2，若其值为非 0（循环条件成立），则转③执行循环体；若其值为 0（循环条件不成立），则转⑤结束循环。

③ 执行循环体。

④ 计算表达式 3，然后转②。

⑤ 结束循环，执行 for 循环之后的语句。

图 5-6　for 循环的流程图

如何理解 for 语句呢？

① 表达式 1：设置循环变量初值，也可以是与循环变量无关的其他表达式，可以是零个、一个或多个，多个以逗号分隔，只执行一次。

② 表达式 2：循环的条件，用于控制循环是否继续，若不满足，循环一次也不执行，这和 while 语句类似。表达式 2 一般为关系表达式或逻辑表达式，也可以是数值表达式或字符表达式，事实上只要是表达式就可以。

③ 表达式 3：用于控制循环表达式，是使循环趋向于结束的语句，可以看作循环体的一部分。

说明

for 语句的使用非常灵活，有不同的使用方式，请看下面的程序段。

① 表达式 1 可省略，但分号不能省略。

例如：

```
for(i=1;i<10;i++);
```

可以写成：

```
i=1;                                /*循环的初值，置于 for 循环之前*/
for(;i<10;i++);
```

② 若表达式 2 省略，则认为循环条件永远为真。例如：

```
for(i=1;;i++);                      /*没有循环条件限制，循环一直执行*/
```

相当于：

```
i=1;
```

```
while(1)
{
  i++;
}
```

③ 表达式 3 也可省略，但应设法保证循环正常结束。例如：

```
for(sum=0,i=1;i<=100;)                /*表达式 1 是逗号表达式，没有表达式 3*/
{sum=sum+i;i++;}
```

实际上这种形式相当于把表达式 3 放在了循环体中。

④ 可只给循环条件，这时与 while 语句等同。例如：

```
i=1,sum=0;
for(;i<=100;)
{
  sum=sum+i;
  i++;
}
```

相当于：

```
i=1,sum=0;
while(i<=100)
{   sum=sum+i;
    i++;
}
```

⑤ 三个表达式都可省略，但表达式后的分号是不能省略的。例如：

```
for(;;)语句                          /*相当于 while(1)语句*/
```

⑥ 表达式 1 和表达式 3 都可以是逗号表达式。例如：

```
for(s=0,i=1;i<=10;s=s+i,i++);       /*求 1 到 10 的累加和*/
```

举一反三：

实际上，for 语句构成的循环会经常用到，也非常方便，容易掌握。区别下列程序段，说明完成的功能。

```
① for(s=0,i=1;i<=10;i++)
       s=s+i;
② for(s=0,i=10;i>=1;i--)
       s=s+i;
③ for(s=0,i=1;i<10;i+=2)
       s=s+i;
④ for(s=0,i=2;i<=10;i+=2)
       s=s+i;
```

案例解析：

① 表达式①是逗号表达式，该程序段完成求 1 ~ 10 的自然数的累加和并放于 s 中，循环控制变量 i 初值为 1，终值为 10，步长为 1。

② 和①类似，但循环变量的初值大于终值，循环变量是递减的，此时需注意循环的条件的判断是 i>=1。该程序段完成求 1 ~ 10 的自然数的累加和并放于 s 中，循环控制变量初值为 10，终值为 1，步长为 –1。

③ 该程序段完成求 1 ~ 10 的自然数中奇数的累加和放于 s 中，循环控制变量初值为 1，终值为 10，步长为 2。

④ 该程序段完成求 1 ~ 10 的自然数中偶数的累加和放于 s 中，循环控制变量初值为 2，终值为 10，步长为 2。需注意循环变量的初值设为 0 或 2。

技能训练 2 灵活应用 for 语句求正整数的阶乘 n!

训练目的与要求： for 语句的灵活应用。熟悉 for 语句的使用，解决累乘迭代类型题。

训练题目： 求正整数 n 的阶乘 n!，其中 n 的值由用户输入。

案例解析： n!=1×2×3×⋯×n，设置变量 fact 为累乘器（被乘数，存放累乘值），i 为乘数，也为循环控制变量。将循环变量 i 的初值设为 1，步长递增，每次执行 fact=fact*i; 即可。

程序代码如下：

```
#include "stdio.h"
void main()
{
    float fact=1.0;                          /* 存放阶乘结果，初值设为 1*/
    int i,n;
    scanf("%d",&n);                          /* 读入要计算阶乘的数据 */
    for(i=1;i<=n;i++)                        /* 循环累乘迭代 */
        fact=fact*i;
    printf("factor=%f",fact);                /* 输出阶乘值 */
}
```

程序的运行结果为：

```
5<回车>
factor=120.000000
```

说明

程序中使用 for 语句实现求阶乘，这是一个累乘运算。变量 fact 存放阶乘的值，相当于“累乘器”，初值设为 1，累乘的迭代式是 fact=fact*i。

思考：

上面的例题中为什么将 fact 的初值设为 1 而不是 0？如果将其初值设为 0 会怎么样？（读者不妨试一下）

注意：

求数据的阶乘运算时，计算结果数据往往较大，所以解决这类问题数据类型采用实型表示，可以表示更大的数据，结果也可以用指数形式输出。

从上面的例子中可以看出，C 语言的 for 语句功能强大，使用灵活，一些与循环控制无关的操作都可以作为表达式出现，程序短小简洁。但是，如果过分使用这个特点会使 for 语句显得杂乱，降低程序可读性。建议不要把与循环控制无关的内容放在 for 语句的三个表达式中，这是程序设计的良好风格。

相关知识 4

除了前面介绍的循环外，还可以使用 goto 语句实现循环。

goto 语句的一般格式如下：

```
goto  语句标号；
```

语句标号一般用标识符表示。

【例 5.4】利用 goto 语句求 $sum=\sum_{n=1}^{100} n$。

视 频

例5.4

程序代码如下：

```
#include "stdio.h"
void main()
{
    int i=1,sum=0;                  /* 循环的初值 */
    loop: if(i<=100)                /*loop 为语句标号，可自己按标准标识符命名 */
    {
        sum=sum+i;
    i++;
    goto loop;
  }
  printf("sum=%d",sum);
}
```

程序的运行结果为：

```
sum=5050
```

说明

goto 语句是转向语句，可以转到由语句标号指向的语句。goto 语句除了和 if 语句构成循环外，也可以通过它实现从循环体中跳出循环体外。由于使用 goto 语句不符合结构化的原则，程序的可读性差，所以建议不使用该语句，而尽量使用前面介绍的几种循环语句。

5.4 几种循环的比较

C 语言中，三种循环结构（不考虑用 goto 语句构成的循环）都可以用来处理同一个问题，如果不考虑可读性，一般情况下它们可以相互代替。但在具体使用时存在一些细微的差别。

例如，求 1 ~ 100 之间不能被 3 整除的数，用三种循环均可实现，运行结果是相同的。

程序代码分别如下：

```
/* 用 while 语句实现 */
#include "stdio.h"
void main()
{
    int i=1;
    while(i<=100)
    {
        if(i%3!=0)
          printf("%4d",i);
        i++;
    }
}
```

```
/* 用 do…while 语句实现 */
#include "stdio.h"
void main()
{
    int i=1;
    do
    {
        if(i%3!=0)
          printf("%4d",i);
        i++;
    }while(i<=100);
}
```

```
/* 用 for 语句实现 */
#include "stdio.h"
void main()
{
    int i;
    for(i=1;i<=100;i++)
        if(i%3!=0)
        printf("%4d",i);
}
```

三种循环的区别如下：

① 循环变量初始化：while 和 do…while 循环，循环变量初始化应该在 while 和 do…while 语句之前完成；而 for 循环，循环变量的初始化可以在表达式 1 中完成。

② 循环条件：while 和 do…while 循环只在 while 后面指定循环条件；而 for 循环可以在表达式 2 中指定循环条件。

③ 循环变量的改变使循环趋向结束：while 和 do…while 循环要在循环体内包含使循环趋于结束的操作；在 for 循环中这一点可以在表达式 3 中完成。

④ for 循环可以省略循环体，将部分操作放到表达式 3 中，可见 for 语句功能比较强大。

⑤ while 和 for 循环先判断表达式，后执行循环体，而 do…while 是先执行循环体，再判断表达式。（while 循环和 for 循环是典型的“当型”循环，而 do…while 循环是“直到型”循环）

⑥ 三种基本循环结构一般可以相互替代，不能说哪种更加优越。具体使用哪一种结构取决于程序的可读性和程序设计者个人程序设计的风格。

对于计数型的循环或确切知道循环次数的循环，采用 for 语句实现比较合适，对其他不确定循环次数的循环通常采用 while/do…while 语句实现。

5.5 多重循环（嵌套循环）

一个循环体内又包含另一个完整的循环结构，即循环套循环，这种结构称为多重循环（嵌套循环）。

按照循环的嵌套次数，分别称为二重循环、三重循环。一般将处于内部的循环称为内循环，处于外部的循环称为外循环。一般单重循环只有一个循环变量，双重循环具有两个循环变量，多重循环有多个循环变量。

【例 5.5】打印九九乘法表。

```
1×1=1    1×2=2    1×3=3    …    1×8=8    1×9=9
2×1=2    2×2=4    2×3=6    …    2×8=16   2×9=18
3×1=3    3×2=6    3×3=9    …    3×8=24   3×9=27
…
9×1=9    9×2=18   9×3=27   …    9×8=72   9×9=81
```

算法分析：观察上面的乘法表读者可以看出，第一行为 $1\times i=i$；第二行为 $2\times i=2i$；第三行为 $3\times i=3i$……第九行为 $9\times i=9i$。

行号 i 从 1 ～ 9，每次递增 1，可以用下面的程序实现。

视 频

例5.5

程序代码如下：

```
#include "stdio.h"
void main()
{
    int i,j;
    for(i=1;i<=9;i++)
    {
        for(j=1;j<=9;j++)
            printf("%3d*%d=%2d",i,j,i*j);
```

```
        printf("\n");
    }
}
```

程序的运行结果为：

```
1*1=1  1*2=2   1*3=3   1*4=4   1*5=5   1*6=6   1*7=7   1*8=8   1*9=9
2*1=2  2*2=4   2*3=6   2*4=8   2*5=10  2*6=12  2*7=14  2*8=16  2*9=18
3*1=3  3*2=6   3*3=9   3*4=12  3*5=15  3*6=18  3*7=21  3*8=24  3*9=27
4*1=4  4*2=8   4*3=12  4*4=16  4*5=20  4*6=24  4*7=28  4*8=32  4*9=36
5*1=5  5*2=10  5*3=15  5*4=20  5*5=25  5*6=30  5*7=35  5*8=40  5*9=45
6*1=6  6*2=12  6*3=18  6*4=24  6*5=30  6*6=36  6*7=42  6*8=48  6*9=54
7*1=7  7*2=14  7*3=21  7*4=28  7*5=35  7*6=42  7*7=49  7*8=56  7*9=63
8*1=8  8*2=16  8*3=24  8*4=32  8*5=35  8*6=48  8*7=56  8*8=64  8*9=72
9*1=9  9*2=18  9*3=27  9*4=36  9*5=45  9*6=54  9*7=42  9*8=72  9*9=81
```

说明

① 一个循环体必须完完整整地嵌套在另一个循环体内，不能出现交叉现象。

② 多层循环的执行顺序是：最内层先执行，由内向外逐层展开。

③ 三种循环语句构成的循环可以互相嵌套。

④ 并列循环允许使用相同的循环变量，但不允许嵌套循环。

举一反三：

如何输出以下形式的九九表？

```
1*1=1
2*1=2  2*2=4
3*1=3  3*2=6   3*3=9
4*1=4  4*2=8   4*3=12  4*4=16
5*1=5  5*2=10  5*3=15  5*4=20  5*5=25
6*1=6  6*2=12  6*3=18  6*4=24  6*5=30  6*6=36
7*1=7  7*2=14  7*3=21  7*4=28  7*5=35  7*6=42  7*7=49
8*1=8  8*2=16  8*3=24  8*4=32  8*5=35  8*6=48  8*7=56  8*8=64
9*1=9  9*2=18  9*3=27  9*4=36  9*5=45  9*6=54  9*7=42  9*8=72  9*9=81
```

提示：

这是九九表的下三角形式。在上面的程序基础上修改：外循环不变，仍为 9 行，修改内循环的终值，改为 j<=i。

【例 5.6】用循环语句打印下列图案：

```
*
**
***
****
*****
```

算法分析：

① 这是一个典型的可采用循环嵌套解决的问题。

② 该图案中一共有5行，打印时需一行一行地进行。设正在处理的行表示为第 i 行，则 i 为1 ~ 5。

③ 观察上面的图案，每行的字符个数与所在行有关，即第 i 行有 i 个星号。设 j 表示第 i 行中的字符个数，则 j 为 1 ~ i。

程序代码如下：

```
#include "stdio.h"
void main()
{
    int i,j;
    for(i=1;i<=5;i++)                    /* 控制行数 */
    {
        for(j=1;j<=i;j++)                /* 控制列数，即每行输出 "*" 的个数 */
            printf("*");
        printf("\n");                    /* 每输出一行后换行 */
    }
}
```

视 频

例5.6

举一反三：

① 若打印下列图形如何修改上面的程序？

```
1
22
333
4444
55555
```

提示：将输出语句改为 printf("%d",i);。

② 若打印下列图形又如何修改程序呢？

```
1
12
123
1234
12345
```

提示：将输出语句改为 printf("%d",j);。

【例 5.7】用循环语句打印下列图案：

视 频

例5.7

算法分析：

① 这是一个典型的可采用循环嵌套解决的问题。

② 该图案中一共有 6 行，打印时需一行一行地进行，设正在处理的行为第 i 行，则 i 为 1 ~ 6。

③ 每行的字符个数与所在行有关，设 j 表示第 i 行第 j 个字符，则 j 为 1 ~ 2*i –1。

④ 每行的起始位置。设第一行起始位置为第 20 列，则第 1 行“*”字符之前有 19 个空格，第 i 行的“*”字符之前有 20–i 个空格。

程序代码如下：

```
#include "stdio.h"
main()
{
    int i,j;
    for(i=1;i<=6;i++)                          /* 控制行数 */
    {
        for(j=1;j<=20-i;j++)                   /* 控制列数，即每行输出空格的个数 */
            printf(" ");
        for(j=1;j<=2*i-1;j++)                  /* 控制列数，即每行输出 "*" 的个数 */
            printf("*");
        printf("\n");                          /* 每输出一行后换行 */
    }
}
```

编程技巧总结：

输出图形的程序一般由两重循环完成，外层循环控制行数，内层循环控制列数。

课后讨论

在上面的例题基础上如何打印下列数字金字塔？

```
      1
     123
    12345
   1234567
```

提示：

行数为 4 行，观察列内容的输出。

视频

例5.7再创新高

再创新高：

如何打印下列数字金字塔？

```
        1
       121
      12321
     1234321
    123454321
```

能力拓展 2——百钱百鸡问题

百钱百鸡问题。公元前 5 世纪，我国古代数学家张丘建在《算经》一书中提出了“百鸡问题”：鸡翁一值钱五，鸡母一值钱三，鸡雏三值钱一。百钱买百鸡，问鸡翁、母、雏各几何？

提示：

用 100 元钱买 100 只鸡，每只公鸡 5 元，每只母鸡 3 元，每 3 只小鸡 1 元，要求每种鸡至少买一只，且必须是整只的，问每种鸡各买多少只？

这是一个有名的不定方程问题：

① cocks+hens+chicks=100。

② 5*cocks+3*hens+chicks/3=100。

式中，cocks 表示鸡翁数；hens 表示鸡母数；chicks 表示鸡雏数。

这是一个组合问题。对上述不定方程问题，要先确定一个变量的值，才能对其进行求解。由问题中给出的条件，很容易得到三个变量的取值范围：

方法一：cocks：1~ 18; hens：1 ~ 31; chicks：100-i-j;　　　/* 可用两重循环解决 */

方法二：cocks：1~ 18; hens：1 ~ 31; chicks：1~100;　　　/* 可用三重循环解决 */

参考程序代码如下：

```
#include <stdio.h>
void main()
{
  int cocks=1,hens,chicks;
  printf("%8s%8s%8s\n","cocks","hens","chicks");  /* 打印结果表头提示 */
  while(cocks<=18)
  {   hens=1;
      while(hens<=31)
      {
        chicks=100-cocks-hens;
        if(chicks%3==0)
           if((cocks*5+hens*3+chicks/3)==100)
              printf("%8d%8d%8d\n", cocks,hens,chicks);
           hens++;
      }
      cocks++;

  }
}
```

上面程序的输出结果留给读者自己运行，体会多重循环的应用。

5.6 break 语句和 continue 语句

在循环程序执行过程中，有时需要终止循环。在 C 语言中系统提供了两个循环中断控制语句：break 语句和 continue 语句。break 语句跳出本层循环不再执行；continue 语句是结束本次循环，下次循环可以继续执行。多层循环可以设置一个标志变量，逐层跳出。

5.6.1 break 语句

【例 5.8】从键盘上连续输入字符，并统计其中大写字母的个数，直到输入换行符时结束。

本例的 N-S 图如图 5-7 所示。

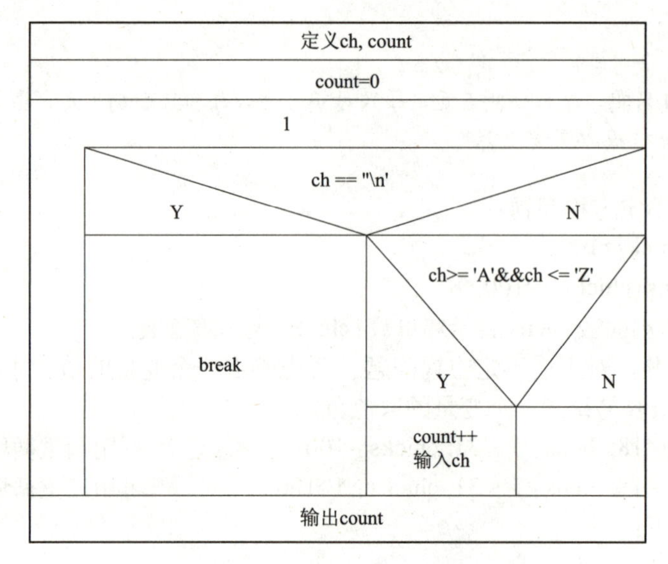

图 5-7　例 5.8 的 N-S 图

程序代码如下：

```
#include <stdio.h>
void main()
{
    char ch;
    int count=0;                              /* 计数器清零，也可以定义其他变量名 */
    while(1)                                  /* 相当于循环条件永远为真 */
    {
        ch=getchar();                         /* 从键盘输入一个字符 */
        if(ch=='\n') break;                   /* 如果 ch 的值为换行符则跳出循环 */
        if(ch>='A'&&ch<='Z') count++;         /* 如果是大写字母，计数器加 1*/
    }
    printf("count=%d",count);
}
```

程序的运行结果为：

```
ARKfd23hkXDf<回车>
count=5
```

说明

程序中，当满足输入的字符是换行符时，就跳出循环，执行循环后面的语句。变量 count 是一个“计数器”，起到计数的作用，初值为 0，有满足条件的递增 1。

注意:

大写字母 A ~ Z 的表示范围正确的写法是 ch>='A'&&ch<='Z'，而不能写为 'A'<=ch<='Z'，否则程序会默认为先判断 'A'<=ch 是否成立，若成立结果为 1，不成立结果为 0，然后用这个 1 或 0 和后面的 'Z' 比较，显然，这不是我们希望的计算。

同理，小写字母 a ~ z 的表示范围应写为 ch>='a'&&ch<='z'，数字 0 ~ 9 的表示范围应写为 ch>='0'&&ch<='9'。这里的 ch 只是变量名，读者可以自己定义其他名字。

编程技巧总结：

一般涉及统计类的题目都可以用计数器完成。

相关知识 5

break 语句的一般形式如下：

```
break;
```

break 语句的执行过程是：终止对 switch 语句或循环语句的执行（跳出这两种语句），而执行其后的语句。

① break 语句只用于循环语句或 switch 语句中。在循环语句中，break 语句常常和 if 语句一起使用，表示当条件满足时，立即终止循环。注意 break 语句不是跳出 if 语句，而是跳出循环结构。

② 循环语句可以嵌套使用，break 语句只能跳出（终止）其所在的本层循环，而不能完全跳出多层循环。要实现逐层跳出多层循环可以设置一个标志变量，控制语句跳出循环。

5.6.2　continue 语句

【例 5.9】将 1 ~ 100 之间能同时被 3 和 7 整除的数输出。

```
#include <stdio.h>
void main()
{
   int n;
   for(n=1;n<=100;n++)
   {
     if((n%3!=0)||(n%7!=0)) continue;
        printf("%5d",n);
   }
}
```

程序的运行结果为：

```
21 42 63 84
```

说明

上面的程序说明若 n 只要被 3 或 7 中的一个整除则跳过后面的循环语句，进入下一次循环判断，只有都不被整除才执行 printf("%5d",n); 输出这个值，然后进入下一次循环。

本例题的答案不是唯一的，这样写只是展示 continue 语句的用法，否则完全可以将循环体改为：

```
if(n%3!==0&&n%7==0)                              /*n 同时被 3 和 7 整除 */
    printf("%5d",n);
```

运行结果是一样的。

相关知识 6

continue 语句的一般形式如下：

```
continue;
```

continue 语句的功能是结束本次循环，即跳过本层循环体中余下尚未执行的语句，接着进行下一次循环条件的判定。执行 continue 语句并没有使整个循环终止。

在 while 和 do…while 循环中，continue 语句使流程直接跳到循环控制条件的判定部分，然后由条件表达式决定循环是否继续执行。在 for 循环中，遇到 continue 语句后，跳过循环体中余下的语句，而去对 for 语句中的表达式 3 求值，然后进行表达式 2 的条件判定，最后决定 for 循环是否执行。

注意：

break 语句与 continue 语句的主要区别是 continue 语句只终止本次循环，而不是终止整个循环结构的执行；break 语句是终止整个循环，不再进行条件判断。

能力拓展——“韩信点兵”

民间传说着一则故事——“韩信点兵”。

韩信是非常著名的军事家，在刘邦建立汉国之后，韩信这位大将军给刘邦制定了非常切实可行的计划。他不仅对家人非常孝顺，而且对国家非常忠诚。“韩信点兵，多多益善”，这个成语大家都知道。秦朝末年，楚汉相争。一次，韩信将 1 500 名将士与楚王大将李锋交战。苦战一场，楚军不敌，败退回营，汉军也死伤四五百人，于是韩信整顿兵马也返回大本营。当行至一山坡，忽有后军来报，说有楚军骑兵追来。只见远方尘土飞扬，杀声震天。汉军本来已十分疲惫，这时队伍大哗。韩信兵马到坡顶，见来敌不足五百骑，便急速点兵迎敌。他命令士兵 3 人一排，结果多出 2 名；接着命令士兵 5 人一排，结果多出 3 名；他又命令士兵 7 人一排，结果又多出 2 名。韩信马上向将士们宣布：我军有 1 073 名勇士，敌人不足五百，我们居高临下，以众击寡，一定能打败敌人。汉军本来就信服自己的统帅，这一来更相信韩信是“神仙下凡”“神机妙算”。于是士气大振。一时间旌旗摇动，鼓声喧天，汉军步步进逼，楚军乱作一团。交战不久，楚军大败而逃。

“韩信点兵”形成了一类问题，也就是初等数论中的解同余式。因为是由中国人首先提出的，所以称为“中国剩余定理”。

早在一千多年前的我国南北朝时期的一部著名算术著作《孙子算经》中，就有这样一道算术题：“今有物不知其数，三三数之剩二，五五数之剩三，七七数之剩二，问物几何？”答曰：二十三。

按照今天的话来说：一个数除以 3 余 2，除以 5 余 3，除以 7 余 2，求这个数。这样的问题，也有人称为“韩信点兵”。到了明代，数学家程大位用诗歌概括了这一算法，他写道：

三人同行七十稀，五树梅花廿一枝，

七子团圆月正半，除百零五便得知。

这意思就是，第一次余数乘以 70，第二次余数乘以 21，第三次余数乘以 15，把这三次运算的结果加起来，再除以 105，所得的除不尽的余数便是所求之数（即总数）。

针对这类问题，大家不妨自己设计程序进行验证。

5.7 循环结构程序设计举例

循环结构是程序设计中非常重要也是应用比较广泛的结构，必须灵活、熟练地掌握。本节给出了在实际应用中的典型实例，通过这些典型例题的学习和技能的训练，可以掌握一般的应用循环结构解决问题的方法。要细心体会每道题目的解题思路和技巧，通过大量的练习达到融会贯通的目的。

5.7.1　找最大值及求和

【例 5.10】读入 10 个数，编写程序求其中的最大值。

算法分析：任意 10 个数，设变量 x 表示存放读入数据的变量，变量 max 存放最大值，变量 i 表示循环次数。该算法的实现就像“擂台赛”一样：

① 读入一个数，存入 x 中，将它设为最大值（默认为最大）：max=x。

② 依次读入其他数，与最大值 max 进行比较，若比最大值 max 大，则用当前值代替 max 中的值；否则，读入下一个数比较，如此循环 9 次，最终 max 中存放的就是最大值。

③ 打印最大值。

例 5.10 程序的流程图和 N-S 图如图 5-8 所示。

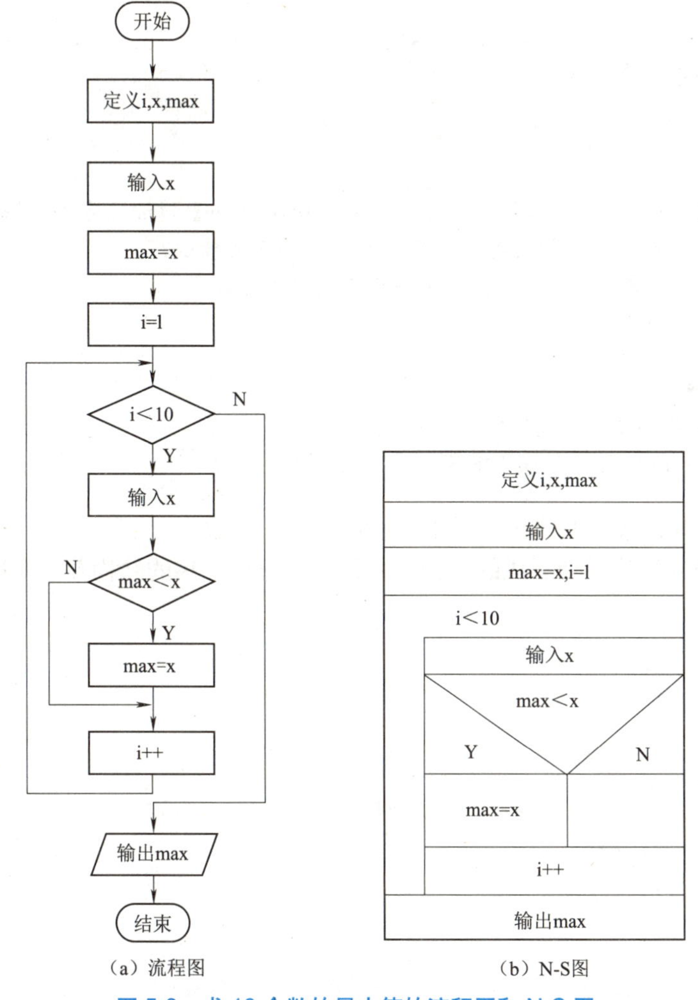

（a）流程图　　（b）N-S图

图 5-8　求 10 个数的最大值的流程图和 N-S 图

视频

例5.10

程序代码如下：

```
#include "stdio.h"
void main()
{
    int i;
    float x,max;            /*max 存放最大值 */
    printf("\nPlease input data:");
    scanf("%f",&x);         /* 读入第一个数 */
max=x;                  /* 将第一个数默认为最大值 */
for(i=1;i<10;i++)       /* 依次读入后面的 9 个数进行比较 */
{
  scanf("%f",&x);
  if(max<x) max=x; /* 如果读入的数据比最大值大，则将它作为最大值 */
}
printf("The Max data is:%f\n",max);
}
```

程序的运行结果为：

```
Please input data:82  6.3  28.3  69.5  100.6  9.7  10.5  96  15.3  35.68<回车>
The Max data is:100.599998
```

注意：

① 程序运行时可连续输入 10 个数，以空格分隔，按【Enter】键即可完成数据的输入。
② 将第一个输入的数 x 作为初值是很必要的，思考一下为什么？
③ 将 0 作为初值也不对，因为输入的 10 个数可能均为负数。

思考：

①求 10 个数中的最小值，应怎么修改程序？
②再提高一步：如何在同一个程序中既求最大值又求最小值？

【例 5.11】求和与计数器的使用——求一批数据的平均值。

下列程序是由循环结构设计完成的。读下列程序，分析程序的结构并说明程序完成的功能。

程序代码如下：

视频

例5.11

```
#include "stdio.h"
void main()
{
    float x,sum=0;
    int i=0;
    printf("Please input data:");
    scanf("%f",&x);
    while(x>=0)
    {
  sum=sum+x;
  i++;
  scanf("%f",&x);
}
```

```
    printf("\ni=%d,sum=%f,ave=%.1f\n",i,sum,sum/i);
}
```

程序的运行结果为：

```
Please input data:4 5 6 7 -9<回车>
i=4,sum=22.000000,ave=5.5
```

本程序完成的功能：

①从键盘输入若干数据，若为负数就结束，记录数据的个数，求出累加和及平均值。

② sum 为“累加器”，存放数据总和，初值设为 0。

③变量 i 为“计数器”，记录输入的数据个数，初值也设为 0。

一般求平均成绩等题目可以用这种方法求解。

思考：

程序中循环前和循环中的两个 scanf 语句有何不同？是否可以省略其中的一个 scanf 语句？

提示：

循环前的 scanf 语句完成循环变量 x 的赋初值，只执行一次，而循环体内的 scanf 语句完成每次读入新的数据。

5.7.2 求阶乘的和

【例 5.12】求 s=1！+2！+3！+…+20！。

算法分析：上面的式子整体看是一个求累加和的问题，每一累加项是求阶乘，数据从 1 ~ 20，变化有规律，所以用循环结构来完成。

方法一：依据 n!=n*(n-1)!，求出每个数的阶乘再相加。

程序代码如下：

```
#include "stdio.h"
void main()
{
    double s=0,t=1;                     /* 通常求阶乘的值比较大，所以定义为双精度类型 */
    int i;
    for(i=1;i<=20;i++)
    {
        t=t*i;                          /* 利用公式：t!=t*(t-1)!*/
        s=s+t;                          /* 将每个数的阶乘值依次相加 */
    }
    printf("s=%e\n",s);                 /* 数值较大，以指数形式输出阶乘累加和 */
}
```

程序的运行结果为：

```
s=2.561327e+018
```

方法二：此题也可以用两重循环来完成。

程序代码如下：

```
#include "stdio.h"
void main()
{
    double s=0,t;
    int i,j;
    for(i=1;i<=20;i++)              /* 循环 20 次 */
    {   t=1;                        /* 求阶乘，将初值设为 1*/
        for(j=1;j<=i;j++)           /* 循环计算阶乘 i!=1*2*3*...*i*/
            t=t*j;
        s=s+t;                      /* 依次累加阶乘值 0+1!+2!+3!+...20!*/
    }
    printf("s=%e\n",s);             /* 以指数形式输出阶乘值的和 */
}
```

程序的运行结果为：

```
s=2.561327e+018
```

思考：

方法二中的 t=1 赋初值为什么放在内循环的开始前？（意味着每执行一次内循环就先初始化）要是放在整个程序前结果会怎样？

能力拓展 3——编程求 S=1/1！+1/2！+1/3！+…+1/20!

提示：

总体看是累加运算。本题目可有两种方法。① 用两重循环完成，外重循环控制累加。循环变量从 1 ~ 20，内重循环求阶乘。② 用一重循环完成，利用公式 n!=n*(n-1)!，用每个数的前一个数阶乘结果来计算其阶乘。

再提高一步：求 e=1+ 1/1！+1/2！+1/3！+…+1/n!，直到最后一项（1/n!）小于 10-9 为止（提示：结果约等于 2.718 28）。

请能力强的读者自己思考如何实现。

5.7.3 求素数

【例 5.13】打印出 200 ~ 300 之间的所有素数。

算法分析：

判断一个数 m 是否是素数的方法：设 k 为整型，且 k=$\sqrt{m}$。让 m 被 2 ~$\sqrt{m}$除，如果 m 能被 2 ~ k 之中任意一个数整除，则提前结束循环，此时 i 的值必然小于或等于 k；如果 m 不能被 2 ~ k 之中任意一个数整除，则在完成最后一次循环后，i 还要加 1，因此 i=k+1，然后终止循环。

所以，在循环之后判断 i 是否大于或等于 k+1，若是，则表明 m 未被 2 ~ k 之中任意一个数整除，可以断定 m 就是“素数”。依题意，依次判断 200 ~ 300 之间每一个数是否是素数，若是，则输出。

程序代码如下：

视 频

例5.13

```
#include "stdio.h"
#include "math.h"
void main()
{
    int m,i,k,n=0;
    for(m=201;m<=300;m+=2)                    /* 偶数不可能是素数，所以跳过 */
    {
        k=sqrt(m);                            /* 也可以 k=m-1，或 k=m/2*/
        for(i=2;i<=k;i++)
            if(m%i==0)   break;               /* 如果被其中一个数整除，则不是素数跳出循环 */
        if(i>=k+1)                            /* 若是素数，循环正常结束，循环变量值一定超过终值 */
            { printf("%d,",m);n++;}           /* n 是计数器，记录素数的个数 */
        if(n%10==0) printf("\n");             /* 每行输出 10 个 */
    }
}
```

程序的运行结果为：

```
211,223,227,229,233,239,241,251,257,263,
269,271,277,281,283,293,
```

例 5.13 程序的流程图和 N-S 图如图 5-9 所示。

思考：

本题中变量 n 的作用是什么？

能力拓展 4 ——递推类型题的程序设计

【例 5.14】猴子吃桃问题。猴子第 1 天摘下若干桃子，当即吃了一半，又多吃了一个。第 2 天又将剩下的桃子，吃掉一半，又多吃了一个。以后每天将前一天剩下的桃子吃掉一半，再多吃了一个。到第 10 天只剩下一个桃子，求第一天共摘了多少桃子。

程序代码如下：

```
#include "stdio.h"
void main()
{
    int  day,x1,x2;
    day=9;
    x2=1;
    while(day>0)
    {
        x1=(x2+1)*2;                          /* 第 1 天的桃子数是第 2 天桃子数加 1 后的 2 倍 */
        x2=x1;
        day--;
    }
    printf("total=%d\n",x1);
}
```

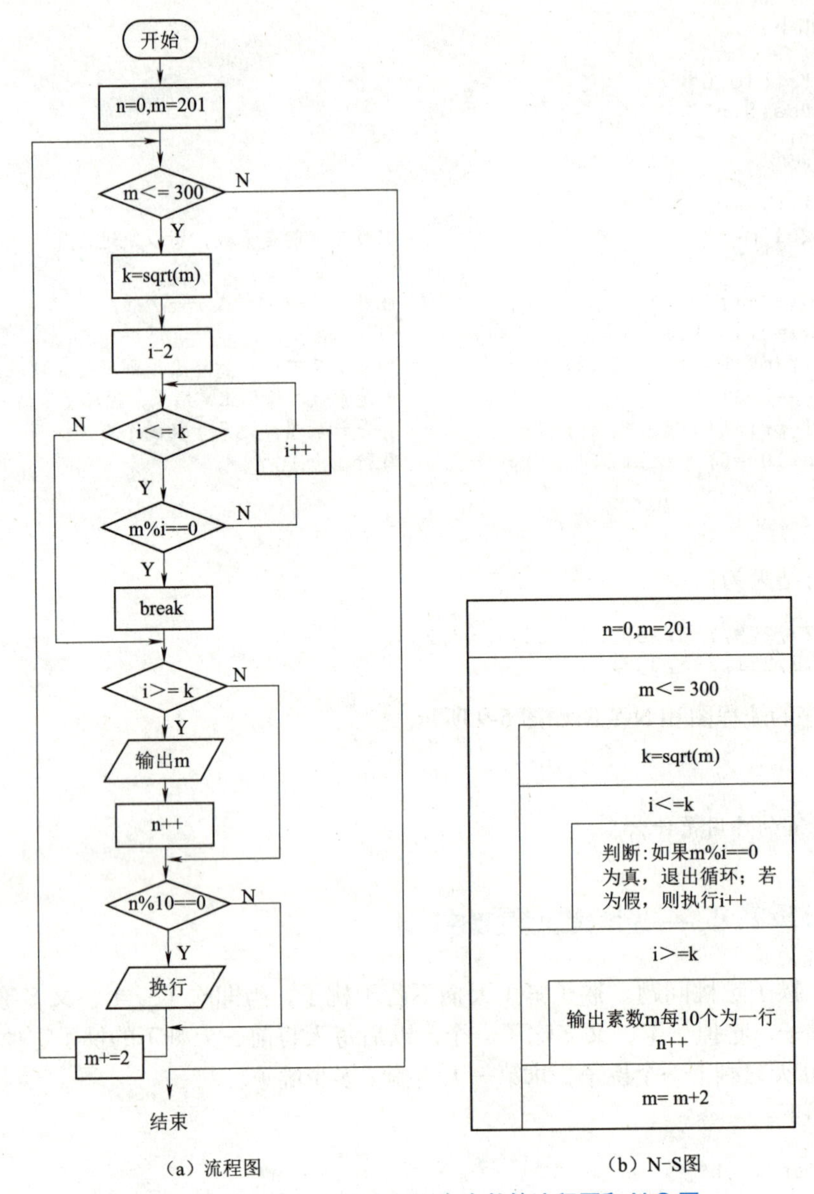

(a) 流程图 (b) N-S图

图 5-9 求 200 ~ 300 之间所有素数的流程图和 N-S 图

程序的运行结果为：

```
total=1534
```

本例程序的流程图和 N-S 图如图 5-10 所示。

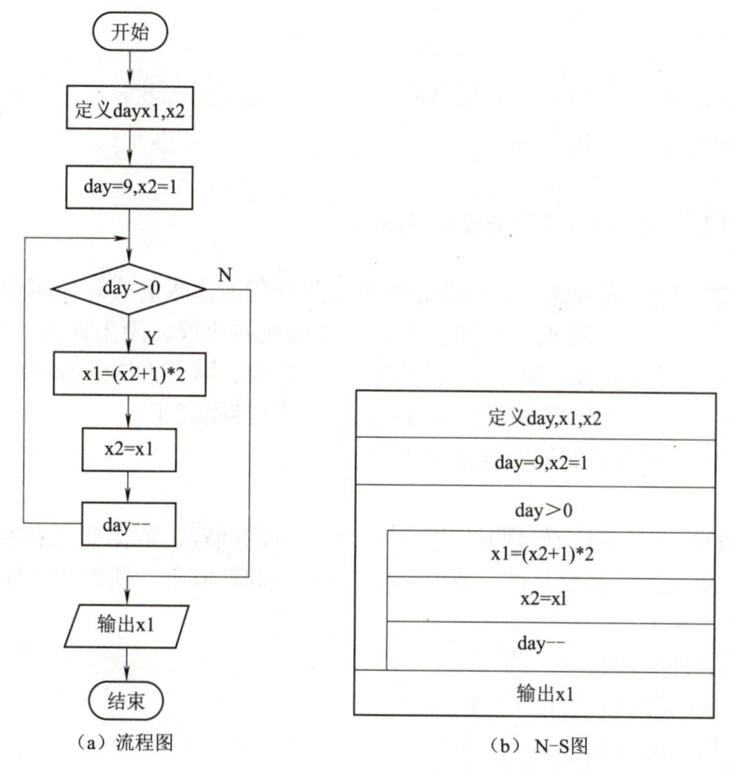

（a）流程图　　（b）N-S图

图 5-10　猴子吃桃问题的流程图和 N-S 图

【例 5.15】求 s=a+aa+aaa+…+aa…a（n 个），如 a=2，求 s=2+22+222+2222+…。

程序代码如下：

```
#include "stdio.h"
void main()
{
   int a,n,count=1,sn=0,tn=0;
   printf("input a and n:\n");
   scanf("%d,%d",&a,&n);                         /* 输入 a 和 n*/
   printf("a=%d n=%d\n",a,n);
   while(count<=n)
   {
      tn=tn+a;                                   /*tn 是每一项数值 */
      sn=sn+tn;                                  /*sn 是各项相加的和 */
      a=a*10;
      ++count;
   }
   printf("sn=%d\n",sn);
}
```

程序的运行结果为：

```
input a and n:
1,5<回车>
a=1 n=5
sn=12345
```

说明

在上面的题目中，要先找规律，每一项都是前一项乘以 10 再加上最开始的 a 值，然后利用 for 循环求解。本题还有其他解题思路，请读者思考。

技能训练 3 用循环解决百万富翁换钱游戏

训练目的与要求：学会累加迭代。学会分析用累加迭代方法求解实际应用中的问题。

训练题目：一个百万富翁遇见一个陌生人，达成换钱的协议。陌生人说：每一天我都给你 10 万元，第一天你只需给我 1 分钱；第二天你只需给我 2 分钱；第三天你给我 4 分钱……以后你每天给我的钱是前一天的 2 倍，直到满 30 天。富翁很高兴，欣然同意了。

请编程计算一下，30 天后，每人各得多少钱？

案例解析：

算法分析：上面的式子整体看可归结为一个求累加和的问题。数据变化有规律：富翁的钱数每天都增加 10 万元，陌生人的钱数是前一天的两倍，循环到第 30 天，所以用循环结构来完成。

① 设定变量：

fu：富翁得到的钱的总数；

mo：陌生人得到的钱的总数；

t：陌生人每天得到的钱数。

② 设初值：

第一天：fu=100000.0 元，t=0.01 元，mo=0.01 元。

③ 循环迭代：

从 2 ～ 30 天循环执行累加：

```
fu=fu+100000.0;
t=2*t;
mo=mo+t;
```

程序代码如下：

```
#include <stdio.h>
void main()
{
   int i;
   float fu,mo,t;
   fu=100000.0;                          /* 第一天的作循环的初值 */
   mo=0.01;t=0.01;
   for(i=2;i<=30;i++)                    /* 从第二天开始进行累加 */
   {
       t=2*t;                            /* 每天的都是前一天的两倍 */
       mo+=t;                            /* 陌生人总钱数累加 */
       fu=fu+100000.0;                   /* 富翁总钱数累加 */
   }
   printf("\nrich man's money=%f \nstranger's money=%f",fu,mo);
}
```

本例的流程图和 N-S 图如图 5-11 所示。结果怎么样呢，大家将程序运行一下，就会知道答案了。

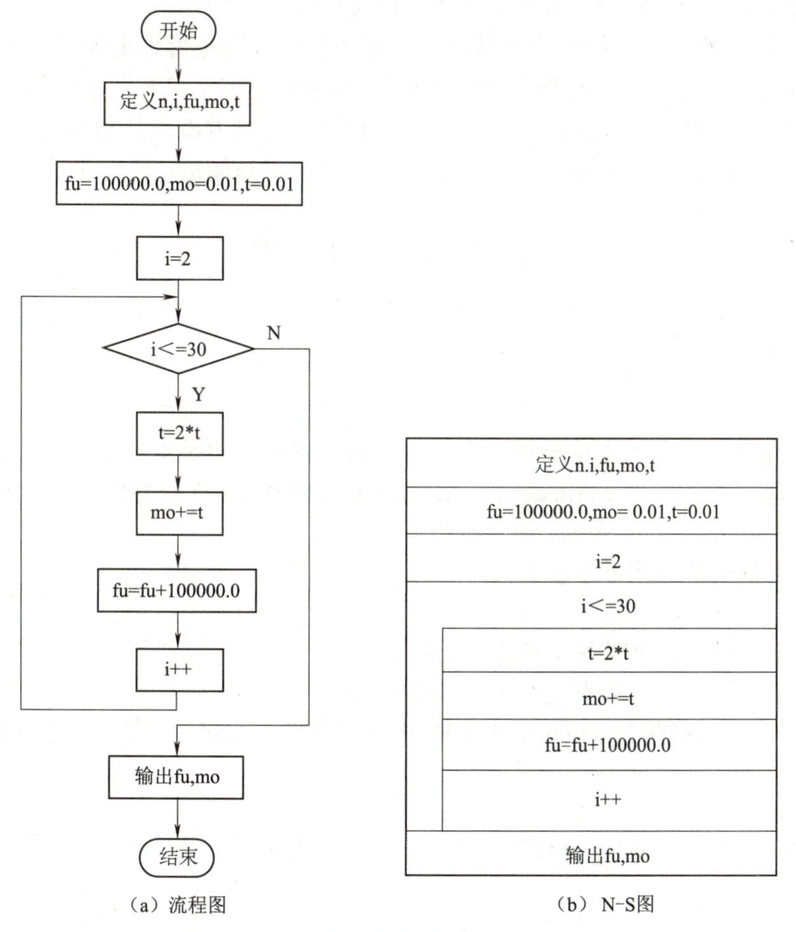

（a）流程图　　（b）N-S图

图 5-11　百万富翁换钱的流程图和 N-S 图

课后讨论

① 富翁怎样做才能保证只赚不赔？应怎样修改程序？

② 若陌生人说只要第 30 天的钱，其余前 29 天的钱都不要，富翁一定很高兴，结果又会如何呢？

“合抱之木，生于毫末；九层之台，起于累土”，财富的积累并不容易。如果你是富翁的参谋或朋友，你会如何帮助富翁不上当受骗呢？

股坛界名人巴菲特说过一句话：“投资犯错不可怕，最重要的是不能连续犯错，要及时止损。”从表面上看，富翁的确亏了钱，但及时止损后能让他保存实力。这就好比一个人不幸被鳄鱼咬住了手，要想活命的唯一机会便是牺牲这只手。壮士断臂，化险为夷，从这种意义上说，止损就等于再生。

人生不可能一帆风顺，在我们的人生中可能会遭遇到各种各样的挫败，学会及时止损是非常重要的。人的一生，实际上就是一次生命的旅行，在漫长的旅途中，不仅有美丽的风景，还会有陡峭的山路和风雨的泥泞，如果发现自己走错了路，或走的路不适合自己，就要及时悬崖勒马、迷途

拓展阅读

不断进取——“好好学习，天天向上”

知返。莎士比亚年轻时曾是一个剧团跑龙套的三流演员，后来发现自己毫无表演天赋就理智地放弃了，从而一心一意搞戏剧创作，终成一代文学大师。

一旦遇到骗子，要能把“大风险”化解到最小，避免受到更大的伤害，要及时止损。可以把握以下两点：一是自身一定要“正”，不给骗子留下“骗”的机会。不能因为“贪”而做生意，不能因为自己想贪小钱而给对方机会，使对方没办法利用当事人的私心得逞其计谋；二是识破骗局后要镇静，邪不压正，在清楚自己被骗后，要设法迅速脱身，义正辞严，反而使骗子不敢轻举妄动。

“冷静防范”和“及时止损”是一种人生的大智慧。

小　结

循环结构是程序设计中非常重要的内容，应该熟练掌握。通过本章的学习，应该理解循环语句的内部执行机理，熟练掌握 while 语句、do…while 语句及 for 语句的使用，了解 goto 语句的使用方法，学会用 continue 语句、break 语句控制程序流程。

本章必须反复做大量的练习才能掌握。

编程技巧:

所有循环类题目的实现要抓住循环的三个要点:

① 循环初值的选择一进入循环前，起始值是什么？

方法: 为循环变量赋初值。如 s=0、1 或常数 a0，视具体情况而定。一般对于累加器常常设置为 0，累乘器常常设置为 1。

位置: 放于循环体外。

② 确定循环的条件一变问题为规律性的重复操作。考虑循环执行的条件是什么？循环重复到何时结束？

③ 确定循环体一找出反复执行的内容是什么？

循环体是指循环中重复做的工作例如:

累加迭代式子，例如: s =s+x;i=i+1;

累乘迭代式子，例如: s =s*x;i=i+1;

位置: 放于循环体内。

循环体中通常还有保证使循环倾向于结束的语句。循环的结束由表达式（条件）控制。

习　题

一、选择题

1. 执行下列程序段后输出的结果是（　　）。

```
x=9;
while(x>7)
{
   printf("*");
```

```
    x--;
}
```

A. ****　　B. ***　　C. **　　D. *

2. 对下面程序段中 while 循环执行情况分析正确的是（　　）。

```
int k=2;
while(k=0) {printf("%d",k);k--;}
```

A. 该循环只执行 1 次　　B. 循环是无限循环
C. 循环体中的语句 1 次也不执行　　D. 存在语法错误

3. 循环 for(a=0,b=0;(b!=123)&&(a<=4);a++); 的循环次数是（　　）。

A. 无限循环　　B. 不确定　　C. 4 次　　D. 5 次

4. 若 i，j 已定义为 int 类型，则以下程序段中的内循环体的执行次数是（　　）。

```
for(i=5;i;i--)
    for(j=0;j<4;j++)
    { printf("a");}
```

A. 20　　B. 24　　C. 25　　D. 30

5. 下面的循环语句执行完毕后，循环变量 k 的值是（　　）。

```
int k=1;
while(k++<10);
```

A. 10　　B. 11
C. 9　　D. 无限循环，值不确定

6. 在 C 语言中，下列说法中正确的是（　　）。

A. 编程时尽量不要使用“do 语句 while(条件)”的循环
B. “do 语句 while(条件)”的循环中必须使用 break 语句退出循环
C. “do 语句 while(条件)”的循环中，当条件非 0 时将结束循环
D. “do 语句 while(条件)”的循环中，当条件为 0 时将结束循环

7. 对以下程序段的分析正确的是（　　）。

```
x=-1;
do
{ x=x*x; }while (!x);
```

A. 是死循环　　B. 循环执行 2 次　　C. 循环执行 1 次　　D. 有语法错误

8. 对下面程序段中 do…while 循环执行情况分析正确的是（　　）。

```
int m=1,n=5;
do
{   m++;
    n--;
}while(m<n);
```

A. 该循环可能 1 次也不执行　　B. 该循环执行 1 次
C. 该循环执行 2 次　　D. 该循环执行 3 次

9. 下面有关 for 循环的正确描述是（　　）。
   A. for 循环只能用于循环次数已经确定的情况
   B. for 循环的执行流程是先执行循环体语句，后判断表达式
   C. 在 for 循环中，表达式 1 和表达式 3 可以省略，但表达式 2 不能省略
   D. for 循环的循环体中，可以包含多条语句，但必须用花括号括起来

10. 以下程序段的循环次数是（　　）。

```
for(i=2;i==0; )
printf("%d",i--);
```

A. 无限次　　B. 0 次　　C. 1 次　　D. 2 次

二、程序阅读题

1. 如果下面程序在运行时输入 1,2,0,-1,-2< 回车 >，则程序输出结果是________。

```
#include "stdio.h"
void main()
{
  int x,i,sum;
  for(i=0,sum=0;i<10;i++)
  {
    scanf("%d,",&x);                         /* 输入数据之间以逗号分隔 */
    if(x<0)break;
    sum+=x;
  }
  printf("sum=%d\n",sum);
}
```

2. 下面程序的运行结果为________。

```
#include "stdio.h"
void main()
{
   double mul=1;
   int i=1,sum=0;
   while(i<=10)
   {  if(i%2==0)  mul=mul*i;                /* 偶数 */
      else    sum=sum+i;                    /* 奇数 */
      i++;
   }
   printf("sum=%d\n",sum);
   printf("mul=%f\n",mul);
}
```

3. 下面程序是一个累加迭代式子的运算，写出前五项为________。

```
#include "stdio.h"
void main()
{
   float sum=0;
   int i,k1,k2,k;
   i=1;k1=1;k2=2;
   while(i<=5)
```

```
    {
      sum=sum+1.0*k1/k2;
      k=k1+k2;
      k1=k2;
      k2=k;
      i++;
    }
   printf("sum=%f\n",sum);
}
```

4. 下面程序的运行结果为 ________。

```
#include <stdio.h>
void main()
{
    int i,j ;
    for(i=0;i<=3;i++)
    {
        for(j=0;j<=5;j++)
        {
            if(i==0||j==0||i==3||j==5)printf("*");
            else printf("");
        }
        printf("\n");
    }
}
```

三、程序填空题

1. 以下程序的功能是从键盘输入一组字符，统计这些字符中大写字母和小写字母的个数。

```
#include "stdio.h"
void main()
{
    int c1=0,c2=0;
    char ch;
    while((_______?_______) !='\n')
    { if(ch>='A'&&ch<='Z') c1++;
        if(_______?_______)  c2++;
    }
    printf(" 大写字母个数 c1=%d, 小写字母个数 c2=%d",c1, _______?_______);
}
```

2. 以下程序的功能是以每行5个数来输出300以内能被7或17整除的偶数，并求出其和。

```
#include <stdio.h>
void main()
{
    int i,n,sum;
    sum=0;
    _______?_______
     for(i=1; __?__;i++)
       if(____?____)
          if(i%2==0)
          {
```

```
                sum=sum+i;
                n++;
                printf("%6d",i);
                if(____?____)printf("\n");
            }
    printf("\ntotal=%d",sum);
}
```

四、程序设计题

1. 用 while、do...while、for 三种实现循环的语句编写程序求 1~10 的奇数之和。

2. 曾有一位印度国王要奖赏他的聪明能干的宰相达依尔。达依尔只要求在国际象棋的 64 个棋盘格上放置小麦，第一格放 1 粒，第二格放 2 粒，第三格放 4 粒，第四格放 8 粒……问最后需放多少粒小麦。

3. 打印出所有的“水仙花数”。“水仙花数”是指一个 3 位数，其各位数字立方和等于该数本身。例如，153 是一个“水仙花数”，因为 $153=1^3+5^3+3^3$。

4. 设一张纸的厚度为 0.1 mm，珠穆朗玛峰的高度为 8 848.86 m，假如纸张有足够大，将纸对折多少次后可以超过珠峰的高度?

5. 输入一行以 @ 作结束标志的字符，分别统计其中英文字母、空格、数字和其他字符的个数。

提示：

参照例 5.8。

6. 一个正数与 3 的和是 5 的倍数，与 3 的差是 6 的倍数，编写程序求符合条件的最小数。

7. 已知 xyz+yzz=532，其中 x，y，z 都是数字，编写程序求出 x，y，z 分别是多少。

提示：

可用多重循环完成。x 的取值范围为 1 ~ 5；y 的取值范围为 0 ~ 9；z 的取值范围为 0 ~ 9。

8. 学校有近千名学生排队，5 人一行余 2 人，7 人一行余 3 人，3 人一行余 1 人，求学生人数。

9. 实现求 1−1/2+1/3−1/4+…+1/99−1/100 的值。

10. 打印下列图形。

```
   *****
  *****
 *****
*****
```

项目实训　企业员工技能大赛现场评分

一、项目描述

本项目是为了完成对循环结构程序设计的能力培养而制定的。

企业员工进行一场技能大赛，要进行现场评分，请设计程序完成该功能。要求评委人数和每位评委的打分从键盘输入，去掉一个最高分，再去掉一个最低分，输出评委给出的最后得分。

二、项目要求

根据所学的知识，综合前 4 章的内容，编写程序并调试。

① 要求设计一个通用的评分程序，评委人数到比赛现场决定。

② 学会熟练使用 while、do…while 或 for 语句编写解决上述问题的程序。

③ 根据程序运行的结果分析程序的正确性，总结循环结构程序设计技巧与方法。

提示：

考虑通用的评分程序的编写。重点考虑知识点：求和、计数器的使用、求最大最小值。

三、项目评价

项目实训评价表

能力	内容		评价				
	学习目标	评价项目	5	4	3	2	1
职业能力	能学会构成循环的三种语句	能会用 while 语句					
		能会用 do…while 语句					
		能会用 for 语句					
	能跳出循环	能使用 break 语句或 continue 语句					
	能应用循环结构设计程序	能分析出解决问题时选用哪种基本的程序设计结构					
		能正确选择三种循环结构，解决实际问题，编写并调试出正确的程序					
通用能力	阅读能力、设计能力、调试能力、沟通能力、相互合作能力、解决问题能力、自主学习能力、创新能力						
综合评价							

第6章 应用数组设计程序实现批量数据处理

前面各章所使用的数据都属于基本数据类型（整型、实型、字符型），C语言除了提供基本数据类型外，还提供了构造类型的数据，包括数组类型、结构体类型、共同体类型。构造类型数据是由基本类型数据按一定规则组成的。本章介绍数组。

学习目标

☑掌握数组的概念、定义和引用。

☑掌握字符数组。

☑应用数组设计程序。

☑懂得“一分耕耘一分收获”，培养信息安全保护意识，树立技能报国的志向。

6.1 数组的引入

中国数的游戏——幻方。幻方的起源：我国古代数学名著《续古摘奇算法》（杨辉算法）二卷，由宋杨辉撰，成书于1275年。《续古摘奇算法》卷上首先列出20个“纵横图”，即现在所谓的幻方。其中第一个为河图，第二个为洛书，其次，4行、5行、6行、7行、8行幻方各两个，9行、10行幻方各一个，最后有“聚五”“聚六”“聚八”“攒九”“八阵”“连环”等图。有一些图有文字说明。每一个图都有构造方法，使图中各自然数“多寡相资，邻壁相兼”凑成相等的和数。《续古摘奇算法》卷下是各种算术杂题及口诀，评说有极高的科学价值。杨辉不仅给出了这些图的编造方法，而且对一些图的一般构造规律有所认识，打破了幻方的神秘性。这是世界上对幻方最早的系统研究和记录。

《续古摘奇算法》一书中有关于三阶幻方的问题：将1，2，3，4，5，6，7，8，9分别填入3×3的方格中，使得每一行、每一列及对角线上的三个数的和都相等，规定：只要两个幻方的对应位置（如每行第一列的方格）中的数字不全相同，就称为不同的幻方，那么请问所有不同的三

阶幻方的个数是多少？（　　）

8	3	4
1	5	9
6	7	2

A. 9　　　B. 8　　　C. 6　　　D. 4

分析

三阶幻方是最简单的幻方，由1，2，3，4，5，6，7，8，9排列而成。其中有下列8种排法：

①492、357、816;

②276、951、438;

③294、753、618;

④438、951、276;

⑤816、357、492;

⑥618、753、294;

⑦672、159、834;

⑧834、159、672。

故选B。

上面是一个计数原理的应用：九宫格幻方。有口诀："先摆好，对角调，转一转，就好了。"如"1"在四个角上向不同的两个方向按顺序摆就可以。关于《续古摘奇算法》的更多内容感兴趣的同学可以课后去研究。

从另一个角度讲，可以把幻方的一种摆放看作一个3×3的矩阵，是一组数。

实际应用中数据往往是成组出现的。比如，从键盘输入100个学生的成绩，要求：

① 求其平均成绩并打印出高于平均分的学生的成绩。

② 把这100个学生的成绩按从高到低的顺序排列后再输出。

这些问题涉及数据比较多，而且必须要把这100个学生的成绩同时记录下来，也就是说，必须要设定100个变量。如果数据再多，如涉及5 000名学生成绩、1万名学生成绩，又怎么办呢？不可能像以前那样定义这么多变量，这些问题可以用数组来解决。

前面程序中使用的变量均为简单变量，假设定义了变量：a，b2，x3，day，sum，如同一个姓名代表一个人一样，各个变量间没有任何联系。有一些变量可以归结为同一类型，如s1，s2，s3，s4，s5，…，s10，它们代表同一个班中10个学生的成绩。这些变量都用相同的名字，只是下角标有所区别，即用相同的名字不同的下标代表同一类型的一组数据，我们把这种变量称为下标变量。

C语言中同样也可以用下标变量，只是把下标用方括号括起来，即s[1]，s[2]，…，s[10]，这就是数组类型变量。

具有相同数据类型的数据的有序集合称为数组。例如：

```
int a[10];
```

这里定义了一个一维数组 a（见图 6-1），该数组由 10 个数组元素构成，其中每一个数组元素都属于整型数据类型。数组 a 的各个数据元素依次是 a[0]，a[1]，a[2]，…，a[9]（注意下标为 0 ~ 9）。每个数组元素都可以作为单个变量使用（如赋值、参与运算、作为函数调用的参数等）。先看下面的例子：

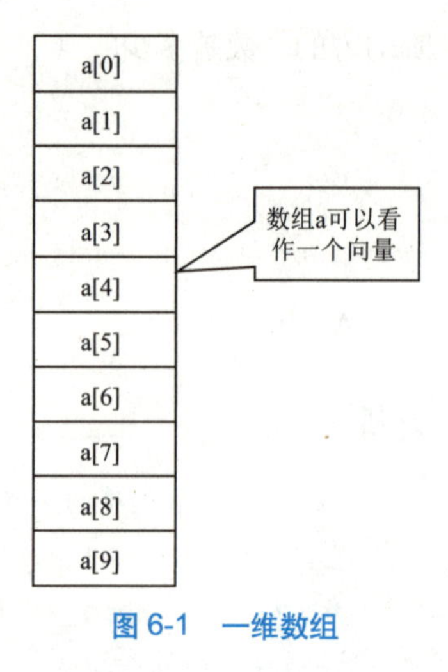

图 6-1　一维数组

【例 6.1】 从键盘输入 10 个整数，按逆序输出。

程序代码如下：

```
#include "stdio.h"
void main()
{
   int a[10],i;                    /* 定义数组 a*/
   for(i=0;i<10;i++)
      scanf("%d",&a[i]);           /* 从键盘输入数据存储到数组中 */
   printf("\n");
      for(i=9;i>=0;i--)                 /* 输出数组 a*/
         printf("%4d",a[i]);
      printf("\n");
   }
```

视 频

例6.1

程序的运行结果为：

```
1  2  3  4  5  6  7  8  9  10<回车>
10  9  8  7  6  5  4  3  2  1
```

说明

这个例子是一个数组的简单应用。程序的第 4 行定义一个数组，名称为 a，数组长度是 10，可以存储 10 个整型数。连续输入 10 个数据是重复的操作，所以可由循环来完成。第 5 行中的 for 循环完成数组的输入（数组往往和 for 循环结合使用），将 10 个数分别送给 a[0] ~ a[9]。程序的第 8 行的 for 循环完成输出 a[9] ~ a[0] 每个元素的值。

再学一招：

如何按每行 5 个数输出？如何求这 10 个数的平均值？（参见二维码中的讲解）

思考 1： 上面的问题是引入数组完成的，若不用数组能否完成，如何实现？假设是 1 000 个数据呢？ 10 000 个数据呢？（结论：数组适用于批量数据处理）。

思考 2： 上面例题哪个是数组的首元素？哪个是数组的尾元素？下标分别是什么？如何完成首尾元素对调？

思考 3： 若求数组中 10 个数的和及平均值，应如何修改程序？

如果数据量比较大，则处理这类问题需要用数组来完成。

相关知识 1

在定义一个数组后，在内存中使用一片连续的空间依次存放数组的各个元素。

① 数组元素：数组中的每一个数组元素具有相同的名称，用不同的下标区分，可以作为单个变量使用，所以也称下标变量。

② 数组的下标：数组元素的位置的一个索引或指示。

③ 数组的维数：数组元素下标的个数。根据数组的维数可以将数组分为一维数组、二维数组、三维数组和多维数组。

数组具有如下特点：

① 数组是有序数据的集合。

注意：

数组的有序性，是指数组元素存储的有序性，而不是指数组元素值有序。利用这种有序性，在后面的章节中，可以用指针解决一些问题。

② 数组中的每一个元素都属于同一种数据类型。

③ 用一个统一的数组名和下标来唯一地确定数组中的元素。

由此大家看出：物以类聚，人以群分，近朱者赤，近墨者黑。要多跟具有正能量的朋友交往，向时代榜样先锋看齐。

6.2 一维数组及应用

一维数组中各个数组元素是排成一行的一组下标变量，用一个统一的数组名来标识，用一个下标来标明其在数组中的位置（下标从 0 开始）。一维数组通常和一重循环配合使用来实现对数组元素进行的处理。

6.2.1 一维数组的定义

定义一维数组的格式如下：

```
类型说明   数组名 [ 整型常量表达式 ];
```

例如：

```
int a[100];                 /* 定义了一个数组 a，元素个数为 100，数组元素类型为整型 */
float b[10],c[20];          /* 定义了一个数组 b，元素个数为 10，数组元素类型为实型；
                               定义了一个数组 c，元素个数为 20，数组元素类型为实型 */
char x[6];                  /* 定义了一个数组 x，元素个数为 6，数组元素类型为字符型 */
```

说明

① 数组名：命名原则遵循标识符的命名规则。例如，int a[100] 中 a 就是数组名。

② 整型常量表达式：表示数组元素个数（数组的长度）。可以是整型常量或符号常量，不允许用变量。

整型常量表达式在说明数组元素个数的同时也确定了数组元素下标的范围，下标从 0 开始至整型常量表达式 -1（注意不是 1 至整型常量表达式）。C 语言不做数组下标越界检查，但是一般不能越界使用，否则结果难以预料。

例如，int a[100] 中数组元素个数是 100 个，下标为 0 ~ 99。

③ 类型说明：数据元素的类型，可以是基本数据类型，也可以是构造数据类型。类型说明确定了每个数据占用的内存字节数。

注意：

① 在同一个类型说明语句中可以同时定义几个数组；例如，int a[10],b[5]。
② 每个数组元素占用一个单元，数组的输入 / 输出、计算是对单个元素进行的。
③ 数组元素的下标可以是表达式。
④ C 编译程序为数组分配一段连续的存储空间。
⑤ C 语言规定，数组名是数组的首地址，即 a=&a[0]。

6.2.2 一维数组的初始化

数组可以在定义时初始化（给数组元素赋初值）。数组初始化常见的几种形式：

① 对数组所有元素赋初值，此时数组定义中数组长度可以省略。例如：

```
int a[5]={1,2,3,4,5};
```

等价于：

```
a[0]=1;a[1]=2;a[2]=3;a[3]=4;a[4]=5;
```

② 对数组部分元素赋初值，此时数组长度不能省略。例如：

```
int a[5]={6,2,5};
```

给数组的前三个元素赋初值，其余元素为编译系统指定的默认值 0。等价于：

```
a[0]=6;a[1]=2;a[2]=5;a[3]=0;a[4]=0;
```

③ 当全部数组元素赋初值时，可不指定数组长度，系统根据给定初值的个数，默认其长度。例如：

```
int a[]={1,2,3,4,5};
```

数组默认长度是 5。

④ 数组不初始化，其元素值为随机数，只有对 static 数组元素不赋初值，系统会自动赋以 0 值。例如：

```
static int a[5];
```

等价于：

```
a[0]=0;a[1]=0;a[2]=0;a[3]=0;a[4]=0;
```

对数组的所有元素赋初值 0，也可以这样定义：

```
int a[5]={0};
```

或：

```
int a[5]={0,0,0,0,0}
```

注意：

如果不进行初始化，如定义 int a[5]，那么数组元素的值是随机的，编译系统不会将其设置为默认值 0。但下面的定义是错误的：

```
int a[3]={6,2,3,5,1};
```

给定初值的个数不能多于数组定义的长度。

6.2.3　一维数组的引用

数组在定义之后，可以在程序中引用其数组元素。数组元素的引用形式如下：

```
数组名 [ 下标 ]
```

在例 6.1 中数组的引用是对单个元素进行的，不能整体输入 / 输出数组，如 printf("%d",a); 是不可以的，而要由循环来控制。需要注意循环控制变量的初值、终值及控制条件。

说明

① 引用数组元素时，下标可以是整型常数、已经赋值的整型变量或整型表达式。例如，i=1;j=5,a[i+j] 相当于 a[6]，a[3*i+j] 相当于 a[8]。

② 若有定义：

```
int  a[5];
```

则数组 a 的元素分别 0 为 a[0]，a[1]，a[2]，a[3]，a[4]，但不包括 a[5]。

③ 每个元素都可作为一个整型变量来使用，例如：

```
a[0]=5;                    /* 表示将 5 送给数组的第一个元素中 */
a[3]=a[1]+4;               /* 表示将 a[1] 中的值加上 4 送给 a[3]*/
a['D'-'B']=3;              /* 字符 D 和 B 的 ASCII 码相差 2，所以 a['D'-'B']=3 相当于 a[2]=3*/
scanf("%d",&a[4]);         /* 输入一个数存储到 a[4] 中 */
```

④ 数组元素本身可以看作同一个类型的单个变量，因此对变量可以进行的操作同样适用于数组元素。

【例 6.2】在电视歌手大奖赛中，任意输入 10 名选手的成绩，找出其中最高分和最低分。

算法分析：找出最高分和最低分，就是求数据的最大值和最小值。

(1) 输入数据

利用 for 循环输入 10 个整数，放在数组 x 中，即依次放入 x[0]，x[1]，x[2]，…，x[9] 中。

(2) 处理

① 先令 max=min=x[0]，将第一个数默认为初值，max 表示最大值，min 表示最小值。

② 依次用 x[i] 和 max，min 比较（循环），i 取值为 1 ～ 10−1：

视频

例6.2

若 max<x[i]，令 max=x[i]；
若 min>x[i]，令 min=x[i]。
(3) 输出 max 和 min 的值
程序代码如下：

```
#include <stdio.h>
#define  N 10                                          /* 定义符号常量N，值为 10*/
void main()
{
   int x[N],i,max,min;
   printf("Please input %d integers:\n",N);           /* 提示输入 N 个数，存入数组中 */
   for(i=0;i<N;i++)
      scanf("%d",&x[i]);                    /* 连续依次输入 N 个成绩存到数组 x[0]~x[N-1] 中 */
   max=min=x[0];                            /* 赋初值，将第一个数默认为最大或最小值 */
   for(i=1;i<N;i++)
   {
      if(max<x[i])  max=x[i];               /* 若比最大值大，代替最大值 */
      if(min>x[i])  min=x[i];               /* 若比最小值小，由它代替最小值 */
   }
   printf("Maximum value is %d\n",max);
   printf("Minimum value is %d\n",min);
}
```

程序的运行结果为：

```
Please input 10 integers:80 91 79 82 95 76 83 85 92 87  <回车>
Maximum value is   95
Minimum value is   76
```

例题中的数据是成批出现的，而且具有相同的数据类型，所以这类问题用数组很容易处理。

多学一招：
思考如何将最大值和首元素交换位置，将最小值和最后一个元素互换位置。

技能训练 1 对一批数据求和与平均值

视 频

技能训练1

训练目的与要求：学会用一维数组实现成批数据的计算（求和、平均值）。

训练题目：求例 6.2 中 10 名选手的平均成绩。

案例解析：这个题目也是数组应用的一个典型，一批数据输入由数组完成，可以每输入一个数就进行累加，用前面学过的“累加器”就可以完成。定义求和变量 s，初值设为 0，循环实现累加 s=s+x[i]，最后求平均值。

参考程序如下：

```
#include <stdio.h>
#define  N 10                                          /* 定义符号常量 N，值为 10*/
void main()
{
   int x[N],i,s=0;
```

```
    printf("Please input %d integers:\n",N);        /* 提示输入N个数，存入数组中 */
    for(i=0;i<N;i++)
    {
      scanf("%d",&x[i]);               /* 连续依次输入N个成绩存到数组x[0]~x[N-1]中 */
      s=s+x[i];                        /* 每读入一个数组中数就放到累加和中 */
    }
    printf("Total=%d\n",s);
    printf("Average=%.2f\n",s*1.0/N);
}
```

程序的运行结果为：

```
Please input 10 integers:80 91 79 82 95 76 83 85 92 87  <回车>
Total=850
Average=85.00
```

注意：

上面程序中的循环体包括两条语句，必须用{}括起来，否则累加结果是错误的；由于平均值包含小数，所以输出时用“%f”格式。

编程技巧总结：

这是一个通用的累加程序，凡是涉及累加求平均值的这类问题都可以套用这段程序。

6.3 二维数组

二维数组是指具有两个下标的数组，其中第一个下标称为行标，第二个下标称为列标。二维数组适合于处理逻辑上具有行列结构的一批相同数据类型的数据。例如，有三个不同专业，每个专业有30名学生的成绩管理问题，用二维数组就很方便。

6.3.1 二维数组的定义

二维数组定义的一般形式如下：

```
类型说明符  数组名[整型常量表达式1][整型常量表达式2];
```

例如：

```
float b[3][3];
```

其数组元素如图6-2所示。二维数组可以看作一个矩阵。

二维数组的数组元素可以看作排列为行列的形式（矩阵）。二维数组元素也用统一的数组名和下标来标识，第一个下标表示行，第二个下标表示列。每一个下标从0开始。

b[0][0]
b[0][1]
b[0][2]
b[1][0]
b[1][1]
b[1][2]
b[2][0]
b[2][1]
b[2][2]

（a）

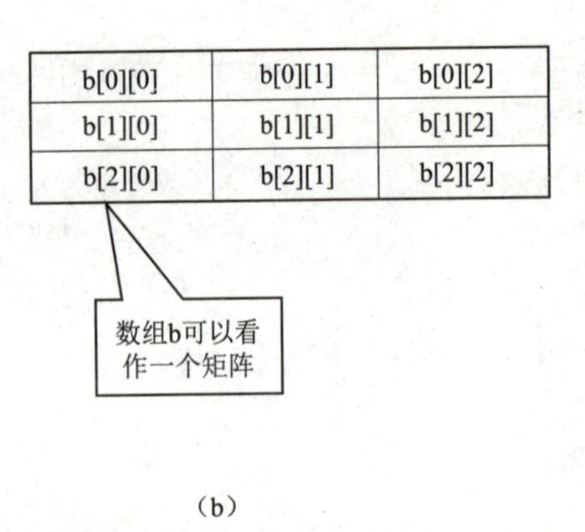

（b）

图 6-2　二维数组

上面的例子定义了一个二维数组 b，该数组是 3 行 3 列的，一共由 3×3=9 个元素构成，其中每一个数组元素都属于浮点（实数）数据类型。数组 b 的各个数据元素依次是：

```
b[0][0],b[0][1],b[0][2],b[1][0],b[1][1],b[1][2],b[2][0],b[2][1],b[2][2]
```

(注意：下标为 0 ～ 2）每个数据元素也都可以作为单个变量使用。

说明

① 二维数组中的每个数组元素都有两个下标，且必须分别放在单独的“[ ]”内。

② 二维数组定义的第一个下标表示该数组具有的行数，第二个下标表示该数组具有的列数，两个下标之积是该数组具有的数组元素的个数，如上面的 b 数组，数组个数就是 3×3=9（个）。

③ 二维数组中的每个数组元素的数据类型均相同。二维数组的存放规律是“按行排列”，即在内存中，先存放数组的第一行的各元素，再存放数组第二行的各元素，再存放数组第三行的各元素。数组 b 的存放参见图 6-2（a）。

④ 二维数组可以看作数组元素为一维数组的数组。例如，上面的例子可以看作特殊的一维数组，有三个元素，即：

```
b[0],b[1],b[2]
```

注意：

① 二维数组的矩阵形式（如 3 行 3 列）表示只是逻辑概念表示，在内存中是连续存放的，没有行列的概念。

② 二维数组元素两个下标必须分别放在单独的“[ ]”内，如 a[3][4] 写成 a[3,4] 是错误的。

6.3.2　二维数组的初始化

二维数组初始化的几种常见形式：

① 分行给二维数组所有元素赋初值。例如：

```
int a[2][4]={{1,2,3,4},{5,6,7,8}};
```

② 不分行给二维数组所有元素赋初值。例如：

```
int a[2][4]={1,2,3,4,5,6,7,8};
```

③ 给二维数组所有元素赋初值，二维数组第一维的长度可以省略（编译程序可计算出长度），但第二维的长度不能省略，否则编译系统不知数组每行有几个元素。例如：

```
int a[][4]={1,2,3,4,5,6,7,8};
```

或

```
int a[][4]={{1,2,3,4},{5,6,7,8}};
```

④ 对部分元素赋初值。例如：

```
int a[2][4]={{1,2},{5}};
```

结果为 a[0][0]=1，a[0][1]=2，a[1][0]=5，数组其他元素为 0。

6.3.3　二维数组元素的引用

定义了二维数组后，就可以引用该数组的所有元素。引用形式如下：

```
数组名 [ 下标 1][ 下标 2]
```

视 频

例6.3

二维数组的操作一般由二重 for 循环（行循环、列循环）来完成。

【例 6.3】二维数组的输入和输出。

算法分析：多个数据的重复操作可由循环来完成。

程序代码如下：

```
#include "stdio.h"
void main()
{
   int a[2][3],j,k;      /* 定义 2 行 3 列整型数组 */
   printf("\nInput array  a:");
   for(j=0;j<2;j++)
     for(k=0;k<3;k++)
        scanf("%d",&a[j][k]); /* 输入数据到二维数组中 */
   printf("\nOutput array a:\n");
   for(j=0;j<2;j++)
   {
      for(k=0;k<3;k++) /* 循环三次，输出一行共三个元素 */
          printf("%4d",a[j][k]);
        printf("\n");     /* 输出一行后换行，再输出下一行 */
   }
}
```

程序的运行结果为：

```
Input array  a:1 2 3 4 5 6 <回车>
Output array a:
1  2  3
4  5  6
```

例 6.3 程序的流程图如图 6-3 所示。

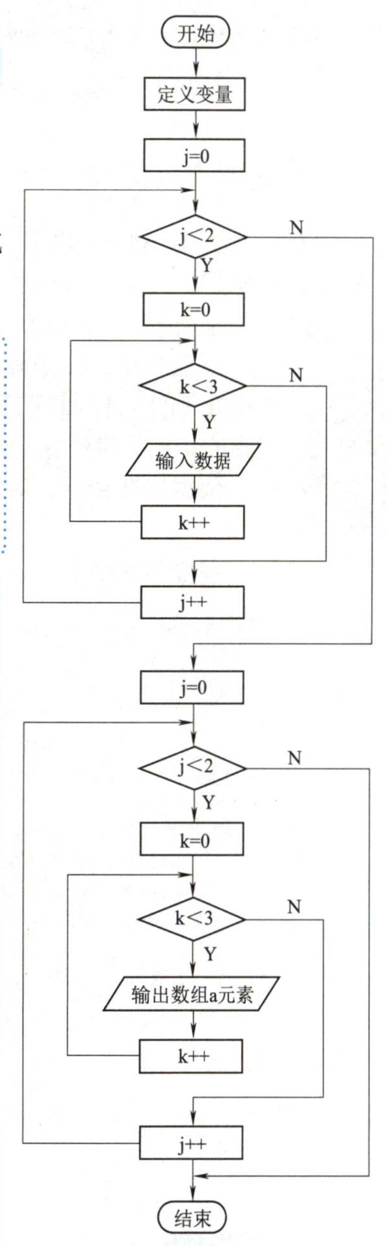

图 6-3　输入和输出二维数组的流程图

**思考:**

①如何求二维数组所有元素的平均值？

提示:

和一维数组类似，求和运算先设置累加和的初值 s=0，读入每个数据后执行 s=s+a[i][j];，然后除以元素个数（行号 × 列号）求平均值。

② 如何进行方阵（矩阵行列数相等）：如 3 行 3 列二维数组的输入与输出？分析对角线上元素的下标有什么特点。

相关知识 2

对二维数组的输入 / 输出多使用二层循环结构来实现。外层循环处理各行，外循环控制变量作为数组元素的第一维下标；内层循环处理一行的各列元素，内循环控制变量作为元素的第二维下标。

【例 6.4】计算 3×3 矩阵的两条对角线（主、辅对角线）上的元素之和。

视频

例6.4

算法分析：设矩阵为 a 是 m×m（m 为正整型数），即 m 行 m 列，则主对角线元素为 a[0][0]，a[1][1]，a[2][2]，…，特点是行列号相同，即任意元素 a[i][j] 满足 i= =j。辅对角线元素的特点是对任意元素 a[i][j]，行列号满足 i+j= =m−1 或 i= =m−j−1。

依据这些特点，对矩阵按行对每个元素进行“扫描”比对，如果满足上述条件就进行累加。

程序代码如下：

```
#include "stdio.h"
#define  M  3
void main()
{
   int  a[M][M],i,j,s=0;                              /*s 存放累加和 */
   printf("Please  Input  numbers:\n");
   for(i=0;i<M;i++)                                    /* 二维数组的输入 */
      for(j=0;j<M;j++)
         scanf("%d",&a[i][j]);
   for(i=0;i<M;i++)
      for(j=0;j<M;j++)
         if(i==j||i+j==M-1)s=s+a[i][j];
   printf("s=%d",s);
}
```

程序的运行结果为：

```
Please  Input numbers:
1  2  3  4  5  6  7  8  9 <回车>
s=25
```

6.3.4 多维数组

当数组元素的下标在两个或两个以上时，该数组称为多维数组。其中以二维数组最为常用。

多维数组定义的形式如下：

```
类型说明 数组名 [ 整型常数 1] [ 整型常数 2]… [ 整型常数 k];
```

例如：

```
int a[2][2][3];
```

定义了一个三维数组 a，其中每个数组元素为整型，总共有 2×2×3=12（个）元素，如图 6-4 所示。

a[0][0][0]
a[0][0][1]
a[0][0][2]
a[0][1][0]
a[0][1][1]
a[0][1][2]
a[1][0][0]
a[1][0][1]
a[1][0][2]
a[1][1][0]
a[1][1][1]
a[1][1][2]

图 6-4　多维数组存储

相关知识 3

对于三维数组，整型常数 1、整型常数 2、整型常数 3 可以分别看作“深”维（或“页”维）、“行”维、“列”维。可以将三维数组看作一个元素为二维数组的一维数组。三维数组在内存中先按页、再按行、最后按列存放。

多维数组在三维空间中不能用形象的图形表示。多维数组在内存中排列顺序的规律是：第一维（最左边）的下标变化最慢，第三维（最右边）的下标变化最快。

多维数组的数组元素的引用如下：

```
数组名 [ 下标 1] [ 下标 2]…[ 下标 k]
```

在数组定义时，多维数组的维从左到右第一个 [ ] 称第一维，第二个 [ ] 称第二维，依此类推。多维数组元素的顺序仍由下标决定。下标的变化是先变最右边的，再依次变化左边的下标。

三维数组 a[2][2][3] 的 12 个元素如图 6-5 所示。

a[0][0][0]	a[0][0][1]	a[0][0][2]
a[0][1][0]	a[0][1][1]	a[0][1][2]
a[1][0][0]	a[1][0][1]	a[1][0][2]
a[1][1][0]	a[1][1][1]	a[1][1][2]

图 6-5　三维数组 a[2][2][3] 的 12 个元素

多维数组的数组元素可以在任何相同类型变量可以使用的位置引用，只是同样要注意不要越界。

6.4 字符数组

6.4.1　字符数组的定义

字符数组是指存放字符型数据的数组。其中，每个数组元素存放的值都是单个字符。

字符数组也是数组，只是数组元素的类型为字符型。所以，字符数组的定义、初始化，字符数组元素的引用与一般的数组类似。

定义类型说明符为 char，初始化使用字符常量或相应的 ASCII 码值，赋值使用字符型的表达式，凡是可以用字符数据的地方也可以引用字符数组的元素。

字符数组分为一维字符数组和多维字符数组。一维字符数组常常存放一个字符串，二维字符数组常用于存放多个字符串，可以看作一维字符串数组。

例如：

```
char c1[10];                /* 定义一个字符数组 c1，可以存储 10 个字符 */
char str[5][10];            /* 定义数字 str，可以存放 5 个字符串，每个不超过 10 个字符 */
char c2[3]={'r','e','d'};   /* 定义一个字符数组 c2，存放 3 个字符 */
```

注意：

字符串与字符数组的区别如下：

① 字符串（字符串常量）：字符串是用双引号括起来的、若干有效的字符序列。C 语言中，字符串可以包含字母、数字、符号和转义符。

② 字符数组：存放字符型数据的数组。它不仅用于存放字符串，也可以存放在一般读者看来毫无意义的字符序列。

C 语言没有提供字符串变量（存放字符串的变量），对字符串的处理常常采用字符数组实现。因此，也有人将字符数组看作字符串变量。C 语言许多字符串处理库函数既可以使用字符串，也可以使用字符数组。

为了方便处理字符串，C 语言规定以 '\0'（ASCII 码为 0 的字符）作为“字符串结束标志”。“字符串结束标志”占用一个字节。对于字符串常量，C 编译系统自动在其最后一个字符后面增加一个结束标志；对于字符数组，如果用于处理字符串，在有些情况下，C 编译系统会自动在其数据后增加一个结束标志；在更多情况下结束标志需要由编程者自己负责（因为字符数组不仅仅用于处理字符串）。如果不是处理字符串，字符数组中可以没有字符串结束标志。

例如：

```
char str1[]={'C','H','I','N','A'};
```

str1 字符数组占用 5 个字节空间，如图 6-6 所示。

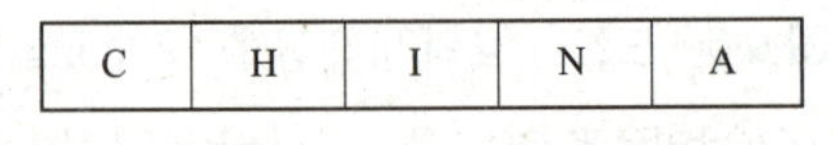

图 6-6 str1 字符数组占用的空间

```
char str2[]="CHINA";
```

str2 字符数组占用 6 个字节空间，如图 6-7 所示。

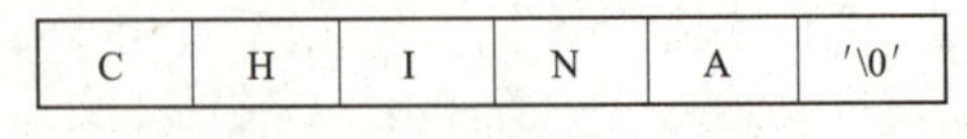

图 6-7 str2 字符数组占用的空间

6.4.2 字符数组的初始化

除了一般数组的初始化方法外，字符数组还增加了一些方法。

① 以字符常量的形式对字符数组初始化。与一般数组的初始化方法相同，给各个元素赋初值。

注意，这种方法，系统不会自动在最后一个字符后面加 '\0'。例如：

```
char str1[]={'C','H','I','N','A'};
```

或

```
char str1[5]={'C','H','I','N','A'};
```

没有结束标志，如果要加结束标志，必须明确指定。例如：

```
char str1[]={'C','H','I','N','A','\0'};
```

但是，char str2[100]={'C','H','I','N','A'}; 还有 100−5=95 个字节暂时未使用，系统自动将其初始化为 '\0'，相当于有字符串结束标志。

② 以字符串（常量）的形式对字符数组初始化。系统会自动在最后一个字符后加 '\0'。例如：

```
char str1[]={"CHINA"};
```

或

```
char str1[6]="CHINA";
char str2[80]={"CHINA"};
```

或

```
char str2[80]="CHINA";
```

说明

以字符串常量形式对字符数组初始化，系统会自动在该字符串的最后加入字符串结束标志；以字符常量形式对字符数组初始化，系统不会自动在最后加入字符串结束标志。

6.4.3　字符数组的输入与输出

字符数组的输入与输出通常有两种形式：逐个字符输入 / 输出、整串输入 / 输出。

1. 逐个字符输入 / 输出

采用“%c”格式说明，引用时对单个元素进行。

【例 6.5】字符串输入与输出。

程序代码如下：

```
#include "stdio.h"
void main()
{
    char c[]="red";
    printf("%c%c%c\n",c[0],c[1],c[2]);
}
```

说明

运行结果会显示 red，分别输出字符数组 c 中的三个元素。

格式化输入必须在接收到回车符时，scanf( ) 函数才开始读取数据。

读字符数据时，空格符、回车符都作为字符存入字符数组中。如果按【Enter】键时，输入的字符少于 scanf( ) 函数循环读取的字符时，scanf( ) 函数继续等待用户将剩下的字符输入；如果按【Enter】键时，输入的字符多于 scanf( ) 函数循环读取的字符时，则 scanf( ) 函数只将前面的字符读入。

注意：

字符数组在逐个读入字符结束后，不会自动在其末尾加 '\0'，所以输出时，最好也使用逐个字符输出。

2. 整串输入 / 输出

采用“%s”格式符来实现。例如：

```
char c[]="red";printf("%s",c);
```

输出整个字符串。

相关知识 5

① 格式化输入 / 输出字符串时，scanf( ) 函数中的输入变量参数要求是字符数组的首地址，即字符数组名。

② 按照“%s”格式输入字符串时，输入的字符串中不能有空格符或 Tab 符，否则空格符后面的字符不能读入，scanf( ) 函数认为输入的是两个字符串。如果要输入含有空格的字符串可以使用 gets( ) 函数。

③ 按照“%s”格式输入字符串时，并不检查字符数组的空间是否够用。如果输入长字符串，可能导致数组越界，应当保证字符数组分配了足够的空间。

④ 按照 %s 格式输入字符串时，自动在最后加字符串结束标志，可以用“%c”格式逐个输出或用“%s”整串输出。

⑤ 不是按照“%s”格式输入的字符串在输出时，应该确保末尾有字符串结束标志。

6.4.4 字符串（字符数组）处理函数

字符串（字符数组）的处理可以采用一般数组的处理方法，即对数组元素进行处理，这在对字符串中字符做特殊处理时相当有效。C 语言库函数提供了大量的字符串处理函数，对于一般的任务应当考虑是否可以采用库函数来解决问题。下面介绍一些常用的字符串处理函数。

1. 字符串输入 / 输出函数（<stdio.h>）

【例 6.6】 字符串输入 / 输出函数应用。

程序代码如下：

```
#include <stdio.h>
void main()
```

```
{
    char string[80];
    printf("Input a string:");
    gets(string);
    puts(string);
}
```

程序的运行结果为：

输入：

```
How are you?
```

输出：

```
How are you?
```

本例的流程图如图 6-8 所示。

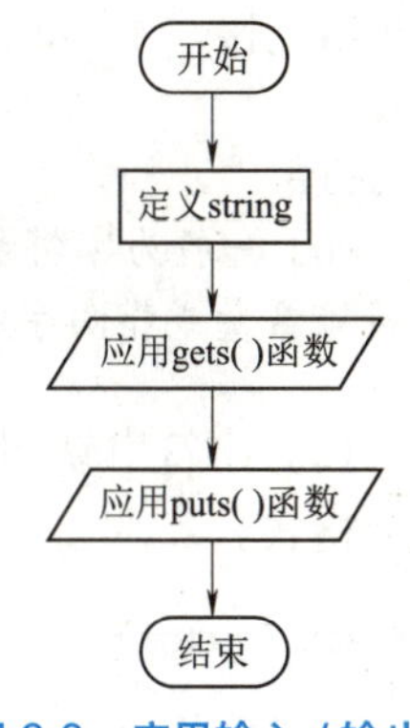

图 6-8　应用输入 / 输出字符串函数的流程图

相关知识 6

(1) 字符串输入

格式：

```
gets(str);
```

功能：从键盘输入一个字符串（可包含空格），直到遇到回车符，并将字符串存放到由 str 指定的字符数组（或内存区域）中。

参数：str 是存放字符串的字符数组（或内存区域）的首地址。函数调用完成后，输入的字符串存放在 str 开始的内存空间中。

(2) 字符串输出

格式：

```
puts(str);
```

功能：从 str 指定的地址开始，依次将存储单元中的字符输出到显示器，直到遇到字符串结束标志。

注意：

puts( ) 函数将字符串最后的 '\0' 转化为 '\n' 并输出。

2. 字符串处理函数（<string.h>）

(1) 求字符串的长度

格式：

```
strlen(str)
```

功能：统计 str 为起始地址的字符串的长度（不包括字符串结束标志），并将其作为函数值返回。

(2) 字符串连接函数

格式：

```
strcat(str1,str2)
```

功能：将 str2 为首地址的字符串连接到 str1 字符串的后面。从 str1 原来的 '\0'（字符串结束标志）

处开始连接。

注意：

str1 一般为字符数组，要有足够的空间，以确保连接字符串后不越界；str2 可以是字符数组名、字符串常量或指向字符串的字符指针（地址）。

（3）字符串复制函数

格式：

```
strcpy(str1,str2)
```

功能：将 str2 为首地址的字符串复制到 str1 为首地址的字符数组中。

注意：

str1 一般为字符数组，要有足够的空间，以确保复制字符串后不越界；str2 可以是字符数组名、字符串常量或指向字符串的字符指针（地址）。

字符串（字符数组）之间不能赋值，但是通过此函数，可以间接达到赋值的效果。这一点在使用字符串时需要特别注意。

【例 6.7】strcpy( ) 与 strcat( ) 函数举例。

视 频

例6.7

程序代码如下：

```
    #include <string.h>
    #include <stdio.h>
    void main()
    {
        char d[25];
        char blank[]="",c[]="C++",v[]="Visual"; /* 定义三个数组并赋初值，存三个串 */
        strcpy(d,v);                            /* 将数组 v 复制到数组 d 中 */
        strcat(d,blank);                        /* 将数组 blank 连接到数组 d 后面 */
  strcat(d,c);                                  /* 将数组 c 连接到数组 d 中 */
  printf("%s\n",d);                             /* 输出数组 d，是一个字符串 */
}
```

程序的运行结果为：

```
Visual C++
```

（4）字符串比较函数

格式：

```
strcmp(str1,str2)
```

功能：将 str1，str2 为首地址的两个字符串进行比较，比较的结果由返回值表示。

当 str1=str2 时，函数的返回值为 0；

当 str1<str2 时，函数的返回值为负整数（绝对值是 ASCII 码的差值）；

当 str1>str2 时，函数的返回值为正整数（绝对值是 ASCII 码的差值）。

字符串之间的比较规则：从第一个字符开始，对两个字符串对应位置的字符按 ASCII 码的大小进行比较，直到出现第一个不同的字符，即由这两个字符的大小决定其所在串的大小。

注意：

字符串（字符数组）之间不能直接比较，但是通过此函数，可以间接达到比较的效果。

【例 6.8】strcmp( ) 与 strlen( ) 函数举例。

视 频

例6.8

程序代码如下：

```
#include <string.h>
#include <stdio.h>
void main()
{
   char str1[]="Hello!",str2[]="How are you?",str[20];
   int len1,len2,len3;
   len1=strlen(str1);len2=strlen(str2);     /* 求串长度 */
   if(strcmp(str1,str2)>0)     /* 比较两个字符串，若串 1 大于串 2，将串 2 连到串 1 后面 */
   {strcpy(str,str1);strcat(str,str2);}
   else if(strcmp(str1,str2)<0)           /* 若串 1 小于串 2，将串 1 连到串 2 后面 */
   {  strcpy(str,str2);strcat(str,str1);}
      else
         strcpy(str,str1);                /* 两个串相等，则将一个串复制到新串中即可 */
     len3=strlen(str);                    /* 求新串长度 */
     puts(str);                           /* 输出新串 */
     printf("Len1=%d,Len2=%d,Len3=%d\n",len1,len2,len3);
}
```

程序的运行结果为：

```
How are you?Hello!
Len1=6,Len2=12,Len3=18
```

注意：

在 C 语言中，还有其他字符串处理函数，具体参看附录 F。

本例的程序流程图如图 6-9 所示。

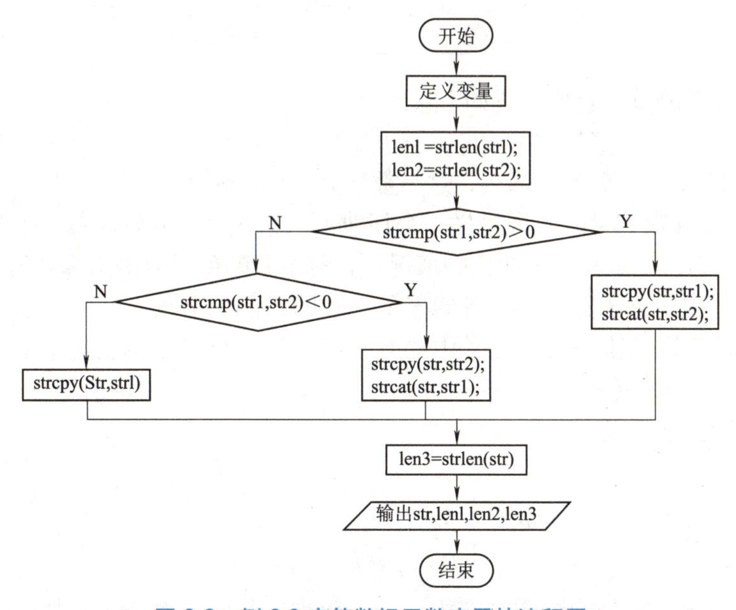

图 6-9　例 6.8 字符数组函数应用的流程图

6.5 数组的应用

6.5.1 利用数组求 Fibonacci 数列的前 n 项

视 频

例6.9

【例 6.9】求 Fibonacci（斐波那契）数列前 20 个数。

这是一个古老的数学问题。著名意大利数学家 Fibonacci 在 1202 年曾提出一个有趣的问题：设有一对新生兔子，我们称作小兔子，长到第二个月时称作中兔子，长到第三个月时称作老兔子，从第三个月开始每对老兔子每个月都生一对小兔子。按此规律，并假设这些兔子都不死，一年后共有多少对兔子?

解题思路：依据题意，可以得出表 6-1 所示兔子繁殖数。

表 6-1　兔子繁殖数

时　间	小兔子数 / 对	中兔子数 / 对	老兔子数 / 对	兔子总数 / 对
第 1 个月	1	0	0	1
第 2 个月	0	1	0	1
第 3 个月	1	0	1	2
第 4 个月	1	1	1	3
第 5 个月	2	1	2	5
第 6 个月	3	2	3	8
第 7 个月	5	3	5	13
第 8 个月	8	5	8	21
第 9 个月	13	8	13	34

你会很快发现每月的兔子总数组成如下数列：

1，1，2，3，5，8，13，21，34，…

人们把它称为 Fibonacci 数列。那么，这个数列如何导出呢？

观察一下 Fibonacci 数列可以发现这样一个规律：从第 3 个数开始，每一个数都是其前面两个相邻数之和。这是因为，在没有兔子死亡的情况下，每个月的兔子数由两部分组成：上一月的老兔子数，这一月刚生下的新兔子数。上一月的老兔子数即其前一个数。这一月刚生下的新兔子数恰好为上上月的兔子数。因为上一月的兔子中还有一部分到这个月还不能生小兔子，只有上上月已有的兔子才能每对生一对小兔子。

产生的序列可以归结为以下数学公式：

$$F_n=\begin{cases}F_1=1 & (n=1)\\ F_2=1 & (n=2)\\ F_n=F_{n-1}+F_{n-2} & (n\geqslant 3)\end{cases}$$

从公式中可以看出：数列的组成是有规律的，数列的前两项都是 1，从第三项开始，每个数据项的值为前两个数据项的和，采用递推方法来实现。可以用一个一维整型数组 f[20] 来保存这个数列的前 20 项。

程序代码如下：

```
#include <stdio.h>
void main()
{
    int i;
    int f[20]={1,1};                /* Fibonacci 数列前两个作为初值，存到 f[0] 和 f[1] 中 */
    for(i=2;i<20;i++)               /* 从第三个数开始，生成剩余的 Fibonacci 数列中的数 */
        f[i]=f[i-2]+f[i-1];         /* 从第三个数开始，每个数都等于前两个数的和 */
    for(i=0;i<20;i++)               /* 输出 Fibonacci 数列中全部的数据，已存在数组 f 中 */
    {
        if(i%5==0) printf("\n");            /* 每行输出 5 个数 */
        printf("%-10d",f[i]);               /* 每个数宽度占 10 位，左对齐 */
    }
}
```

程序的运行结果为：

```
1      1      2      3      5
8      13     21     34     55
89     144    233    377    610
987    1597   2584   4181   6765
```

本例的程序流程图如图 6-10 所示。

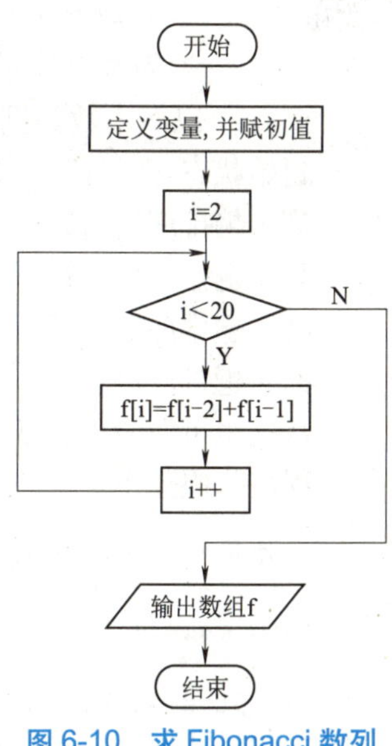

图 6-10　求 Fibonacci 数列的流程图

举一反三：

该题目答案不是唯一的，也可以用迭代方法实现。上述算法可以描述为

```
fib=fib1+fib2;
fib1=fib2;     /* 为下一次迭代做准备 */
fib2=fib;
```

这里，fib1 和 fib2 不再仅代表第 1 个月和第 2 个月的兔子数，而作为中间变量，代表前两个月的兔子数，fib 是当前月的兔子数。

【例 6.10】 求 Fibonacci（斐波那契）数列前 20 个数（用迭代方法）。

程序代码如下：

视　频

例6.10

```
#include <stdio.h>
void main()
{
    int fib1=1,fib2=1,fib,i;
    printf("%10d%10d",fib1,fib2);          /* 先输出起始的两个数 */
    for(i=3;i<=20;i++)   /* 从第三个数开始，生成剩余的 Fibonacci 数列中的数 */
    {
        fib=fib1+fib2;               /* 从第三个数开始，每个数都是前两个数的和 */
        fib1=fib2;                   /* 原来的第二个数变为生成相对下一个新数的第一个数 */
        fib2=fib;                    /* 原来的生成的新数变为生成相对下一个新数的第二个数 */
        printf("%-10d",fib);         /* 输出第三个开始生成的新数，每个数宽度占 10 位 */
```

```
        if(i%5==0)  printf("\n");          /* 按每行 5 个数输出 */
    }
}
```

读者可以上机运行一下，看结果是否和例 6.9 一样。

6.5.2 利用数组实现数据排序

在实际应用中，数据的排序是一种常用的数据组织方法。这里重点介绍两种典型的数据排序方法：冒泡排序和选择排序。

【例 6.11】采用“冒泡排序法”对任意输入的 10 个整数按由小到大的顺序进行排列。

算法分析：冒泡法排序思路为将相邻的两个数比较，将小的调到前头。

视 频

例6.11

任意几个数排序过程：

① 比较第 1 个数与第 2 个数，若为逆序 a[1]>a[2]，则交换；然后比较第 2 个数与第 3 个数；依此类推，直至第 n-1 个数和第 n 个数比较为止——第一趟冒泡排序，结果使最大的数被安置在最后一个元素位置上。

② 对前 n-1 个数进行第二趟冒泡排序，结果使次大的数被安置在第 n-1 个元素位置上。

③ 重复上述过程，共经过 n-1 趟冒泡排序后，排序结束。

以 5 个数为例，排序过程示例如下：

起始状态：　　[5　　2　　3　　1　　4]
第 1 趟排序后：[2　　3　　1　　4]　　5
第 2 趟排序后：[2　　1　　3]　　4　　5
第 3 趟排序后：[1　　2]　　3　　4　　5
第 4 趟排序后：[1]　　2　　3　　4　　5

从这里可以看出，5 个数经过 4 趟排序就将数据排好顺序了。

程序代码如下：

```
/* 输入 10 个数按由小到大的顺序排好序并输出 */
#include <stdio.h>
void main()
{
    int a[11],i,j,t;
    printf("Input 10 numbers:\n");
    for(i=1;i<11;i++)        /* 一维数组输入 */
        scanf("%d",&a[i]);
    printf("\n");
    for(j=1;j<=9;j++)        /* 冒泡法排序 */
        for(i=1;i<=10-j;i++)
        /* 如果前一个数比后一个数大则互换 */
if(a[i]>a[i+1])
    {t=a[i];a[i]=a[i+1];a[i+1]=t;}
    /* 输出排好序的数组 */
    printf("The sorted numbers:\n");
    for(i=1;i<11;i++)
        printf("%d ",a[i]);
}
```

程序的运行结果为：

```
Input 10 numbers:
1 0 2 3 9 4 8 5 6 7<回车>
The sorted numbers:
0 1 2 3 4 5 6 7 8 9
```

本例的程序流程图如图 6-11 所示。

为了方便理解，本程序中定义了有 11 个元素的数组，并不是说 10 个数排序必须用 11 个元素，而是根据习惯用了其中从 a[1]，a[2]，…，a[10] 这 10 元素，没有使用 a[0] 元素。

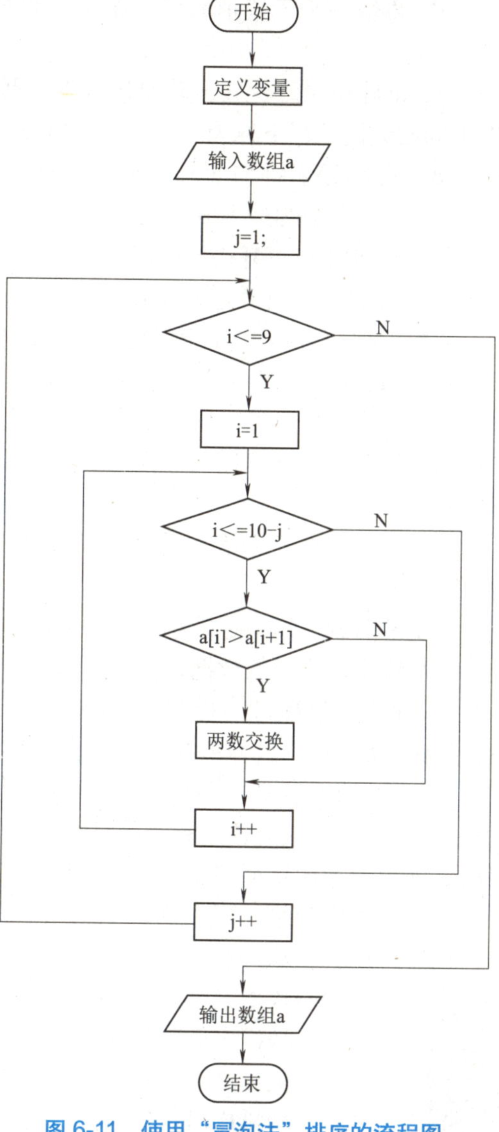

图 6-11　使用“冒泡法”排序的流程图

思考：

本题如果将数组定义为 a[10] 同样可以解决，请读者思考程序应做何改变。

提示：

数组小标从 0 开始，循环变量初值也从 0 开始。

从上面程序执行的整个过程可以看出，排序的过程就是大数不断下沉的过程（或小数上浮的过程），类似于水中气泡，所以形象地称为“冒泡排序法”。n 个数总共进行了 n−1 次，整个过程中的每个步骤都基本相同，所以考虑用循环实现——外层循环。

从每一个步骤看，相邻两个数的比较，交换过程是从前向后进行的，也是基本相同的，共进行了 n−i−1 次，所以也用循环完成——内层循环。

为了便于算法的实现，考虑使用一个一维数组存放这 10 个整型数据，排序的过程中数据始终在这个数组中（原地操作，不占用额外的空间），算法结束后，结果也在原数组中。

思考：

① 如何进行数组边界情况检查？

② 如何对任意输入的 10 个整数按由大到小的顺序排序？

③ 如何对这种典型算法进行理解、记忆？

【例 6.12】 采用“选择排序法”对任意输入的 10 个整数按由大到小的顺序排序。

算法分析：选择法排序思路（以 5 个数为例）。

① 将待排序的数据读入数组 a 中。

② 将第一个元素值默认为最大，将最大值和后面的值依次比较，选出其中的最大值，放在 a[1] 中：

a．a[1] 与 a[2] 比较，若 a[1]>a[2]，则 k=1；若 a[1]<a[2], 则 k=2；此时得到的是 a[1] 与 a[2] 两者中的最大值，在下标为 k 的元素 a[k] 中。

b．再比较 a[k] 与 a[3]，若 a[k]<a[3]，则 k=3；若 a[k]>a[3], 则 k 不变，此时得到的是 a[1]，a[2]，a[3] 三者中的最大值，在下标为 k 的元素即 a[k] 中。

c．将 a[k] 与 a[4] 进行比较……

d．将 a[k] 与 a[5] 进行比较……

这样共比较 4 次，此时得到 5 个数中的最大值放于 a[k] 中，如果 a[1] 和 a[k] 相等则不交换，否则交换 a[1] 和 a[k] 的值，即将 5 个数中的最大值放于 a[1] 中——完成第一趟选择排序。

③ 将第二个元素值与后面的值依次比较，求出次最大值放在 a[2] 中——完成第二趟选择排序。

④ 将第三个元素值与后面的值依次比较，求出第三个最大值放在 a[3] 中——完成第三趟选择排序。

⑤ 将第四个元素值与后面的值依次比较，求出第四个最大值放在 a[4] 中——完成第四趟选择排序。

⑥ 最后剩下的就是最小的数，完成排序。

⑦ 输出排序后的数据。

从上面的过程可以看出，选择排序的过程就是选择较大数并交换到前面的过程，n 个数总共进行了 n–1 次，整个过程中的每个步骤都基本相同，可以考虑用循环实现——外层循环。

从每一个步骤看，过程相同，都是在若干数中比较（比较进行若干次），搜索大数，记录其下标，并将大数交换到它应该占有的前面的某个位置的过程，共进行了 n–i–1 次比较（只进行一次数据交换），所以也考虑用循环完成——内层循环。

为了便于算法的实现，考虑使用一个一维数组存放 n 个整型数据。排序结果也在同一个数组中。

以 5 个数为例，排序过程示例如下：

视 频

例6.12

起始状态：　[5　2　3　1　4]

第 1 趟排序后：5　[2　3　1　4]

第 2 趟排序后：5　4　[3　1　2]

第 3 趟排序后：5　4　3　[1　2]

第 4 趟排序后：5　4　3　2　[1]

从这里可以看出，每次先选出待排序数据中的最大值，由下画线标出，然后和当前未排序数据组中的第一个元素交换位置，5 个数经过 4 趟这样的排序就将整批数据排好了。上面是一个简单的例子，读者可根据示例对照分析每一趟排序的结果，体会选择排序的方法。

程序代码如下：

```
/*" 选择法 " 排序 */
#include <stdio.h>
void main()
{
   int a[11],i,j,k,x;   /* 此题中下标从 1 开始 */
   printf("Input 10 numbers:\n");
   for(i=1;i<11;i++)/* 一维数组输入 */
```

```
        scanf("%d",&a[i]);
    printf("\n");
    for(i=1;i<10;i++)/* 选择排序 */
    {
        k=i; /* 当前数默认为最大，并记录位置 */
        for(j=i+1;j<=10;j++)
        /* 如果后面的数据比前面的大，则记录最大值的下标 */
        if(a[j]>a[k])  k=j;
        /* 如果比较后的最大值和开始默认的最大值不是一个
数，则互换位置 */
        if(i!=k)
        { x=a[i];a[i]=a[k];a[k]=x;}
    }
    /* 输出排好序的数组 */
    printf("The sorted numbers:\n");
    for(i=1;i<11;i++)
        printf("%d",a[i]);
}
```

程序的运行结果为：

```
Input 10 numbers:
1 0 2 3 9 4 8 5 6 7<回车>
The sorted numbers:
9 8 7 6 5 4 3 2 1 0
```

本例的程序流程图如图 6-12 所示。

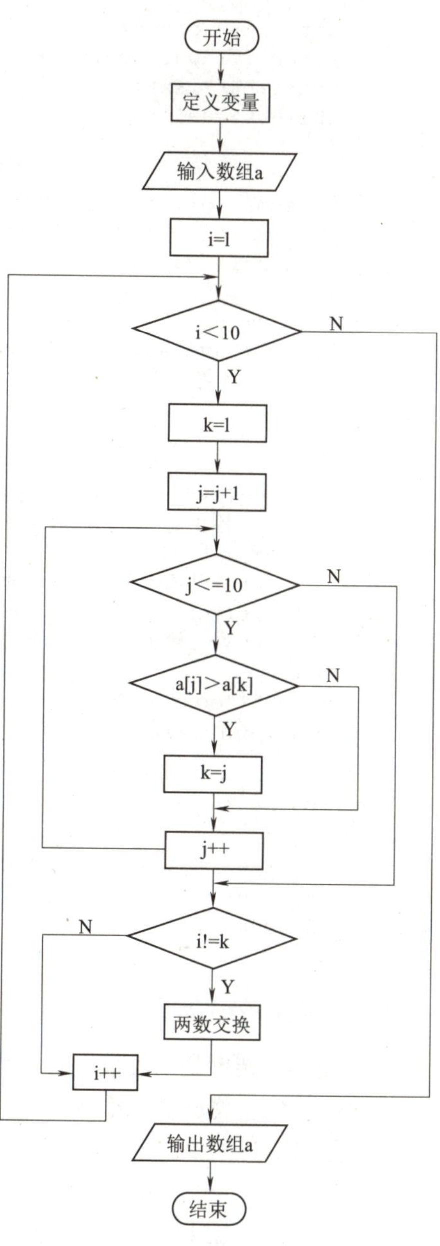

图 6-12 使用“选择法”排序的流程图

6.5.3 利用数组处理批量数据

成批的数据用数组处理非常方便。在实际应用中，经常用数组对具有相同数据类型的数据进行批量处理。

【例 6.13】从键盘上输入 N 个学生(假定不超过 100 人)的成绩，计算平均成绩，并输出高于平均分的人数及其成绩(输入成绩为负数时结束)。

算法分析：

① 定义变量和数组。N 个学生数未知，题目说明不超过 100 人，因此可以定义一个有 100 个元素的一维数组 score 用来存放学生的成绩，N 记录学生人数。

② 先将成绩输入数组 score 中，同时进行累加，并计算平均成绩。

③ 将数组中的成绩值一个个与平均值比较，输出高于平均分的成绩。

本例的程序流程图如图 6-13 所示。

程序代码如下：

```
#include <stdio.h>
void main()
{
    float score[100],ave,sum=0,x;
```

```
    int i,n=0,count;
    printf("Input score:");
    scanf("%f",&x);
    while(x>=0&&n<=100)
    {
        sum+=x;             /* 成绩累加 */
        score[n++]=x;       /* 输入的成绩保存在数组
                               score 中 */
        scanf("%f",&x);
    }
    ave=sum/n;
    printf("average=%f\n",ave);
            /* 输出平均分 */
    for(count=0,i=0;i<n;i++)
      if(score[i]>ave)
      {
         printf("%f\n",score[i]);
         /* 输出高于平均分的成绩 */
         count++;
         /* 统计高于平均分成绩的人数 */
         if(count%5==0) printf("\n");
         /* 每行输出成绩达 5 个时换行 */
      }
    printf("count=%d \n",count);
    /* 输出高于平均分的人数 */
}
```

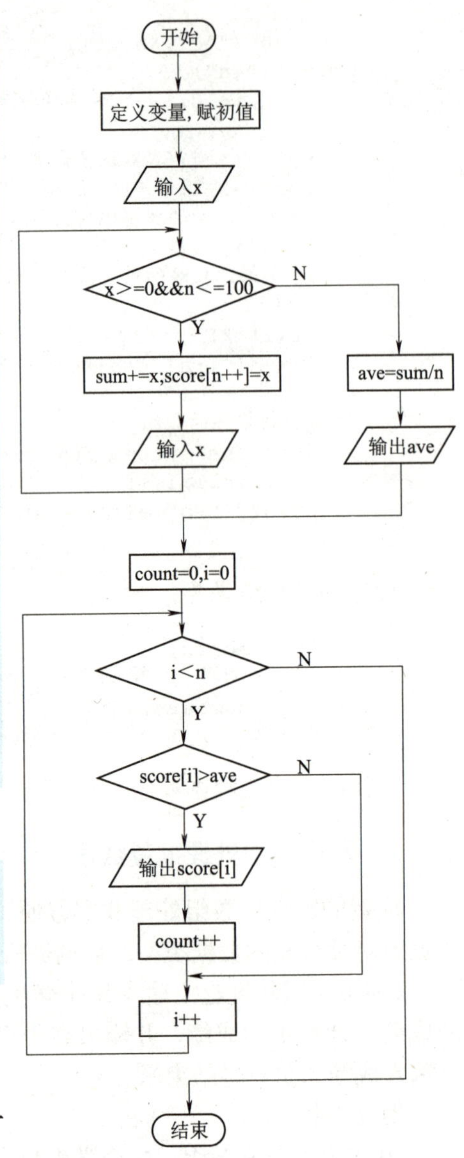

图 6-13　计算平均成绩与高于平均成绩者的成绩流程图

程序的运行结果为：

```
Input score:100 90 80 -1<回车>
average=90
100.000000
count=1
```

6.5.4　利用数组实现矩阵的转置

实现矩阵转置是二维数组的典型应用。

【例 6.14】将一个二维数组行和列元素互换，放到另一个二维数组中。

$$a=\begin{pmatrix}1 & 2 & 3\\4 & 5 & 6\end{pmatrix}\quad b=\begin{pmatrix}1 & 4\\2 & 5\\3 & 6\end{pmatrix}$$

算法分析：设数组 a 为存放 2 行 3 列的数据矩阵，转换为数组 b 后变为 3 行 2 列的矩阵。分析其特点会得出结论：对于任意数组元素满足 b[j][i]=a[i][j]，即可由二重循环处理二维数组。

视频

例6.14

程序代码如下：

```
#include <stdio.h>
void main()
{
    static int a[2][3]={{1,2,3},{4,5,6}};
    int b[3][2],i,j;
```

```
    printf("\narray a:\n");
    /* 二维数组转置 */
    for(i=0;i<=1;i++)
    {
        for(j=0;j<=2;j++)
        {
            printf("%5d",a[i][j]);                  /* 输出原数组 */
            b[j][i]=a[i][j];                        /* 转置 */
        }
        printf("\n");
    }
    // 输出转置后的数组 b
    printf("array b:\n");
    for(i=0;i<=2;i++)
    {
        for(j=0;j<=1;j++)
            printf("%5d",b[i][j]);
        printf("\n");
    }
}
```

程序的运行结果为：

```
array a:
1    2    3
4    5    6
array b:
1    4
2    5
3    6
```

能力拓展 1 ——将一个二维方阵元素转置

如何将一个 3 行 3 列的数组 A 中元素转置（要求在同一数组内完成）？

提示：

以对角线为轴心将对称元素对调，即 a[i][j] 和 a[j][i] 对调。

实现 3 行 3 列矩阵的转置，即行列互换。

例如，原矩阵为：

```
    1  2  3
    4  5  6
    7  8  9
```

则转置后的矩阵为：

```
    1  4  7
    2  5  8
    3  6  9
```

程序如下：

```
#include "stdio.h"
void main()
{   int a[3][3], n=3;
    int i,j,t;
    for(i=0;i<n;i++)            //二维数组输入
        for(j=0;j<n;j++)
            scanf("%d",&a[i][j]);
    for(i=0;i<n;i++)            //矩阵转置
        for(j=0;j<i;j++)        //  以对角线为轴心，交换，注意循环只能到 i
        {
            t=a[i][j];
            a[i][j]=a[j][i];
            a[j][i]=t;
        }
    for(i=0;i<n;i++)          //二维数组输出
        for(j=0;j<n;j++)
        {
            printf("%d ",a[i][j]);
            printf("\n");
        }
}
```

注意：

方阵的转置是以对角线为中心，上下交换元素位置，所以转置程序段中的循环变换的终值到 i 而不是 n，即 for(j=0;j<i;j++)。思考一下，如果这条语句写成：for(j=0;j<n;j++) 运行结果会如何呢？不妨上机实验比较一下。

6.5.5 字符数组的应用

视 频

例6.15

字符数组在实际应用中经常用到，比如密码的验证、按照姓名查询等，一般用前面介绍的函数就可以完成。下面的例题就是实现系统进入身份验证的一段程序。

【例 6.15】实现进入系统密码身份验证。

程序代码如下：

```
#include <stdio.h>
#include <string.h>
int main()
{
  char pass[30];                    /*定义字符数组 pass,用以存放密码*/
  int i=0;                          /*记录密码进入的次数*/
  while(1)
  {
    printf("\n请输入密码: ");
    gets(pass);                     /*输入密码*/
    if(strcmp(pass,"c88888")!=0)    /*将输入的密码和原始密码对比，不一致，则提示错误*/
      printf("错误！请重新输入！ \n");
    else                            /*若密码输入正确，则终止循环，可以进入系统*/
```

```
    {
        printf(" 输入正确！进入下一步操作……\n");
        break;
    }
    i++;                                    /* 每输入一次密码，计数器加 1*/
    if(i==3)
    {   printf(" 密码错误次数过多 ");return(0);}/* 输入三次错误的密码，退出程序 */
    }
    printf ("\nSuccess!") ;
}
```

思考：

观察上面的程序，该系统设置的默认密码是什么？若将原始密码改为“123456”，应如何修改程序？

上面的例子是一个简单的系统进入检测程序，大家在以后的使用中可以进一步优化和丰富功能，比如：如何实现三个不同的人、不同的三段密码的验证进入系统检测？不妨思考一下并试一试。

密码专家王小云教授的故事：

王小云，生于山东诸城。1993 年获山东大学数学博士学位。现任山东大学网络空间安全学院院长、清华大学高等研究院“杨振宁讲座”教授。2017 年当选中国科学院院士。2019 年当选国际密码协会会士 (IACR Fellow)。兼任中国密码学会副理事长、中国数学会副理事长。王小云主要从事密码理论及相关数学问题研究。2020 年 1 月，当选 2019 中国科学年度新闻人物，被评为“2019 十大女性人物”。王小云提出了密码哈希函数的碰撞攻击理论，即模差分比特分析法，破解了包括 MD5、SHA-1 在内的 5 个国际通用哈希函数算法；给出了系列消息认证码 MD5-MAC 等的子密钥恢复攻击和 HMAC-MD5 的区分攻击；提出了格最短向量求解的启发式算法二重筛法；设计了中国哈希函数标准 SM3，该算法在金融、国家电网、交通等国家重要经济领域广泛使用。

一分耕耘一分收获。我们应该学习她那种克服困难、勇攀高峰的无畏精神，我们应以各领域专家、泰斗为榜样，树立正确的价值观，努力学习，成为真正对祖国有用的人才。

能力拓展 2 ——数组的典型应用

此部分内容是对数组的进一步灵活应用，有能力的读者可以进一步学习。

【例 6.16】找出 3×4 矩阵所有元素中的最大值，并记录其行号、列号。

分析：先考虑如果是在一维数组中找最大值如何做。二维数组其实可以看作一个特殊的一维数组。

解题思路：定义二维数组 a[3][4]，最大值用变量 max 表示，变量 row 表示最大值所在的行号，变量 colum 表示最大值所在的列号。

先将矩阵中的第一个数看作最大值，即起始状态为 max=a[0][0]，则 row=0，colum=0。将后面的元素按行优先顺序依次和 max 进行比较，若当前值比最大值大，则将当前值代替原来的 max 值，同时记录当前值所在的行号和列号。

程序代码如下：

```
#include <stdio.h>
void main()
{
```

```
    int a[3][4]={{1,2,3,4},{9,8,7,6},{-10,10,-5,2}};
    int i,j,row=0,colum=0,max;
    max=a[0][0];
    for(i=0;i<=2;i++)
        for(j=0;j<=3;j++)
            if(a[i][j]>max)
            {
                max=a[i][j];                                /* 存储最大值 */
                row=i;                                      /* 存储最大值行号 */
                colum=j;                                    /* 存储最大值列号 */
            }
    printf("\nmax=%d,row=%d,colum=%d\n",max,row,colum);
}
```

程序的运行结果为：

```
max=10,row=2,colum=1
```

找出矩阵所有元素中的最小值的算法请读者自己思考。

【例 6.17】 有 3 个字符串，找出其中最大者。

设一个二维的字符数组 str，大小为 3×20，即 3 行 20 列，每一行可以容纳 20 个字符。将最大值放在一维数组 string 中。

程序代码如下：

视频

例6.17–1

视频

例6.17–2运行

```
#include <stdio.h>
#include <string.h>
void main()
{
    char string[20],str[3][20];
    int i;
    for(i=0;i<3;i++)
        gets(str[i]);                     /* 输入 3 行字符，即 3 个字符串 */
    if(strcmp(str[0],str[1])>0) /* 前两个字符串比较，将较大者放于一维数组 string 中 */
        strcpy(string,str[0]);
    else
        strcpy(string,str[1]);
    if(strcmp(str[2],string)>0) /* 再将较大字符串与第三个字符串比较 */
        strcpy(string,str[2]);
    printf("\nThe largest string is:%s\n",string);
}
```

程序的运行结果为：

输入：

```
China
Japan
Russion
```

输出：

```
The largest string is: Russion
```

思考：

此题不用二维字符数组而用三个一维字符数组是否能够实现？请读者自行完成。

【例 6.18】矩阵填数。生成下列矩阵并输出。

```
1 1 1 1 1 0 0 0 0 0
1 1 1 1 1 0 0 0 0 0
1 1 1 1 1 0 0 0 0 0
1 1 1 1 1 0 0 0 0 0
1 1 1 1 1 0 0 0 0 0
0 0 0 0 0 2 2 2 2 2
0 0 0 0 0 2 2 2 2 2
0 0 0 0 0 2 2 2 2 2
0 0 0 0 0 2 2 2 2 2
0 0 0 0 0 2 2 2 2 2
```

算法分析：观察上面的矩阵，可以分为 4 个部分，左上角元素全为 1，右下角元素全为 2，其余元素均为 0。设 i，j 分别表示数组的行列下标，则左上角元素满足条件 i<5&&j<5；右下角元素满足条件 i>=5&&j>=5。按照这种规律，可以用一个二维数组存储生成的数据，再将其输出。

程序代码如下：

```
#include <stdio.h>
void main()
{
    int a[10][10],i,j;
    for(i=0;i<10;i++)                              /* 生成数组 */
        for(j=0;j<10;j++)
            if(i<5&&j<5)                           /* 矩阵左上角 */
                a[i][j]=1;
            else if(i>=5&&j>=5)                    /* 矩阵右下角 */
                a[i][j]=2;
                else a[i][j]=0;
      for(i=0;i<10;i++)                            /* 输出数组 */
        {
          for(j=0;j<10;j++)
                printf("%3d",a[i][j]);
          printf("\n");
        }
}
```

注意：

数组中的数据为生成的数据，无须输入。

思考：

如何输出下列矩阵？

```
1 1 1 1 1 3 3 3 3 3
1 1 1 1 1 3 3 3 3 3
1 1 1 1 1 3 3 3 3 3
1 1 1 1 1 3 3 3 3 3
1 1 1 1 1 3 3 3 3 3
4 4 4 4 4 2 2 2 2 2
4 4 4 4 4 2 2 2 2 2
4 4 4 4 4 2 2 2 2 2
4 4 4 4 4 2 2 2 2 2
4 4 4 4 4 2 2 2 2 2
```

训练目的与要求：学会数组的灵活运用。下面的几段程序是数组的典型形式，分析程序结构，阅读程序，再上机验证结果，体会数组的使用。

训练题目：

（1）一维数组的使用

```
#include <stdio.h>
void main()
{
  int a[]={1,2,3,4},i,s=0,j=1;
  for(i=3;i>=0;i--)
  {
    s=s+a[i]*j;
    j=j*10;
  }
  printf("s=%d\n",s);
}
```

（2）二维数组的使用

```
#include <stdio.h>
void main()
{
  int i,s;
  static int a[3][3]={1,2,3,4,5,6,7,8,9};
  s=0;
  for(i=0;i<3;i++)
    s=s+a[i][i];
  printf("s=%d\n",s);
}
```

（3）字符数组的使用

```
#include <stdio.h>
void main()
{
  char ch[7]={"65ab21"};
  int i,s=0;
  for(i=0;ch[i]>='0'&&ch[i]<='9';i+=1)  /* 判断是否是数字 */
    s=s+(ch[i]-'0');
  printf("s=%d\n",s);
}
```

（4）字符数组与字符串函数的使用

```
#include "stdio.h"
#include "string.h"
void main()
{
  char  str1[20]={"hello"};
  char  str2[]={"world"};
  printf("%s",strcat(str1,str2));
}
```

案例解析：

程序（1）从一维数组中按逆序取出一个数然后分别乘以 1，10，100，1000（由 j 控制），再累加。生成一个 4 位数。程序的运行结果为：

```
s=1234
```

程序（2）是一个典型的累加程序。累加的值为主对角线上的元素之和。程序的运行结果为：

```
s=15
```

程序（3）依次检测字符数组中的每个字符，如果是数字字符（由条件语句控制）则转换为对应的数（减去 '0' 的 ASCII 码）进行累加，直到非数字字符为止。程序的运行结果为：

```
s=11
```

杨辉与《九章算术》——南宋杰出数学家的故事

程序（4）利用字符数组函数完成将串 2 连到串 1 后面。程序的运行结果为：

```
helloworld
```

小　结

数组是程序设计的重要章节，在实际应用中用得很多。数组的使用很有规律，常常和循环联合使用。一维数组操作通常由一重循环来实现，二维数组操作通常由二重循环来实现。本章重点理解一维数组、二维数组、字符数组的概念及其在内存中的存储表示，掌握数组的下标变化规律，注重典型例题中如排序、求最大值、求最小值、矩阵转置等知识点的理解，在实际应用中灵活使用。

习　题

一、选择题

1. 若有定义 int a[10]，则对数组 a 元素的正确引用形式是（　　）。

   A．a[10]　　B．a[4.5]　　C．a(0)　　D．a[10-10]

2. 以下不能对一维数组 a 进行正确初始化的语句是（　　）。

   A．int a[5]={1,2,3,4,5};　　B．int a[5]={1,2,3};

   C．int a[] = {1,2,3,4,5};　　D．int a[5]={1,2,3,4,5,6};

3. 以下对二维数组 a 的正确说明形式是（　　）。

   A．int a[5][ ];　　B．float a[][3];　　C．long a[5][3];　　D．float a(3)(5);

4. 若有定义 int a[3][4]，则对数组 a 元素的正确引用是（　　）。

   A．a[2][4]　　B．a[1,3]　　C．a[2][3]　　D．a[3][1]

5. 定义一个具有 10 个元素的整型数组，应当使用语句是（　　）。

   A．int a[10];　　B．int a[2, 5];　　C．int a[];　　D．char a[10];

6. 有两个字符数组 str1，str2，则以下正确的输入语句是（　　）。

A．gets(str1,str2);　　B．scanf("%s%s",str1,str2);

C．scanf("%s%s",&str1,&str2);　　D．gets("str1");gets("str2");

7. 下面程序段的输出结果是（　　）。

```
char str1[10]="Chongqing";
char str2[10]="Beijing";
strcpy(str1,str2);
printf("%c",str1[7]);
```

A．i　　B．\0　　C．n　　D．g

8. 下面程序段的输出结果是（　　）。

```
char c[ ]="china\0\t\'\\";
printf("%d",strlen(c));
```

A．5　　B．9　　C．10　　D．13

9. 判断字符串 a 是否大于 b，应当使用（　　）。

A．if (a>b)　　B．if (strcmp(a,b)<0)

C．if (strcmp(b,a)>0)　　D．if (strcmp(a,b)>0)

10. 若有下列说明，则数值为 4 的表达式是（　　）。

```
int a[12]={1,2,3,4,5,6,7,8,9,10,11,12};
char  c ='a',d,g;
```

A．a[g-c]　　B．a[4]　　C．a['d'-'c']　　D．a['d'-c]

11. 设有定义 char s[12]={"string"};，则 printf("%d\n", strlen(s)); 的输出是（　　）。

A．6　　B．7　　C．11　　D．12

12. 下列 C 代码中，正确的是（　　）。

A．char a[3][ ] = {'abc','1'};　　B．char a[ ][3] = {'abc','1'};

C．char a[3][ ] = {'a',"1"};　　D．char a[ ][3] = {"a","1"};

13. 下列 C 代码中，合法的数组定义是（　　）。

A．char a[ ] = {"string"};　　B．int a[5] = {0,1,2,3,4,5};

C．char a = {"string"};　　D．char a[5] = {0, 1, 2, 3, 4, 5};

14. 函数调用 strcat(strcpy(str1, str2), str3) 的功能是（　　）。

A. 将字符串 str1 复制到字符串 str2 中后再连接到字符串 str3 之后

B. 将字符串 str1 连接到字符串 str2 中后再复制到字符串 str3 之后

C. 将字符串 str2 复制到字符串 str1 中后再将字符串 str3 连接到字符串 str1 之后

D. 将字符串 str2 连接到字符串 str1 之后再将字符串 str1 复制到字符串 str3 中

15. 设 char str1[10] = "ABCDE",str2[10] ="xyz"，则执行语句 printf("%d",strlen(strcpy(str1, str2))); 后的输出结果是（　　）。

A．9　　B．8　　C．5　　D．3

二、程序阅读题

1. 假定输入的数据是 1 2 3 4 5 6 7 8 9 10 11 12，则程序的输出结果是 ________。

```
#include <stdio.h>
#define N 6
void main()
{
    int a[N],b['B'-60],c[]={1,2,3,4,5,6},i;
    for(i=0;i<N;i++)
       scanf("%d%d",&a[i],&b[i]);
    for(i=0;i<N;i++)
       printf("%d  ",a[i]);
    printf("\n");
    for(i=0;i<N;i++)
       printf("%d  ",b[i]);
    printf("\n");
    for(i=0;i<N;i++)
       c[i]=a[i]+b[N-i-1];
    for(i=0;i<N;i++)
       printf("%d    ",c[i]);
}
```

2. 下列程序的输出结果 ________。

```
#define N 5
#include "stdio.h"
void main()

{ int a[N]={9,6,5,4,1},i,temp;
  printf("\n original array:\n");
  for(i=0;i<N;i++)
    printf("%4d",a[i]);
 for(i=0;i<N/2;i++)
  {
    temp=a[i];
    a[i]=a[N-i-1];
    a[N-i-1]=temp;
  }
  printf("\n last array:\n");
  for(i=0;i<N;i++)
    printf("%4d",a[i]);
}
```

三、程序填空题

下面的程序完成输入两个字符串，将第二个字符串连接在第一个字符串的后面，构成一个新字符串。要求：不能调用 strcat( ) 函数。

```
#define SIZE  80
#include  "stdio.h"                                          /* 头文件 */
void main()                                                  /* 主函数 */
{
```

```
    int i,j;                                    /* 定义变量 i,j*/
    char str1[SIZE+SIZE],str2[SIZE];
    puts("Please enter 2 string:");
    scanf("%s",str1);                           /* 输入字符串 1*/
    scanf("%s",________);                       /* 输入字符串 2*/
    i=0;
    while(str1[i]!='\0')
       i++;
    j=________;
    while(str2[j]!='\0')
    {
       str1[i]=________;                   /* 将字符串 2 接到字符串 1 的后面 */
       i++;
       j++;
    }
    str1[i]=__________;
    printf("%s\n",str1);                   /* 输出改变后的字符串 */
}
```

程序的运行结果为：

```
Please enter 2 string:
Welcome you< 回车 >
Welcomeyou
```

提示：

本题通过查找字符 '\0'，来计算出每个字符串的长度，通过对数组下标的控制，使字符串 2 赋值到字符串 1 的后面。

四、程序设计题

1. 任意输入 5 个数，要求按升序排序。

2. 编写一个程序计算字符串中值为 x（x 由键盘输入）的字符个数。

3. 求 4 × 5 二维数组的周边元素之和。

4. 评定奥运会某参赛选手的成绩。设某参赛选手的某项目有 8 位评委，要求去掉一个最高分和一个最低分，给出其最后得分。（参考例 6.2 和技能训练 1）

5. 打印出以下的杨辉三角形（要求打印出 10 行）。

```
1
1   1
1   2   1
1   3   3    1
1   4   6    4    1
1   5   10   10   5   1
…
```

提示：

观察杨辉三角形的规律，其中首列元素和主对角线元素为 1，其余元素等于前一行中对应的左前方元素和正上方元素之和，即 a[i][j]=a[i−1][j−1]+a[i−1][j]。将生成的数据用二维数组存储，再输出即可。

6. 输入一个含若干字符的字符串，分别搜索出其中的字母和数字，其余的字符一概忽略。将字母序列和数字序列分别输出。

7. 编写程序，将字符数组 s2 中的全部字符复制到字符数组 s1 中。不用 strcpy( ) 函数。复制时，'\0' 也要复制过去。'\0' 后面的字符不复制。

8. 编写一个程序判定用户输入的正数是否为"回文数"。所谓回文数是指该数正读反读都相同。

提示：

将正数 n 按位对 10 求模，求出每一位数字并按顺序保存在数组中；根据回文数的特点，将分解出的数字序列的左、右两端的数字两两比较，并向中间靠拢；用 i，j 两个变量分别记录两端数字序号，若直到位置重叠（i=j）时各位数字都相等，则为回文数，否则不是。

项目实训　企业员工系统的登录与工资统计

一、项目描述

设计企业员工管理系统程序，要求先以管理员身份登录(自己设定进入密码)。输入密码正确后，录入某企业员工（假定不超过 50 人）的工资。密码限定最多输入三次，三次不成功则退出系统。

将员工工资按照从高到低顺序排序；假定工资超过 5 000 元的，超出部分按 5% 缴税，给出该企业上缴工资税金总数，并统计缴税员工占总员工的比例。

提示：

系统进入密码检测部分参看例 6.15；员工总人数和缴税人数要设定两个"计数器"分别统计。需要定义数组以存放员工工资，在输入的同时进行计数（员工数）；用冒泡排序或选择排序方法对数组进行排序；依次判定每个员工工资是否超过 5 000，若大于 5 000 则对超过部分扣税 5%，并进行税金累加，同时计数器（缴税员工数）加 1；税金总和与两个计数器值的比值即为所求。

二、项目要求

本项目是为了提高利用数组解题的能力而制定的。根据数组概念，培养独立完成用数组编写程序的能力。

根据所学的知识，综合前 5 章的内容，编写程序并调试。

① 要求学会设定密码验证登录程序。

② 学会排序，在不知道具体人数情况下，自己设定循环终止标记，用计数器分别统计员工数和缴税人数。

三、项目评价

项目实训评价表

能力	内容		评价				
	学习目标	评价项目	5	4	3	2	1
职业能力	能掌握数组的定义	能会一维数组的定义					
		能会字符或二维数组的定义					
	能学会字符数组	能掌握字符数组的应用					
		能编写字符串处理程序					
	能应用数组设计程序	理解数组的概念及意义					
		能够正确利用数组解题					
通用能力	阅读能力、设计能力、调试能力、沟通能力、相互合作能力、解决问题能力、自主学习能力、创新能力						
综合评价							

第 7 章

应用函数设计程序实现模块化设计

C 程序由函数组成。前面章节介绍的所有程序都是由一个主函数 main( ) 组成，程序的所有操作都在主函数中完成。事实上，C 程序可以包含一个 main( ) 函数和若干其他函数。main( ) 函数可以调用其他函数，其他函数之间也可以互相调用。

C 语言函数分为系统提供库函数（标准函数）和用户自定义函数。标准的库函数编程者可直接使用（调用），用户自定义函数需要编程者自己编制。本章重点介绍用户自定义函数。

学习目标

- ☑理解函数的概念。
- ☑学会正确的定义、调用函数。
- ☑掌握函数的嵌套与递归方法。
- ☑了解变量作用域与存储类别。
- ☑应用函数设计程序。
- ☑培养团队协作精神和沟通交流能力；体会上下齐心，坚不可摧的道理。

一个和谐的团队中每个人都充分发挥优势，可以极大地提升团队和个人绩效。俗话说得好："三个臭皮匠，赛过一个诸葛亮。"也就是说，没有完美的个人，但有完美的团队。其实，现在企业做一个大型的软件或网站，即使是团队合作，有时都要几个月甚至一年以上时间，更别说一个人去做了。如果只是小程序，那当然是一个人的效率高啦，自己可以看懂自己的代码。可一般公司要写的是好几万行的代码量，有这样那样的需要测试解决的问题。所以，做项目团队合作很重要。面对一个项目团队之间要分工合作，团结协作；面对困难分而治之，逐个击破。

本章介绍的函数就是这个道理，每个函数段完成一个特定的功能，函数之间的"沟通与合作"是通过参数传递和函数调用实现的，若干函数段组合起来就是一个完整的项目。类似于一个团队，项目一旦确定，如果每个成员都遵循规范，完成各自的任务，既有分工又有协同合作，目标一致，这样必然会大幅度提高开发效率，降低成本，尽早完成目标。所以说，需要加强团队协作精神和沟通交流能力的培养。

7.1 函数的引入

有些共性的问题可以总结为一类问题，形成一个通用模块，使用时给出参数即可。比如前面章节提到的“天天向上的力量”问题：

问题 1：一年 365 天，假定能力值的基数记为 1，当好好学习一天时，能力值相比前一天提高 1‰；当没有学习时，能力值相比前一天下降 1‰。每天努力和每天放任，一年下来的能力值相差多少呢？

问题 2：请继续分析，一年 365 天，如果好好学习时能力值比前一天提高 5‰，当放任时相比前一天下降 5‰，效果相差多少呢？

问题 3：一年 365 天，如果好好学习时能力值相比前一天提高 1%，当放任时相比前一天下降 1%，效果相差多少呢？

三个问题都需要算能力值，就可以单独编一段程序专门计算这类问题，形成通用程序块 Studyup(int x)，使用时分别传给参数 x 值为 0.001，0.005，0.1，即分别代表上升、下降幅度值为 1‰，5‰，1%，这样可以大大提高编程效率和适用性。

```
#include"math.h"
void  Studyup(int x)            //天天向上的力量函数，参数 x 为上升及下降的幅度
{   float valueUp,valueDown;    //定义两个上升、下降的能力值
    valueUp=pow(1+x,365);       //一年 365 天的能力上升值，pow()是求幂次的标准函数
    valueDown=pow(1-x,365);     //一年 365 天的能力下降值
    Printf("valueUp=%.2f,valueDown=%.2f", valueUp,valueDown);
}
```

C 程序由函数组成，函数是 C 语言程序的基本单位。就像小时候“搭积木”一样，每个函数就像一块积木，把它们组合起来就是一个程序。前面学到的是只有一个模块（main( ) 函数）的程序。程序可以由多个模块（函数）组成。在每个程序中，主函数 main( ) 是必需的，所有程序的执行都从 main( ) 函数开始。通常 main( ) 函数调用其他函数，但不能被其他函数调用。如果不考虑函数的功能和逻辑，其他函数没有主从关系，可以相互调用。所有函数都可以调用库函数。程序的总体功能通过函数的调用来实现。C 语言程序的结构如图 7-1 所示。

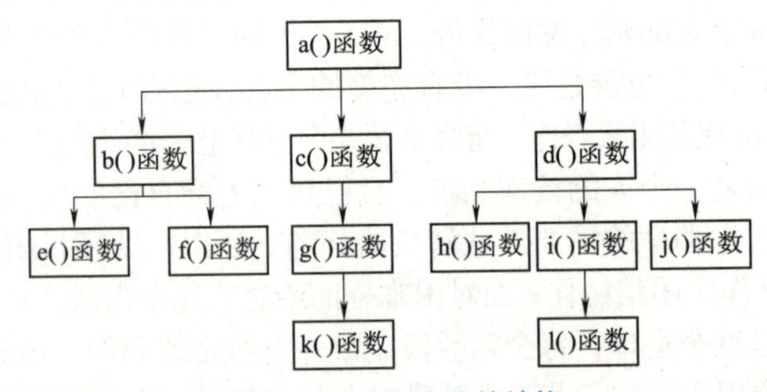

图 7-1　C 语言程序的结构

读者也许会提出问题：只用一个 main( ) 函数就可以编程，为什么要将程序分解成若干函数，还要掌握这么多概念，有必要吗？事实上，对于小程序可以只用一个 main( ) 函数，但是对于一个

有一定规模的程序这样做就不合适了。原因如下：

一般应用程序都具有较大的规模。使用函数可以将程序划分为若干功能相对独立的模块，这些模块还可以再划分为更小的模块（函数）。各个相对独立的模块（函数）可以由多人完成，每个人按照模块（函数）的功能、接口的要求编制代码、调试，确保每个模块（函数）的正确性。最后将所有模块（函数）合并，统一调试、运行。因为各个模块功能相对独立，步骤有限，所以流程容易控制，程序容易编制、修改。因此，使用函数编程，程序的开发可以由多人分工协作，从而加速开发的进程。

另外，使用函数可以用已有的、调试好的、成熟的程序模块，易于扩充和维护。

7.2 函数的定义与调用

前面用到的 printf( ) 函数、scanf( ) 函数是系统提供的库函数，称为标准函数。C 语言函数库非常丰富，ANSIC（标准 C）提供了 100 多个库函数。用户可以直接调用这些函数，写上函数名称给出相应的参数就可以使用（常见的 C 语言标准库函数请参看附录 F）。

有些函数系统没有提供给用户，如求 n! 或求 n 个数的和，如果在程序中需要多次反复使用，这就要求用户根据需要自己编写、设计函数，我们将这样的函数称为用户自定义函数。

事实上，前面我们已经学会了定义函数，只是所定义的是 main( ) 函数，其他函数的定义与其相似，请看例 7.1。

【例 7.1】定义一个求任意两个整数中最大值的函数，由 main( ) 函数调用。

程序代码如下：

```
/* 定义函数名为 max 的函数 */
#include "stdio.h"
int  max(int x,int y )         /* 函数头部，说明函数返回值为整型，有两个参数 x，y*/
{
   int z;                      /* 以下为函数体，z 为函数体中的局部变量 */
   z=x>y?x:y;                  /* 将 x，y 中的极值存于变量 z 中 */
   return(z);                  /* 函数返回 z 的值，即所求的最大值 */
}
void main()                    /* 主函数 */
{
   int a,b,c;
   scanf("%d,%d",&a,&b);       /* 从键盘任意输入两个数 */
   c=max(a,b);                 /* 调用函数 max() 得到两个数的最大值 */
   printf("Max is %d",c);      /* 输出最大值 */
}
```

视频

例7.1

程序的运行结果为：

输入：

```
3,5<回车>
```

输出：

```
Max is 5
```

这个程序中有两个函数，main( ) 函数和 max( ) 函数。max( ) 就是一个自定义函数，完成求任意两个数的最大值的功能。前者称为主调函数，后者称为被调函数。

举一反三：

在例 7.1 的基础上，如何编写函数求三个数中的最大值？

相关知识 1

main( ) 函数（主函数）是每个程序执行的起始点。一个 C 程序总是从 main( ) 函数开始执行，而不论 main( ) 函数在程序中的位置。既可以将 main( ) 函数放在整个程序的最前面，也可以将其放在整个程序的最后，或者放在其他函数之间，最终程序从 main( ) 函数结束。

7.2.1 函数定义的一般形式

函数定义的一般形式如下：

```
[ 函数类型 ] 函数名 ([ 函数参数类型 1 函数参数名 1],…,[ 函数参数类型 n, 函数参数名 n])
{
    [ 声明部分 ]
    [ 执行部分 ]
}
```

（图中标注：函数头；函数体）

注意：

函数必须先定义，后调用。

可以简单地表示为：

```
函数类型  函数名 ( 形式参数表列 )                /* 有参数的函数定义 */
{
  函数体
}
```

或

```
函数类型  函数名 ( )                             /* 无参数的函数定义 */
{
  函数体
}
```

说明

一个函数（定义）由函数头（函数首部）和函数体两部分组成。

1. 函数头（函数首部）

函数头说明了函数类型、函数名称及参数。

① 函数类型：函数返回值的数据类型，可以是基本数据类型，也可以是构造类型。如果省略，

则默认为 int；如果不返回值，则定义为 void 类型（空类型）。

② 函数名：给函数取的名字，以后通过这个名字调用函数。函数名由用户命名，命名规则同标识符。

③ 参数表列：函数名后面是参数表列。无参函数没有参数传递，但“( )”不能省略，这是格式的规定。在参数表列中说明参数的类型和参数的名称，各个参数用“,”分隔。

2. 函数体

函数体是指函数头下面用一对“{ }”括起来的部分。如果函数体内有多对“{ }”，那么最外层是函数体的范围。

函数体一般包括声明部分和执行部分。

① 声明部分：在这部分定义本函数所使用的变量和进行有关声明（如函数声明）。

② 执行部分：程序段，由若干条语句组成命令序列（可以在其中调用其他函数）。

例 7.1 中的函数就是一个典型的有参数函数的定义，许多函数定义方法是类似的。再看下面的函数定义的例子：

```
float sum(float x,float y)              /* 定义函数，名为 sum，设定两个参数 x，y*/
{                                       /* 以下为函数体 */
    float  z;                           /* z 为函数体中的局部变量 */
    z=x+y;                              /* 将 x，y 的和存于变量 z 中 */
    return(z);                          /* 函数返回 z 的值 */
}
```

这里编写了一个求和函数 sum( )，其作用是求数 x 与数 y 的和。

注意：

下面是初学者应该注意的：

① 形参要分别定义。例如，float sum(float x,float y)，不能错误地写为 float sum(float x,y)。另外，参数之间的分隔符是“,”，不能写成“;”。

② 形参定义后不要对其赋值，主调函数会赋给它们值。例如，把 float sum(float x, float y) 写成 float sum (float x=1.5, float y=2.5) 是不正确的。

③ 函数定义的开头第一行，不能加“;”。

7.2.2　函数的参数和返回值

1. 形式参数与实际参数

（1）形式参数（简称形参）

形式参数是函数定义时设定的参数。

在例 7.1 中，函数头 int max(int x,int y) 中 x，y 就是形参，它们的类型都是整型。

（2）实际参数（简称实参）

实际参数是调用函数时所使用的实际的参数。

在例 7.1 中，主函数中调用函数的语句为 c=max(a,b);，其中 a，b 就是实参，它们的类型都是整型。

注意：

① 形参在函数未调用时，并不占内存中的存储单元。只有在发生函数调用时，函数中的形参才被分配内存单元。在调用结束后，形参所占的内存单元被释放。

② 实参可以是常量、变量或表达式，如 c = max(3,a+b);，但要求它们有确定的值。

③ 在定义被调用函数时，必须指定形参的类型。要求实参与形参的类型应一致。

（3）参数的传递

在调用函数时，主调函数和被调函数之间有数据的传递——实参传递给形参。

例 7.1 中，主函数调用 max( ) 函数时，将实际参数 a，b 的值分别传递给形式参数 x，y，函数 max( ) 运行完毕后，通过 return 语句返回 z 的值至主函数的调用点，送给变量 c，完成函数调用。

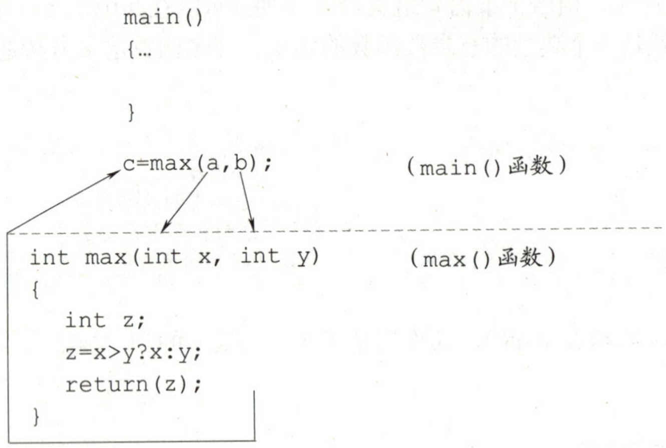

```
main()
{…

}

c=max(a,b);                (main()函数)
---------------------------------------------
int max(int x, int y)      (max()函数)
{
   int z;
   z=x>y?x:y;
   return(z);
}
```

相关知识 2

（1）参数具体的传递方式

① 值传递方式（传值）：将实参单向传递给形参。

② 地址传递方式（传址）：将实参地址单向传递给形参。

说明

单向传递，不管传值还是传址，C 语言都是单向传递数据的，一定是实参传递给形参，反过来不行。也就是说，C 语言中函数参数传递的两种方式本质相同——“单向传递”。

（2）传值与传址的区别

① 传值、传址只是传递的数据类型不同（传值是传递一般的数值，传址传递的是地址）。传址实际是传值方式的一个特例，本质还是传值，只是此时传递的是一个地址数据值。

② 系统分配给实参、形参的内存单元是不同的。对于传值，即使函数中修改了形参的值，也不会影响实参的值；对于传址，即使函数中修改了形参的值，也不会影响实参的值。但是，传址与传值一样不能通过参数返回数据，但因为传递的是地址，那么就可能通过实参参数所指向的空间间接返回数值。

注意：

对于传址不会影响实参的值，不等于不影响实参指向的数据。

③ 两种参数传递方式中，实参可以是变量、常量、表达式；形参一般是变量，要求两者类型相同或赋值兼容。

2. 函数的返回值

C 语言可以从函数（被调用函数）返回值给调用函数（这与数学函数相似）。在函数内是通过 return 语句返回值的。使用 return 语句能够返回一个确定的值。

（1）return 语句的格式

return 语句的格式如下：

```
return  （表达式）;
return  表达式；
return;
```

一般情况下，return 语句有如下的用途：

① 用于结束函数的执行并返回到调用函数。

② 用来向调用者传递一个返回值。该语句对非 void( ) 函数适用。

（2）函数值的类型

```
int  max(int x,int y){…}                   /* 函数返回值为整型 */
char letter(char c1,char c2){…}            /* 函数返回值为字符型 */
double  min(double x,double y){…}          /* 函数返回值为双精度型 */
```

说明

① 函数的类型就是返回值的类型，return 语句中表达式的类型应该与函数类型一致。如果不一致，则以函数类型为准（赋值转化）。

② 函数类型省略，C 语言默认函数返回值为 int 型。

③ 如果被调函数中没有 return 语句，则函数带回一个不确定值。为了明确表示“不带回值”，可以用 void 定义“无类型”（或称“空类型”）。例如：

```
void  printstar()
{ printf("**********\n"); }
```

7.2.3　函数调用的一般方法

函数从定义形式上分为有参函数和无参函数，在上面的例 7.1 中定义的 max( ) 函数是带有参数的。有时函数只负责输出或完成某一功能，不需要带参数，称为无参函数。

【例 7.2】无参函数的定义与调用。

程序代码如下：

```
#include "stdio.h"
void printstar()                             /*定义函数，名为printstar*/
{  printf("**********\n");  }
void printd()                                /*定义函数，名为printd*/
```

```
{   printf("$$$$$$$$$$\n");   }

void main()
{
   printstar();                                            /* 调用函数 */
   printd();
   printstar();
}
```

程序的运行结果为：

```
**********
$$$$$$$$$$
**********
```

注意：

例 7.1 是有参函数的定义和调用，读者可以对照学习。

相关知识 3

函数调用的一般形式如下：

```
函数名 ([ 实参表列 ])[;]
```

说明

无参函数调用没有参数，但是“( )”不能省略，有参函数若包含多个参数，各参数用“,”分隔，实参个数与形参个数相同，类型一致或赋值兼容。

函数调用的三种形式：

① 以单独语句形式调用（注意后面要加一个分号，构成语句）。以语句形式调用的函数可以有返回值，也可以没有返回值。例如：

```
printf("n=%d",n);
puts(s);
```

② 在表达式中调用。在表达式中的函数调用必须有返回值。例如：

```
if(strcmp(s1,s2)>0)…                          /* 在关系表达式中调用函数 strcmp()*/
max=max(a,b);                                 /* 在赋值表达式中调用函数 max()*/
```

③ 作为函数的参数调用。例如：

```
printf("%d",max(x,y));
```

这里的函数调用 max(x,y) 在函数调用表达式 printf( ) 中，函数调用 max(x,y) 的返回值作为 printf( ) 的参数。

注意：

① 函数是相对独立的，但不是孤立的，它们通过调用时的参数传递、函数的返回值及全局变量（后面介绍）来相互联系。

② 函数调用时实参表列中，各实参与形参在个数、顺序、类型上一一对应，参数之间用逗号分隔。

③ 函数不能单独运行，函数可以被主函数或其他函数调用，也可以调用其他函数，但是不能调用主函数。

7.2.4 函数的声明

函数在调用一个函数之前一般应该对被调用函数进行声明。例如：

```
char letter(char,char);                 /* 可以在所有函数的上方声明 */
void main()
{
    float add(float,float);             /* 函数声明，被调函数写在了主调函数的下方 */
    float a,b,c;
    …
}

float add(float x,float y)              /* 定义 add() 函数 */
{…}

char letter(char c1,char c2)            /* 定义 letter() 函数 */
{…}
```

相关知识 4

1. 函数声明的格式

函数声明的格式如下：

```
函数类型 函数名 ([ 参数类型 ][,…,[ 参数类型 ]]);
```

说明

函数声明时，必须说明参数的类型和个数，可以不指明参数名称。

2. 函数定义的位置与函数声明的关系

① 函数定义位置在被调用函数前，不必声明，编译程序会产生正确的调用格式。

② 函数定义在调用它的函数之后或者函数在其他源程序模块中，且函数类型不是整型时，为了使编译程序产生正确的调用格式，可以在函数使用前对函数进行声明，这样不管函数在什么位置，编译程序都能产生正确的调用格式。

能力拓展 ——天天向上的力量

编写完整程序，验证下表中一年 365 天的“天天向上的力量”的能力值。

努力方式		天天向上的力量	
每天努力	每天放任	向上	向下
1‰	1‰	1.44	0.69
5‰	5‰	6.17	0.16
1%	1%	37.78	0.03
工作日每天努力 1%，周末放任 1%		向上 5 天、向下 2 天的力量 4.63	

进一步思考：

如果工作日努力，休息日放松，工作日每天努力多少才能达到一年 365 天不放松的效果？

7.3 函数的嵌套调用和递归调用

7.3.1 函数的嵌套调用

一个函数在使用过程中调用另外一个函数，而被调用的函数又调用其他函数，这种情况称为函数的嵌套调用。

例如，函数 a( ) 调用函数 b( )，函数 b( ) 又调用函数 c( )。

下面的例子中 main( ) 函数调用函数 f2( )，而函数 f2( ) 又调用函数 f1( )，如图 7-2 所示。

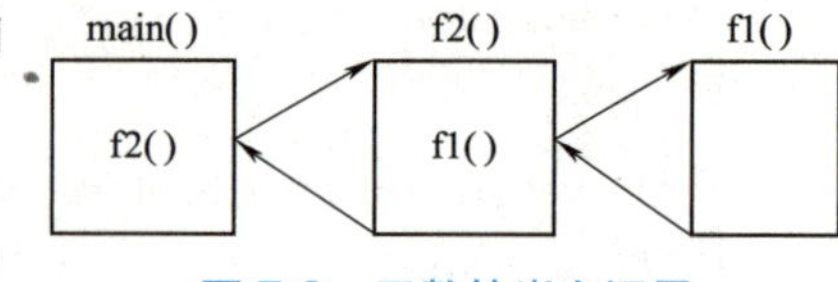

图 7-2 函数的嵌套调用

```
int f1()                                   /*定义函数 f1()*/
{
    …
}
int f2()                                   /*定义函数 f2()*/
{
    …
    f1();                                  /*函数 f2() 中调用函数 f1()*/
}
main()                                     /*主函数中调用函数 f2()*/
{
    …
    f2();
}
```

视频

例7.3

【例 7.3】分析下面的程序，体会程序的执行过程。

程序代码如下：

```
void beijing();                            /*对 beijing() 函数说明*/
void shanghai();                           /*对 shanghai() 函数说明*/
#include <stdio.h>
void main()                                /*主函数*/
{
```

```
    printf("I'm in main.\n");
    beijing();                                    /* 调用 beijing() 函数 */
    printf("I'm finally back in main.\n");
}
void beijing()                                    /* beijing() 函数 */
{
    printf("I'm in beijing.\n");
    shanghai();                                   /* 调用 shanghai() 函数 */
    printf("Here I'm back in beijing.\n");
}
void shanghai()                                   /* shanghai() 函数 */
{
    printf("Now I'm in shanghai.\n");
}
```

程序的运行结果为：

```
I'm in main.
I'm in beijing.
Now I'm in shanghai.
Here I'm back in beijing.
I'm finally back in main.
```

说明

这是无参函数嵌套调用的题目，注意函数的起始、结束及返回。当想输出一段话或一个图案时，一定要理清思路，注意调用的顺序。

提示：

初学者常忘记在 main( ) 函数之前说明函数（上节调用的两种情况不用说明），如忘记写 void beijing( );，void shanghai ( );，void tianjin( );。

注意：

① 函数之间没有从属关系，一个函数可以被其他函数调用，同时该函数也可以调用其他函数。

② 在 C 语言中函数可以嵌套调用，但不可以嵌套定义。

7.3.2　函数的递归调用

递归调用是嵌套调用的特例。

【例 7.4】用递归法求 $n!$。

算法分析：$n!=n\times(n-1)\times(n-2)\times\cdots\times1=n(n-1)!$，递归公式为

$$n!=\begin{cases}1 & (n=0,1)\\ n\times(n-1)! & (n\neq0,1)\end{cases}$$

上面公式分解为 $n!=n(n-1)!$，即将求 $n!$ 的问题变为求 $(n-1)!$ 问题，$(n-1)!=(n-1)(n-2)!$，即将求 $(n-1)!$ 的问题变为求 $(n-2)!$ 问题，再将求 $(n-2)!$ 的问题变为求 $(n-3)!$ 问题，依此类推，直到最

后成为求 0！。这是递推过程。

反过来求 0！=1，1！，2！，3！，…，n!，为“回归过程”。

程序代码如下：

```
#include "stdio.h"
float fac(int n)                                /* 计算 n!*/
{
   float f;
   if(n<0)   printf ("n<0,data error\n");
   else if(n==0||n==1) f=1;                     /* 递归出口 */
      else f=fac(n-1)*n;                        /* 递归调用 */
   return (f);
}
void main()
{
   int n;
   float y;
   scanf("%d",&n);                              /* 输入任意一个数 n，准备求其阶乘 */
   y=fac(n);                                    /* 函数调用，求 n 的阶乘值，返回给 y*/
   printf("%d!=%f",n,y);                        /* 输出 n 及其阶乘值 */
}
```

程序的运行结果为：

输入：

```
5<回车>
```

输出：

```
5!=120.000000
```

上述程序的执行如图 7-3 所示。

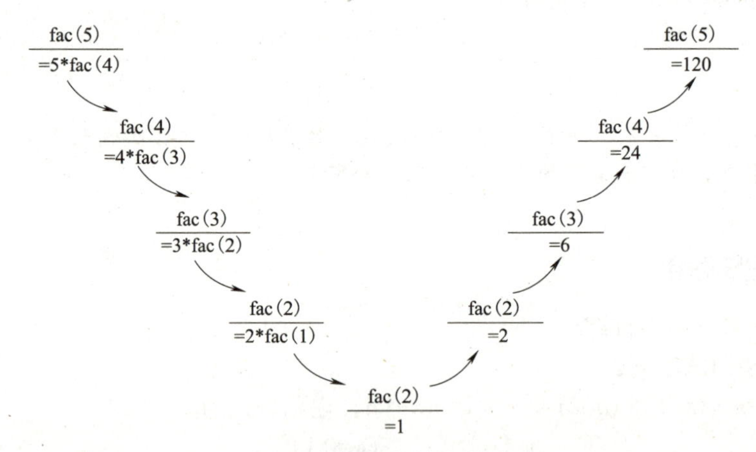

图 7-3　递归程序的执行过程

从图 7-3 可以看出：fac( ) 函数共被调用 5 次。即 fac(5)，fac(4)，fac(3)，fac(2)，fac(1)。其中，fac(5) 是 main( ) 函数调用的，其余 4 次是在 fac( ) 函数中调用的，即递归调用 4 次。调用是逐层分解，直到 fac(1) 才得到确定的值，然后再递推出 fac(2)，fac(3)，fac(4)，fac(5)。

上面的程序是在计算机内部使用了一个称之为“栈”的结构（栈具有“后进先出”的功能）实现的，初学者把函数调用的顺序搞清楚即可，无须计算机关心内部的实现。

相关知识 5

1. 函数的递归调用的定义

函数在调用另一个函数的过程中直接或间接地调用该函数自身，直接调用称为直接递归调用，间接调用称为间接递归调用。

例如：

```
…f1()->f1()…
```

函数 f1( ) 在运行过程中调用它本身，这种方式的函数调用就是直接递归调用。

又如：

```
…->f1()->f2()->f1()…
```

函数 f1( ) 在运行过程中调用函数 f2( )，函数 f2( ) 在运行过程中又调用 f1( )，这种方式的函数调用就是间接递归调用。

2. 使用递归调用解决问题的方法（有限递归）

使用递归调用解决问题的方法如下：

① 原有的问题能够分解为一个新问题，而新问题又用到了原有的解法，这就出现了递归。

② 按照这个原则分解下去，每次出现的新问题都是原有问题的简化的子问题。

③ 最终分解出来的新问题是一个已知解的问题。

3. 递归调用过程

递归调用过程分为两个阶段：

① 递推阶段：将原问题不断地分解为新的子问题，逐渐从未知的向已知的方向推测，最终达到已知的条件，即递归结束条件，这时递推阶段结束。

② 回归阶段：从已知条件出发，按照“递推”的逆过程，逐一求值回归，最终到达“递推”的开始处，结束回归阶段，完成递归调用。

有些计算机病毒就是通过这种递归、自我复制的原理进行破坏的。比如常见的蠕虫病毒，是无须计算机使用者干预即可运行的独立程序，它通过不停地获得网络中存在漏洞的计算机上的部分或全部控制权来进行传播，并且能够自我复制的一组计算机指令或者程序代码，不断侵占破坏计算机资源，最终导致计算机无法使用，危害极大，我们必须加强防范。

我们学习软件设计是为了更好地服务社会。近年来，我国对于信息安全越来越重视，为了打击计算机犯罪，相继出台了一些法律法规。

《中华人民共和国刑法》中做出了以下规定：

第二百八十五条　【非法侵入计算机信息系统罪】违反国家规定，侵入国家事务、国防建设、尖端科学技术领域的计算机信息系统的，处三年以下有期徒刑或者拘役。

【非法获取计算机信息系统数据、非法控制计算机系统罪】违反国家规定，侵入前款规定以外的计算机信息系统或者采用其他技术手段，获取该计算机信息系统中存储、处理或者传输的数据，或者对该计算机信息系统实施非法控制，情节严重的，处三年以下有期徒刑或者拘役，并处或者单处罚金；情节特别严重的，处三年以上七年以下有期徒刑，并处罚金。

【提供侵入、非法控制计算机系统程序、工具罪】提供专门用于侵入、非法控制计算机信息系统的程序、工具，或者明知他人实施侵入、非法控制计算机信息系统的违法犯罪行为而为其提供程序、工具，情节严重的，依照前款的规定处罚。

单位犯前三款罪的，对单位判处罚金，并对其直接负责的主管人员和其他直接责任人员，依照各该款的规定处罚。

第二百八十六条 【破坏计算机信息系统罪】违反国家规定，对计算机信息系统功能进行删除、修改、增加、干扰，造成计算机信息系统不能正常运行，后果严重的，处五年以下有期徒刑或者拘役；后果特别严重的，处五年以上有期徒刑。

违反国家规定，对计算机信息系统中存储、处理或者传输的数据和应用程序进行删除、修改、增加的操作，后果严重的，依照前款的规定处罚。

故意制作、传播计算机病毒等破坏性程序，影响计算机系统正常运行，后果严重的，依照第一款的规定处罚。

单位犯前三款罪的，对单位判处罚金，并对其直接负责的主管人员和其他直接责任人员，依照第一款的规定处罚。

第二百八十七条 【利用计算机实施犯罪的提示性规定】利用计算机实施金融诈骗、盗窃、贪污、挪用公款、窃取国家秘密或者其他犯罪的，依照本法有关规定定罪处罚。

第二百八十七条之二 【帮助信息网络犯罪活动罪】明知他人利用信息网络实施犯罪，为其犯罪提供互联网接入、服务器托管、网络存储、通讯传输等技术支持，或者提供广告推广、支付结算等帮助，情节严重的，处三年以下有期徒刑或者拘役，并处或者单处罚金。

单位犯前款罪的，对单位判处罚金，并对其直接负责的主管人员和其他直接责任人员，依照第一款的规定处罚。

有前两款行为，同时构成其他犯罪的，依照处罚较重的规定定罪处罚。

大家要有意识地学习这些法律，树立安全意识，做到以下方面：

① 要遵纪守法，不滥用所学技术。

② 选购合适的杀毒软件，经常升级病毒库。杀毒软件对病毒的查杀是以病毒的特征码为依据的，而病毒层出不穷，尤其是在网络时代，病毒的传播速度快、变种多，所以必须随时更新病毒库，以便能够查杀最新的病毒。

③ 提高防杀毒意识。不要轻易去点击陌生的站点，有可能里面就含有恶意代码！当运行 IE 时，可以单击“工具→ Internet 选项→安全→ Internet 区域的安全级别”，把安全级别由“中”改为“高”。

④ 不随意查看陌生邮件，尤其是带有附件的邮件，不下载和使用来历不明的软件。

⑤ 及时升级和更新操作系统以及软件的版本，保证计算机使用安全。

7.4 函数应用实例

本节通过几个典型实例说明函数的定义和调用方法，例题的难度由易到难，读者要认真体会每道例题的特点和方法，可根据自己的水平有选择地学习。

7.4.1 利用函数完成特定功能求值

【例 7.5】调用函数，求函数值。

程序代码如下：

```
#include "stdio.h"
int y(float x)               /* 定义函数，名称为 y，有一个参数 x，函数返回值类型为整型 */
{
   int z;
   if(x>0)  z=1;
   else if(x<0) z=-1;
   else z=0;
   return(z);
}
void main()
{
   float a;
   scanf("%f",&a);
   printf("%d",y(a));   /* 调用函数求值，被调函数作为 printf() 函数的参数 */
}
```

程序的运行结果为：

输入：

```
6<回车>
```

输出：

```
1
```

说明

当程序执行时，先从 main( ) 函数开始（尽管被调函数 y( ) 写在 main( ) 函数前面），输入数据 6，调用函数 printf( )；它又调用函数 y(a)，则转到 y( ) 函数，将 a=6 的值传给形参 x，执行 y( ) 的函数体；满足 x>0，得到 z 的值为 1，执行 return(z)；返回到调用点，并将 z=1 的值带回主程序，所以 printf 语句执行结果为 1。

7.4.2 利用函数求阶乘的和

【例 7.6】定义函数求任意数自然数 n 的阶乘，并求 5!+16!+27!。

算法分析：三次求阶乘，考虑将阶乘的计算作为函数，由主程序三次调用得到函数值求和。

程序代码如下：

```
#include "stdio.h"
void main()
{
   float jiec(int);                              /* 被调函数说明 */
   float a,b,c;
   a=jiec(5);
   b=jiec(16);
   c=jiec(27);
```

视 频

例7.6

```
    printf("5!+16!+27!=%e \n",a+b+c);
}
float jiec(int n)                       /* 函数定义，求 n 的阶乘 */
{
    float  y=1;
    int  i;
    for(i=1;i<=n;i++)
      y=y*i;
    return(y);
}
```

程序的运行结果为：

```
5!+16!+27!=1.08887e+28
```

说明

该例题中，被调函数 jiec( ) 写在调用函数 main( ) 的后面，所以在 main( ) 函数中需要预先声明：float jiec(int);。主程序中三次调用求阶乘函数，也就是说求阶乘的函数执行了三次，但每次传递的参数值不同。第一次调用，传递的参数值是 5，求 5!，返回给变量 a；第二次调用，传递的参数值是 16，求 16!，将结果返回给变量 b；第三次调用，传递的参数值是 27，求 27!，将结果返回给变量 c。

举一反三：

① 在此例中，主函数可以直接写为 printf("%f\n",jiec(5)+jiec(16)+jiec(27));，直接调用函数并输出。

② 假定 m，n 均为正整数，且 m > n，求 s =m!/(n! × (m−n)!)。

提示：从键盘输入 m，n 的值，仍需三次调用函数 jiec( )，参数传递依次为 m、n 和 m−n。

【例 7.7】定义求和的通用函数模块。求 s=[(1+2+3+…+10)/(1+2+3+…100)] × (1+2+3+…+50)。

程序代码如下：

```
#include "stdio.h"
void main()
{
    float sum(int n),s;                  /* 被调函数说明 */
    s=sum(10)/sum(100)*sum(50);
    printf("s=%f \n",s);
}

float sum(int n)                         /* 求和通用函数 */
{
    float  y=0;
    int  i;
    for(i=1;i<=n;i++)
      y=y+i;
    return(y);
}
```

程序的运行结果为：

```
s=13.886139
```

7.4.3　数组作为函数参数

前面介绍的函数参数都是简单变量，数组元素作为函数参数，和简单变量相同，一个参数每次只能传递一个值。但涉及大量数据时怎么办呢？需要用数组作为函数参数。下面还是从实例入手。

【例 7.8】数组 score 存放 10 个学生成绩，求其平均成绩，要求编写一函数实现求数组中数的平均值。

算法分析：这类题目应用前面学过的知识都已经会了，但用函数怎么做呢？

程序代码如下：

```
#include "stdio.h"
float average(float array[10])          /* 函数定义，求数组的平均值 */
{
    int i;
    float aver,sum=array[0];            /* 可以把数组的第一个数作为累加初值 */
    for(i=1;i<10;i++)
        sum=sum+array[i];               /* 累加成绩 */
    aver=sum/10;                        /* 求平均成绩 */
    return(aver);                       /* 返回平均成绩 */
}
void main()
{
    float score[10],aver;
    int i;
    for(i=0;i<10;i++)                   /* 输入 10 名学生的成绩到数组 score 中 */
      scanf("%f",&score[i]);
    aver=average(score);                /* 函数调用，传递数组名 */
    printf("average score is %5.2f",aver);
}
```

视频

例7.8

程序的运行结果为：

```
50 60 70 80 90 100 90 80 70 60<回车>
average score is 75.00
```

说明

在这个例子中，数组名作函数参数，此时是地址传送。传递的是数组的首地址（数组名代表数组的首地址），形参和实参实际上是占用一段内存单元。

自定义函数 average( ) 独立完成求任意数组中 10 个数的累加和，返回一个平均值。

举一反三：

如何编写函数求十个数的最大值（最小值）？

【例 7.9】多维数组作为函数参数：求 3×3 矩阵转置。

分析：多维数组做函数参数和一维数组一样，可以将数组名作为函数参数传递。

程序代码如下：

```
#include "stdio.h"
void turn(int array[][3])                        /* 二维数组转置 */
```

```
{
   int i,j,k;
   for(i=0;i<3;i++)                     /* 以对角线为轴完成二维数组转置 */
      for(j=0;j<i;j++)
      {
         k=array[i][j];                 /* 对称元素互换位置 */
         array[i][j]=array[j][i];
         array[j][i]=k;
      }
}
void main()
{
   static int a[3][3]={{1,3,5},{2,4,6},{15,17,34}}; /* 定义二维数组级初始化 */
   int i,j;
   turn(a);                             /* 调用函数，完成二维数组转置 */
   /* 输出转置后的二维数组 */
   for(i=0;i<3;i++)
   {
     for(j=0;j<3;j++)
        printf ("%5d",a[i][j]);
     printf ("\n");
   }
}
```

程序的运行结果为：

```
1    2    15
3    4    17
5    6    34
```

说明

① 数组名作为函数参数，应在主调函数和被调函数中分别定义数组。

② 实参数组与形参数组类型应一致。

③ 实参数组与形参数组大小可以一致，也可以不一致，形参数组可以不指定大小。

多维数组作为函数参数和一维数组一样，传递数组名称即可。

思考：

①将上面例题里函数 turn( ) 中的内循环改为 for(j=0;j<3;j++) 是否能实现数组转置？思考一下为什么？

②如何调用函数实现数组排序？

能力拓展 1——利用函数解决 Hanoi（汉诺塔）问题

【例 7.10】求解 Hanoi（汉诺塔）问题。

这是一个古典的数学问题：古代有一个塔，有三个柱子 A，B，C，开始时 A 柱上有 64 个盘子，从下往上、从大到小排列，即大小不等，大盘在下，小盘在上。现在想把这 64 个盘子从 A 柱子移到 C 柱子，但每次只允许移动一个盘子，且在移动过程中始终是大盘在下，小盘在上。移动过程中可以利用 B 柱子，要求编程打印出移动的步骤。图 7-4 所示为移动三个盘子的示意图。

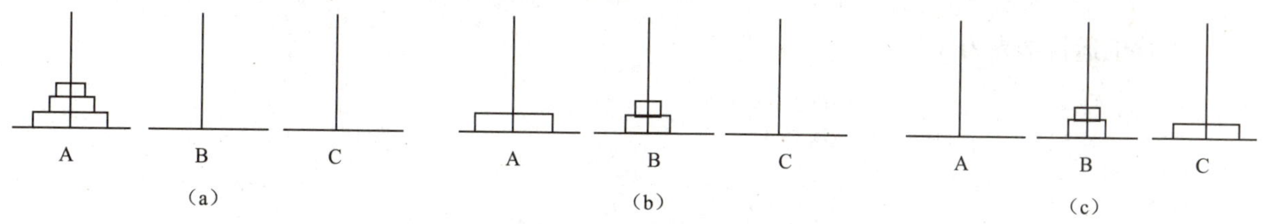

图 7-4　汉诺塔问题移动三个盘子的示意图

算法分析：由题意可知，这是一道典型的用递归解决的问题。要移动 N 个盘子，必须先移动上面的 N−1 个盘子，这样将移动 N 个盘子的问题，变成了移动 N−1 个盘子的问题，这就是递归的妙用。具体操作如下：

① 先把 N−1 个盘子从第一个柱子挪到第二个柱子，将第三个柱子作为临时存放点。

② 把位于底部的那个大盘子（最大的那个）从第一个柱子挪到第三个柱子。

③ 把 N−1 个盘子从第二个柱子挪到第三个柱子，将第一个柱子作为临时存放点。

重复上述过程，直到整个过程将在执行最后一个任务即移动 N = 1 个盘子（移动最后一个碟子）时算法结束。

编写一个函数来解决汉诺塔问题，利用带有 4 个参数的递归函数 hanoi(n,one,two,three)。其中，n 表示准备移动圆盘的数量；one 表示最初存放这些圆盘的柱子；two 表示作为临时存放点的柱子；three 表示最后存放这些圆盘的柱子。函数 move(getone,putone) 负责打印出这些盘子从原柱子到目标柱子的简要步骤。

程序代码如下：

视 频

例7.10

```
#include <stdio.h>
/* 输出移动盘子的步骤函数 */
void move(char getone,char putone)
{
   printf("%c--->%c\n",getone,putone);
}
/* 移动圆盘的函数 */
void hanoi(int n,char one,char two,char three)
/*n 表示圆盘个数 ;one 代表起始柱子 ;two 作为临时柱子 ;three 代表目标柱子 */
{ if(n==1)   move(one,three);
   else
   { /* 将 n-1 个盘子从第一根柱子上移至第二根柱子上，暂时将第三根柱子作为辅助柱子 */
     hanoi(n-1,one,three,two);
     move(one,three);
     /* 再将剩下的 n-1 个盘子从第二根柱子上移至第三根柱子上，此时将第一根柱子作为辅助柱子 */
     hanoi(n-1,two,one,three);
   }
}
void main()
{
   int m;
   printf("Input the number of disks:");
   scanf("%d",&m);
```

```
    printf("The steps to moving %3d disks:\n",m);
    hanoi(m,'A','B','C');
}
```

程序的运行结果为：

```
Input the number of disks:3<回车>
The steps to moving  3  disks:
A--->C
A--->B
C--->B
A--->C
B--->A
B--->C
A--->C
```

3 个盘子经过 7 步完成了从 A 柱到 C 柱的移动。

思考：

若是盘子数量为 64 个，要经过多少步？

7.5 局部变量、全局变量及其存储

7.5.1 变量的作用域

【例 7.11】分析下面的程序，观察变量的定义与使用。

程序代码如下：

```
#include "stdio.h"
int m=13;                          /* 全局变量 m，值为 13*/
int fun2(int x,int y)              /* 定义 fun2() 函数 */
{
    int  m=3;                      /* 局部变量 m，值为 3*/
    return(x*y-m);                 /* 使用局部变量 m 的值，也就是 3*/
}
void main()                        /* 主函数 */
{
    int a=7,b=5;
    printf("%d\n",fun2(a,b)/m);    /* 调用子函数 fun2() 函数，用全局变量 m，也就是 13*/
}
```

程序的运行结果为：

```
2
```

说明

本题中既使用了局部变量又使用了全局变量，要对它们加以区分，注意它们的作用域不同。

以前用得较多的是局部变量，大家都熟悉了。有时用全局变量比较方便，比如当函数需要有多个返回值时就可以使用多个全局变量直接代表函数返回值，不像 return 语句只能返回一个值。在程序设计中，不管是局部变量还是全局变量，函数中都可以使用，需要注意的是它们的作用域。

注意：

下面是初学者易犯的错误：

① 忘记函数中可以使用的变量，如错误地认为主函数中没定义 m，就不可以使用 m。

② 忘记在函数中定义的变量也需要赋值后使用，如 fun2( ) 函数中的 int m=3; 错写成 int m;。

相关知识 6

变量的作用域是指变量的有效范围或者变量的可见性。变量定义的位置决定了变量的作用域。变量从作用域（变量的有效范围，可见性）的角度可以分为局部变量和全局变量。

1. 局部变量

局部变量是指在一定范围内有效的变量。C 语言中，在以下各位置定义的变量均属于局部变量。

① 在函数体内定义的变量，在本函数范围内有效，作用域局限于函数体内。

② 在复合语句内定义的变量，在本复合语句范围内有效，作用域局限于复合语句内。

③ 有参函数的形式参数也是局部变量，只在其所在的函数范围内有效。

注意：

不同函数中和不同的复合语句中可以定义（使用）同名变量。因为它们的作用域不同，程序运行时在内存中占据不同的存储单元，各自代表不同的对象，所以它们互不干预，即同名、不同作用域的变量是不同的变量。

局部变量所在的函数被调用或执行时，系统临时给相应的局部变量分配存储单元，一旦函数执行结束，则系统立即释放这些存储单元。所以在各个函数中的局部变量起作用的范围是不同的。

2. 全局变量

全局变量：在函数之外定义的变量。（所有函数前，各个函数之间，所有函数后）

全局变量的作用域：从定义全局变量的位置起到本源程序结束为止。

在引用全局变量时如果使用 extern（详见 7.6 节）声明全局变量，可以扩大全局变量的作用域。例如，扩大到整个源文件（模块），对于多个源文件（模块）可以扩大到其他源文件（模块）。

在定义全局变量时如果使用修饰关键词 static，表示此全局变量作用域仅限于本源文件（模块）。

例如：

```
int p=1,q=5;                          /*外部变量，全局变量*/
float f1(int a)
{
    int b,c;                          /*a，b，c为局部变量*/
    …
}
char c1,c2;                           /*外部变量*/
char f2(int  x,int y)
{
```

```
    int i,j;                                    /*x, y, i, j 为局部变量*/
    …
}
void main()                                     /* 主函数*/
{   int m,n;
    …
}
```

注意：

函数中改变一个全局变量的值，在另外的函数中就可以利用。但是，使用全局变量会使函数的通用性降低，使程序的模块化、结构化变差，所以要慎用、少用全局变量。

7.5.2 变量的存储类别

【例 7.12】分析下面的程序。

程序代码如下：

```
#include <stdio.h>
void main()
{
    int f(int a);
    int a=2,i;
    for(i=0;i<3;i++)
        printf("%4d",f(a) );                /* 调用 f() 函数*/
}
int f(int a)
{
    int b=0;
    static  int c=3;                        /* 变量 c 是静态整型变量*/
    b++;
    c++;                                    /* 变量在上次调用后的基础上加 1*/
    return(a+b+c);
}
```

程序的运行结果为：

```
7   8   9
```

说明

本题使用了静态变量，它有些像全局变量，因为它的值在函数调用后保留，但其作用域还是局部变量的范围。例如，静态变量 c 只在函数 f( ) 中有效，但调用一次后的值为 4，将作为下次的使用值。

注意：

下面是初学者易犯的错误：

① 忘记写变量的类型名或误以为存储类别就是类型，如 static int c=3; 错误地写成 static c=3;。

② 错误地认为静态变量就是全局变量，在主函数中使用在子函数里定义的静态变量 c。

相关知识 7

1. 变量的分类

变量从空间上分为局部变量、全局变量。从变量存在的时间的长短（即变量生存期）来划分，变量还可以分为静态存储变量和动态存储变量。

① 静态存储变量：程序运行期间分配固定的存储空间，存放全局变量。

② 动态存储变量：根据需要动态分配存储空间，存放函数形参变量、局部变量（未加 static 说明的）、函数调用时的现场保护和返回地址等。

2. 变量的存储方式

变量的存储方式决定了变量的生存期。C 语言变量的存储方式可以分为动态存储方式和静态存储方式。

动态存储方式
- 自动（局部变量）（auto）
- 寄存器（局部变量）（register）

静态存储方式
- 静态（局部变量）（static）
- 静态全局变量（全局变量全部是静态的，不必用 static 修饰）

（1）动态存储方式

动态存储方式是在程序运行期间根据需要为相关的变量动态分配存储空间的方式。C 语言中，变量的动态存储方式主要有自动型存储方式和寄存器型存储方式。

① 自动型存储方式（auto）：C 语言默认的局部变量的存储方式，也是局部变量最常使用的存储方式。在函数中定义变量，下面两种写法是等效的。

```
int x,y,z;
```

或

```
auto int x,y,z;
```

它们都定义了三个整型 auto 型变量 x，y，z。

② 寄存器型存储方式（register）：C 语言使用较少的一种局部变量的存储方式。该方式将局部变量存储在 CPU 的寄存器中。由于寄存器比内存操作要快很多，所以可以将一些需要反复操作的局部变量存放在寄存器中。

注意：

CPU 的寄存器数量有限，如果定义了过多的 register 变量，系统会自动将其中的部分变量改为 auto 型变量。

（2）静态存储方式

静态存储方式是在程序编译时就给相关的变量分配固定的存储空间（在程序运行的整个期间内都不变）的存储方式。C 语言中，使用静态存储方式的主要有静态存储的局部变量和全局变量。例如，在函数内定义 static int a=10,b。

静态局部变量的存储空间是在程序编译时由系统分配的，且在程序运行的整个期间都固定不变。该类变量在其函数调用结束后仍然可以保留变量值。下次调用该函数时，静态局部变量中仍保留上次调用结束时的值。

静态局部变量的初值是在程序编译时一次性赋予的，在程序运行期间不再赋初值。以后若改变了值，则保留最后一次改变后的值，直到程序运行结束。

注意：

全局变量全部是静态存储的。

C 语言中，全局变量的存储都是采用静态存储方式，即在编译时就为相应全局变量分配了固定的存储单元，且在程序执行的全过程始终保持不变。全局变量赋初值也是在编译时完成的。因为全局变量全部是静态存储，所以没有必要为说明全局变量是静态存储而使用关键词 static。

3. 存储类别小结

存储类别从不同角度可以进行分类。

（1）从作用域角度分

局部变量：
- 自动变量，即动态局部变量（离开函数，值就消失）
- 静态局部变量（离开函数，值仍保留）
- 寄存器变量（离开函数，值就消失）
- （形式参数可以定义为自动变量或寄存器变量）

全部变量：
- 静态外部变量（只限本文件引用）
- 外部变量（即非静态的，允许其他文件引用）

（2）从变量存在的时间分

动态存储：自动变量、寄存器变量、形式参数。

静态存储：静态局部变量、静态外部变量、外部变量。

（3）从变量值存放的位置分

内存中的静态存储区：静态局部变量、静态外部变量、外部变量。

内存中的动态存储区：自动变量和形式参数。

寄存器：寄存器变量。

注意：

static 对局部变量和全局变量的作用不同，对局部变量来说，它使变量静态存储，对全局变量来说，它使变量局部化（本文件），但仍为静态存储。从作用域角度看，凡有 static 声明的，其作用域是局限的，或局限于本函数内，或局限于本文件内。

能力拓展 2——内部函数和外部函数

根据函数能否被其他源文件调用，将函数分为内部函数和外部函数。

【例 7.13】有一个字符串内有若干字符，现输入一个字符，要求程序将字符串中的该字符删去。请用外部函数实现。

算法分析：本题要求用外部函数，也就是要实现多文件的程序。程序应包括输入函数、删除函数、输出函数及主函数。将这些函数在一个文件里使用，就可以解决这个问题。但题目要求用外部函数，那么可以把函数放在其他文件里，可以一个文件一个函数，即需要 4 个文件，在主函数调用这些函数时，一定要对这些函数作外部函数说明。

程序代码如下：

```
/*file1.cpp(文件 1)*/
#include <c:\file2.c>                /* 将用到的外部函数所在的文件包含进来 */
#include <c:\file3.c>
#include <c:\file4.c>
void main()
{
   extern  enter_string(char str[80]);
   extern  delete_string(char str[],char  ch);
   extern  print_string(char str[]);
                                     /* 以上三行声明在本函数中将要调用的在其他文件中定义的三个函数 */
   char c;
   char  str[80];
   enter_string(str);                /* 调用外部函数 enter_string()*/
   scanf("%c",&c);
   delete_string(str, c);            /* 调用外部函数 delete_string()*/
   print_string(str);                /* 调用外部函数 print_string()*/
}
/*file2.cpp(文件 2)*/
#include <stdio.h>
enter_string(char str[80])           /* 定义外部函数 enter_string()*/
{
   gets(str);
}                                    /* 读入字符串 str*/
/*file3.cpp(文件 3)*/
delete_string(char str[],char  ch)   /* 定义外部函数 delete_string()*/
{
   int  i,j;
   for(i=j=0;str[i]!='\0';i++)
      if(str[i]!=ch)
        str[j++]=str[i];
   str[j]='\0';
}
/*file4.cpp(文件 4)*/
print_string(char  str[ ])           /* 定义外部函数 print_string()*/
{
   printf("%s",str);
}
```

程序的运行结果为：

```
abcdefgc<回车>                       (输入 str)
c<回车>                              (输入要删去的字符)
abdefg                               (输出已删去指定字符的字符串)
```

相关知识 8

内部函数定义如下：

```
static 类型标识符函数名(形参表)
```

外部函数定义如下：

```
[extern] 类型标识符
```

内部函数与外部函数的小结：

① 局部变量默认为 auto 型。

② register 类型变量个数受限，且不能为 long，double，float 型。

③ 局部 static 变量具有全局寿命和局部可见性。

④ 局部 static 变量具有可继承性。

⑤ extern 不是变量定义，在引用全局变量时如果使用 extern 声明全局变量，可以扩大全局变量的作用域。例如，扩大到整个源文件（模块），对于多源文件（模块）可以扩大到其他源文件（模块）。

技能训练 1 函数的定义与调用

训练目的与要求： 掌握函数的定义方法，学会函数的调用格式，学会跟踪参数传递的过程。

训练题目： 通过调用函数，交换两个变量的值。

案例解析： 本题是在函数中实现两个数的交换，所以函数参数应该是两个。具体的值由主函数传递。

程序代码如下：

```
#include <stdio.h>
swap(int a,int b)                             /*swap() 函数 */
{
   int t;
   printf("(2)a=%d b=%d\n",a,b);              /* 输出形参 a，b 的值 */
   t=a;a=b;b=t;                               /* 交换 a，b 的值 */
   printf("(3)a=%d b=%d\n",a,b);              /* 输出交换后 a，b 的值 */
}
void main()
{
   int x=10,y=20;
   printf("(1)x=%d y=%d\n",x,y);              /* 输出实参 x，y 的值 */
   swap(x,y);                    /* 调用 swap() 函数，实参值为 10，20 按顺序传递给形参 */
   printf("(4)x=%d y=%d\n",x,y);              /* 输出调用以后 x，y 的值，无改变 */
}
```

程序的运行结果为：

```
(1)x=10 y=20
(2)a=10 b=20
(3)a=20 b=10
(4)x=10 y=20
```

说明

上述例子是实参向形参单向值传递的实例。结果表明：对于“单向值传递”的函数，在调用函数中形参变化不能影响实参的值。要进行主函数中变量 x 和 y 的值的真正交换，函数的调用必须使用“地址传递”来实现（这在第 8 章中介绍）。

注意：

下面是初学者易犯的错误：

① 在调用函数时，常忘记给实参赋值，如 int x=10,y=20; 经常错写成 int x,y;。

② 误以为子函数的变量数据交换后，主函数中的变量数据也交换了。例如，把最后一个结果 x=10 y=20 误认为成 x=20 y=10。

技能训练 2 函数的嵌套调用

训练目的与要求：掌握函数的嵌套调用，学会跟踪函数嵌套的执行过程。

训练题目：分析下面的程序，写出结果。

程序代码如下：

```
#include <stdio.h>
fun2(int a,int b)                                  /* fun2() 函数 */
{
   int c;
   c=a*b%3;                                        /* 本例中 c=4*8%3，结果为 2*/
   return  c;                                      /* 返回值返回到 fun1() 函数 */
}
fun1(int a,int b)                                  /* fun1() 函数 */
{
   int c;
   a+=a;b+=b;                                      /* a=a+a,b=b+b，本例中 a=4,b=8*/
   c=fun2(a,b);                                    /* 调用 fun2() 函数，该函数结束返回这里 */
   return  c*c;                                    /* 返回值返回到主函数，本例中结果为 4*/
}
void main()
{
   int x=2,y=4;
   printf("The final result is:%d\n",fun1(x,y)); /* 调用 fun1() 函数 */
}
```

程序的运行结果为：

```
The final result is:4
```

案例解析：这是有参函数嵌套调用的题目，要注意值的传递。要算一个式子时，一定要把先运算的放在调用最内层的函数中，这样才能实现先运算，然后继续后面的运算。

注意：

下面是初学者易犯的错误：

① 常误认为实参只能在主函数中，如将 fun1( ) 函数中的 c=fun2(a,b); 错写成 c= fun2(x,y);。

② 常把调用多个函数误认为是函数的嵌套调用，如 fun2( ) 函数没有在 fun1( ) 函数中调用，而在主函数中调用。

拓展阅读

合作的力量——飞行的大雁

小　结

函数是 C 语言的基本组成单位，任何复杂的 C 程序均由函数构成。每一个 C 程序有且仅有一个 main( ) 函数，而且总是从 main( ) 函数开始执行，调用其他函数后最终回到 main( ) 函数结束，而不论 main( ) 函数在程序中的位置。可以将 main( ) 函数放在整个程序的最前面，也可以将其放在整个程序的最后，或者放在其他函数之间。

函数是 C 语言中的重要概念，也是程序设计的重要手段。使用函数不仅可以提高程序设计的效率，缩短程序开发周期，还有利于扩充和维护。本章重点介绍了函数的定义与调用、函数的参数传递、函数的嵌套与递归、变量作用域与存储类别及内部函数与外部函数等。读者需要认真体会本章讲述的例题，反复练习。在实际应用中，函数的应用是必不可少的，这一章是非常重要的章节，应该牢固掌握。

习　题

一、选择题

1. C 语言允许函数值类型省略定义，此时该函数值隐含的类型是（　　）。

   A. float 型　　B. int 型　　C. long 型　　D. double 型

2. C 语言规定函数的返回值的类型是由（　　）。

   A. return 语句中的表达式类型所决定

   B. 调用该函数时的主调用函数类型所决定

   C. 调用该函数时系统临时决定

   D. 在定义该函数时所指定的函数类型所决定

3. 以下正确的函数定义形式是（　　）。

   A．double fun (int x,int y);　　B．double fun (int x;int y)

   C．double fun (int x,int y)　　D．double fun (int x,y);

4. 以下函数调用的语句中含有（　　）个实参。

```
func((exp1,exp2),(exp3,exp4,exp5));
```

   A．1　　B．2　　C．3　　D．4

5. C 语言规定，简单变量做实参时，它和对应形参之间的数据传递方式是（　　）。

　A. 地址传递

　B. 单向值传递

　C. 由实参传给形参，再由形参传回实参

　D. 由用户指定传递方式

6. 以下程序的输出结果是（　　）。

```
#include <stdio.h>
void prtv(int  x)
{
   printf("%d\n",++x);
}
void main()
{ int a=25;prtv(a);  }
```

A. 23　　　　B. 24　　　　C. 25　　　　D. 26

7. 以下正确的说法是（　　）。

　A. 函数的定义不能嵌套，但函数的调用可以嵌套

　B. 函数的定义可以嵌套，但函数的调用不能嵌套

　C. 函数的定义和调用都可以嵌套

　D. 函数的定义和调用都不能嵌套

8. 以下程序的输出结果是（　　）。

```
#include <stdio.h>
func(int a)
{
   int b=1;
   b++;
   return(a+b);
}
void main()
{
  int a=4,x;
  for(x=0;x<3;x++)
  printf("%d",func(a));
}
```

A. 666　　　　B. 777　　　　C. 567　　　　D. 678

思考：

若函数 func( ) 中变量的定义 int b=1; 改为 static int b=1;，结果会如何？

9. 以下程序的输出结果是（　　）。

```
#include <stdio.h>
#define N 10
int func(int b[])
{
   int s=0,t;
```

```
    for(t=0;t<N;t++)
       s=s+b[t];
       return(s);
}
void main()
{
   int a[]={1,2,3,4,5,6,7,8,9,10},s;
   s=func(a);                    /* 函数调用，数组名作为函数参数，传数组首地址 */
   printf("s=%d\n",s);
}
```

A. 10　　B. 30　　C. 50　　D. 55

二、程序阅读题

1. 以下程序的运行结果为________。

```
#include <stdio.h>
void func(int x)
{ x=20;}
void main()
{   int x=10;
    func(x);                        /* 函数调用，简单变量作为函数参数，传值 */
    printf("x=%d\n",x);
}
```

2. 以下程序的运行结果为________。

```
#include <stdio.h>
int func(int x)
{
   int p;
   if(x==0||x==1) return(3);
   p=x-func(x-2);
   return p;
}
void main()
{  printf("%d\n",func(9));}
```

3. 以下程序的运行结果为________。

```
#include <stdio.h>
int func(int a[][3])
{
   int  i,j,sum=0;
   for(i=0;i<3;i++)
      for(j=0;j<3;j++)
      {
        a[i][j]=i+j;
        if(i==j)  sum=sum+a[i][j];
      }
   return(sum);
}
void main()
{
  int  a[3][3]={1,3,5,7,9,11,13,15,17};
```

```
   int  sum;
   sum=func(a);
   printf("\nsum=%d\n",sum);
}
```

三、程序填空题

以下程序求 [10,1000] 之间能被 3 或 5 或 8 整除的数之和。请将程序补充完整，给出正确程序运行结果，填入相应横线。

```
#include <stdio.h>
long funcsum()
{
    ___?___;
    long sum=0;
    for(i=10;i<=1000;i++)
    {  if(___?___)
          sum+=i;
    }
    return sum;
}
 void main()
{
    long s;
    s=___?___;
    printf("%ld\n",s);
}
```

四、程序设计题

1. 写一个判定偶数的函数，若是偶数，函数返回 1，否则返回 0。在主函数中输入一个整数，输出是否是偶数的信息。

2. 已有函数调用语句 c=add(a,b);，编写 add( ) 函数，计算两个实数 a 和 b 的和并返回和值。

```
float  add(float x,float y)
{  …  }
```

3. 在主函数中输入 10 个学生的成绩，编写一个函数实现将按分数从高到低进行排序。

项目实训　企业员工业绩评比

一、项目描述

本项目是为了完成使用函数来设计程序的目的而制定的。企业进行年终业绩考核，根据业绩前 10 名作为本年度“优秀员工”的评选条件，设计一个实用程序实现上述功能。

二、项目要求

学会函数的定义和灵活使用的特点，培养独立编写用函数设计程序的能力，为以后编写大型程序打好基础。根据所学的知识，综合前几章的内容，用函数实现，编写完成上述功能程序并调试。

① 员工人数和业绩从键盘输入。

② 求公司所有员工的平均业绩，并按业绩从高到低进行排序，选出前 10 名作为“优秀员工”

并公示员工的姓名和业绩。

提示：

编写一个函数完成数组排序，输出数组前10项即可。

三、项目评价

项目实训评价表

能力	内容		评价				
	学习目标	评价项目	5	4	3	2	1
职业能力	能学会函数的定义	根据需要定义不同的函数					
	能学会函数的调用及参数传递	能掌握函数的调用方式及返回值					
		理解函数的值传递与地址传递					
	能学会main( )及其他函数之间调用	能掌握函数之间调用方法					
		能掌握函数调用的执行过程					
	能了解变量作用域与存储类别	能了解局部变量与全局变量					
通用能力	阅读能力、设计能力、调试能力、沟通能力、相互合作能力、解决问题能力、自主学习能力、创新能力						
综合评价							

第8章 应用指针设计程序增加独有特色

指针是C语言中广泛使用的一种数据类型，运用指针编程是C语言最主要的风格之一。指针极大地丰富了C语言的功能，是最能体现C语言特色的部分，也是C语言的灵魂。

学习目标

☑理解指针与地址的关系、指针的概念。
☑运用指针间接引用变量并设计程序。
☑运用指针指向数组并设计程序。
☑运用指针引用函数，了解指针形函数、指针作为函数参数。
☑了解指针数组和多重指针。
☑锻炼刻苦学习、耐心、勤奋和战胜困难的意志力。

在C语言程序设计中，利用指针变量可以表示各种数据结构，能很方便地使用数组和字符串，并能处理内存地址，从而编出精练而高效的程序。因此，指针是学习C语言中最重要的一环，能否正确理解和使用指针是是否掌握C语言的一个标志。

“书山有路勤为径，学海无涯苦作舟。”通过使用指针等复杂程序的调试，你将从中锻炼耐心和战胜困难的意志力，看似复杂的操作只要有耐心和意志力，终会解决疑难，取得成功。

8.1 指针的概念

8.1.1 指针与地址的关系

在计算机中，通常数据存放在内存储器中，操作系统把内存区划分为一个一个的存储单元，每个单元为一个字节（8位），它们都有一个编号，这个编号就是内存地址，如图8-1所示。

根据内存单元的编号即地址就可以找到所需的内存单元。就像一个宿舍的门牌号代表一个宿舍的地址一样，内存单元存储的内容就是数据，好比宿舍里住的人，想找到宿舍的人，需先找到指向宿舍的门牌号，所以，把指向内存单元的地址形象地称为“指针”，把内存单元存储的数据称为内存单元内容。

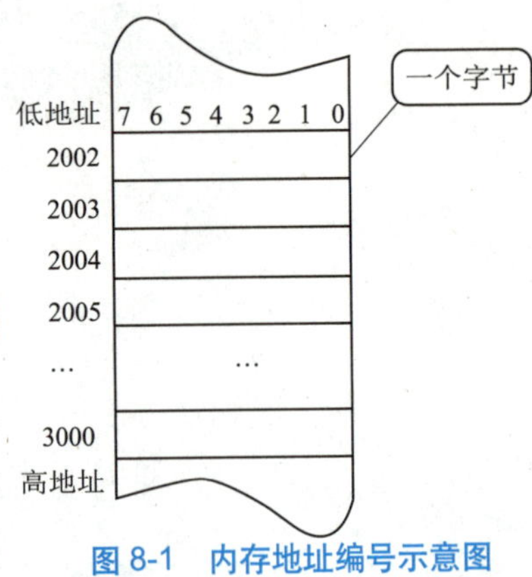

图 8-1　内存地址编号示意图

注意：
内存单元的指针（地址）和内存单元的内容是两个不同的概念。

下面用一个例子来说明它们之间的关系。例如，我们到银行去存款、取款时，银行工作人员将根据账号去找我们的存单，找到之后在存单上写入存款、取款的金额，即可以完成存款、取款的业务。在这里，账号就是存单的指针，存款数是存单的内容。对于一个内存单元来说，单元的地址即为指针，其中存放的数据才是该单元的内容。

C 语言中不同类型的数据所占用的内存单元数是不等的，如在 VC++ 中，一个整型变量占 4 个内存单元，一个字符型变量占 1 个内存单元，单精度浮点型变量占 4 个内存单元。

8.1.2　变量的直接访问与间接访问

在 C 语言程序中，使用一个变量可以直接通过其变量名存取数值，这种方式称为“直接访问方式”。除此之外，还可以把该变量的地址存入另一个指针变量中，然后通过该指针变量来存取变量的值，这种访问方式称为“间接访问方式”。

关于变量的“直接访问方式”和“间接访问方式”，可以用一个比喻来说明这两种访问方式的关系。在这个比喻中，被访问的变量所占存储单元就好比是一个抽屉（抽屉 A），用来访问它的指针变量所占存储单元就好比是另一个抽屉（抽屉 B），而在抽屉 B 中存放着抽屉 A 的钥匙（假设抽屉 A 有两把钥匙，一把直接拿在手中，另一把则存放在抽屉 B 中）。“直接访问”就好比用拿在手里的钥匙打开抽屉 A，直接在抽屉 A 里存放或取出东西。而“间接访问”则好比要先到抽屉 B 中取出抽屉 A 的钥匙，然后打开抽屉 A，再往抽屉 A 里存放或取出东西。

以前我们接触的变量都是直接访问方式，应用指针则是一种对变量的间接访问。

8.2　指针的基础应用

视 频

例8.1

在 C 语言中，允许用一个变量来存放指针，这种变量称为指针变量。因此，一个指针变量的值就是某个内存单元的地址或称为某内存单元的指针。定义指针变量的目的是通过指针去访问内存单元。作为一类特殊的变量，指针就像一个指示器，它告诉程序在内存的什么地方可以找到数据。

【例 8.1】指针变量的定义与使用。

程序代码如下：

```
#include <stdio.h>
void main()
{
```

```
    int a,b;                          /* 定义整型变量 a，b*/
    int  *pa,*pb;                     /* 定义两个指向整型的指针变量 */
    a=100;b=200;                      /* 变量赋值 */
    pa=&a;pb=&b;                      /*pa 存储 a 的地址即指向变量 a，pb 指向变量 b*/
    printf("%d,%d\n",a,b);            /* 输出 a，b 的值—直接访问 */
    printf("%d,%d\n",*pa,*pb);        /* 输出 pa，pb 所指向单元的内容，即输出 a，b 的值
                                      ——间接访问 */
}
```

程序的运行结果为：

```
100,200
100,200
```

分析

上面的语句 int *pa,*pb; 定义两个指针变量，名称分别为 pa，pb，所指向类型为整型（int）。赋值语句 pa=&a; 是将 pa 指向变量 a，即存储 a 变量的单元地址，同理 pb=&b; 表示 pb 存储 b 变量的单元地址。本题用两种方法来输出值，一种是直接将变量值输出，printf("%d,%d\n",a,b);，称为直接访问；另一种是利用指针，先找到地址，再去找变量值，printf("%d,%d\n",*pa,*pb);，是间接访问方式。两种输出方法的输出结果相同，但第一行输出的是直接访问方式输出的结果，第二行是间接访问输出的结果。

8.2.1　指针变量的定义、初始化与运算

1. 定义

指针变量是一种特殊类型的变量。同其他变量一样，指针变量在使用之前也必须先进行定义，同样，在定义指针变量时也可以进行赋初值。

指针变量的定义及初始化的一般格式如下：

```
数据类型  * 指针变量名 [= 初值 ];
```

功能：定义指向给定“数据类型”的变量或数组的指针变量，并同时为指针变量赋“初值”。

```
int *ptr1;
float *ptr2;
char *ptr3;
```

此处表示定义了三个指针变量 ptr1，ptr2，ptr3。其中，ptr1 可以指向一个整型变量，ptr2 可以指向一个实型变量，ptr3 可以指向一个字符型变量。换句话说，ptr1，ptr2，ptr3 可以分别存放整型变量的地址、实型变量的地址、字符型变量的地址。

说明

① 与其他变量定义一样，可以一次定义多个指针变量并赋初值。例如：

```
int  m;
int *i,*k,*p=&m;          /* 定义三个指针变量 i，k，p，并给出 p 的初值是 m 的地址 */
```

②"数据类型"指出所定义的指针变量用来存放何种类型数据变量的地址。这个数据类型不是指针型变量中存放的数据类型，而是它将要指向的变量或数组元素的数据类型。因此，"数据类型"又称指针变量的基类型。例如：

```
int  *p=&m;
```

是指 p 所指向的单元 m 类型是 int 型，而非 p 本身的类型。

③定义指针变量时，指针变量名前必须有一个"*"，在此它是定义指针变量的标志，不同于后面所说的"指针运算符"。

④初值的形式通常有三种，分别是"&普通变量名"、"&数组元素"和"数组名"。C 语言规定"数组名"在程序中可以代表数组的首地址，即指针变量的初值存储的一定表示地址的数据。

只有定义了指针变量，才可以写入指向某种数据类型的变量的地址，或者说是为指针变量赋初值。例如：

```
int *ptr1,m=3;
float *ptr2,f=4.5;
char *ptr3,ch='a';
ptr1=&m;
ptr2=&f;
ptr3=&ch;
```

上述赋值语句 ptr1=&m；表示将变量 m 的地址赋给指针变量 ptr1，此时 ptr1 指向 m。三条赋值语句产生的效果是 ptr1 指向 m；ptr2 指向 f；ptr3 指向 ch，如图 8-2 所示。

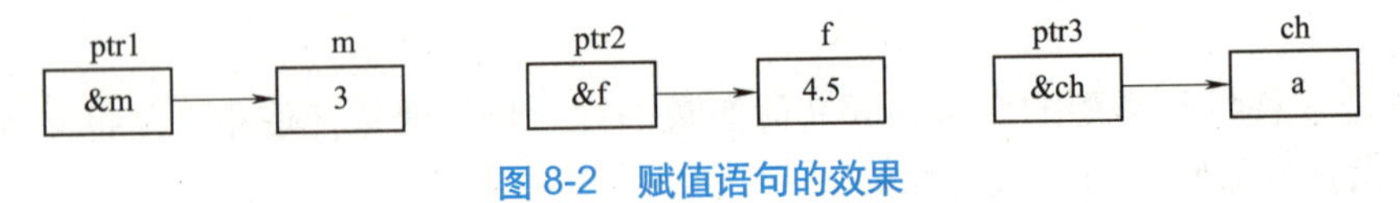

图 8-2　赋值语句的效果

提示：

需要说明的是，指针变量可以指向任何类型的变量，当定义指针变量时，如果未给指针变量赋值，则指针变量的值是随机的，不能确定它具体的指向，必须为其赋值才有意义。

注意：

只能用同类型变量的地址进行赋值。例如，定义：

```
int    *s;
float   f;
```

则 s=&f; 是非法的。

2. 指针变量的运算

指针变量的运算其实非常简单，主要有两种运算形式：

&：取地址运算符，如 &m 即代表变量 m 的地址。

*：指针运算符，含义是间接引用指针变量所指向的值，提供了对被指向的变量的一种间接访

问形式。

例如，*pa 表示 pa 所指向的变量的值。

又如，例 8.1 中的语句 printf("%d,%d\n",*pa,*pb); 就是输出指针变量 pa 和 pb 的所指向的 a，b 的值。

8.2.2　应用指针对一维数组操作

变量在内存中是按地址存取的，数组在内存中同样也是按地址存取的。指针变量可以用于存放变量的地址，可以指向变量，当然也可存放数组的首地址和数组元素的地址，这就是说，指针变量可以指向数组或数组元素。对数组而言，数组和数组元素的引用同样可以使用指针变量。

当定义一个一维数组时，该数组在内存中会由系统分配一段连续的存储空间，其数组名就是数组在内存中的首地址。若再定义一个指针变量，并将数组的首地址赋给该指针变量，则该指针变量就指向了这个一维数组。

通常我们说数组名是数组的首地址。

```
int a[10],*ptr;          /* 定义数组与指针变量 */
```

以下两个语句是等价的：

```
ptr=a;
```

或

```
ptr=&a[0];               /* 将指针变量 ptr 指向数组的首地址 */
```

如图 8-3 所示，指针变量 ptr 就是指向数组 a 的指针变量。执行 ptr=a 得到了数组的首地址。其中，a 是数组的首地址，&a[0] 是数组元素 a[0] 的地址。由于 a[0] 的地址就是数组的首地址，所以上面的两条赋值操作 ptr=a; 和 ptr=&a[0]; 结果完全相同。此时有：

① ptr+n 与 a+n 表示数组元素 a[n] 的地址，即 &a[n]。对整个数组 a 来说，共有 10 个元素，n 的取值为 0 ～ 9，则数组元素的地址可以表示为 ptr+0 ～ ptr+9 或 a+0 ～ a+9，与 &a[0] ～ &a[9] 保持一致。

② *(ptr+n)（指针法）和 *(a+n)（地址法）表示数组的各元素，即等效于 a[n]（下标法）。

③ 指向数组的指针变量也可用数组的下标形式表示为 ptr[n]，其效果相当于 *(ptr + n)。

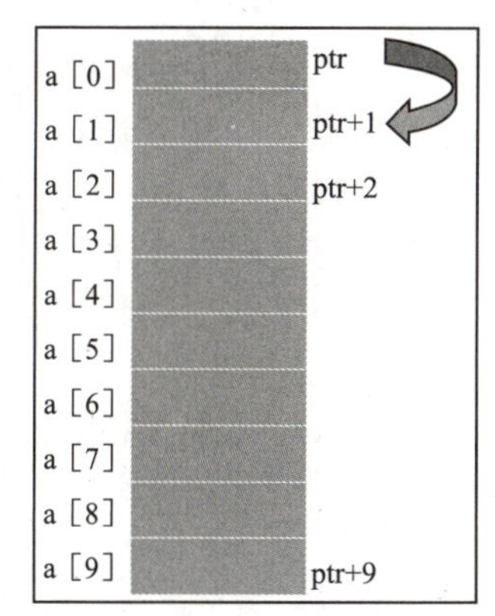

图 8-3　指针与数组

对一维数组的引用，既可以用以前学过的下标法，也可使用指针的表示方法。

【例 8.2】应用指针输出一维数组。

视　频

例8.2

到目前为止，可以用下列方法实现一维数组输出：

① 下标法输出一维数组各元素的值：

```
void main()
{
  static  int a[]={1,2,3,4,5,6};
  int i;
```

```
   for(i=0;i<6;i++)
      printf("%3d",a[i]);
}
```

② 地址法输出一维数组各元素的值：

```
void main()
{
    static int a[]={1,2,3,4,5,6};
    int i;
    int *pa=a;                                    /* 相当于 int *pa;pa=a;*/
    for(i=0;i<6;i++)
       printf("%3d",*(pa+i));                     /* 或者 printf("%d",*(a+i));*/
}
```

③ 指针法输出一维数组各元素的值：

```
void main()
{
  static int a[]={1,2,3,4,5,6};
  int i,*pa;
  pa=a;        /* 或 pa=&a[0];*/
  for(i=0;i<6;i++,pa++)
     printf("%3d",*pa);
}
```

上面的三种方法都可以实现一维数组的输出，结果为：

```
1  2  3  4  5  6
```

程序①是传统的应用数组的下标控制数组元素的输出。

程序②引用了指针，但是只应用了指针对数组首地址的引用，pa+i 和 a+i 等价，指针自己的值并没有发生改变，程序结束还是指向数组的首地址。

程序③和程序②不同，指针是移动的：每输出一个数后，pa++，指针加 1，相当于指针指向数组的下一个单元（不用考虑数组是整型还是其他类型），当程序完成后，指针将会指向数组尾部后面的单元。

程序③体现了指针的灵活应用，对数组操作不用写下标，只需关心指针的位置就可以了，这也是应用指针的简便之处。

如何用指针法实现数组按逆序输出？体会指针对数组的操作。

举一反三：

仔细阅读下面程序，分析指针的当前值，指出程序的功能是什么。

```
#include "stdio.h"
void main()
{ int i,*p,a[7];
  p=a;                                     // 指针指向数组首地址
  for(i=0;i<7;i++)                         // 一维数组输入
```

```
      scanf("%d",p++);
    printf("\n");
    p=a;                                        // 指针重新指向数组首地址
    for(i=0;i<7;i++,p++)                        // 一维数组输出
       printf("%d",*p);
  }
```

思考：如何用指针实现数组的求和？

8.2.3　应用指针处理字符串

视频

例8.3

字符串在实际应用中用得非常广泛，如按照姓名查找、按照身份证号查找、按照通信地址查找等都需要应用到字符串，应用指针处理字符串非常方便。

【例 8.3】使用字符指针输出字符串。

程序代码如下：

```
#include <stdio.h>
void main()
{
  char str[20];                    /* 定义字符数组，长度为 20*/
  char *p=str;                     /*p=str 表示将字符数组的首地址传递给指针变量 p*/
  gets(str);                       /* 读入一个串 */
  printf("%s\n",p);                /* 输出指针 p 所指向的串 */
}
```

程序的运行结果为：

```
good morning!< 回车 >
good morning!
```

注意：

字符数组与字符串是有区别的，字符串是字符数组的一种特殊形式，存储时以 '\0' 结束，所以字符串可以整串输入与输出。对于存放字符的字符数组，若未加 '\0' 结束标志，只能按逐个字符输入 / 输出。

相关知识 1

字符指针的定义与赋值：

```
char *pc,c;
pc=&c;
```

用字符串常量也可以为字符指针初始化：

```
char *pc="Good Morning!";
```

其形式与字符数组的初始化类似，却有本质上的区别。

字符数组初始化 char c[]="Good Morning!"; 是将字符串常量的内容全部赋给数组，而字符指针初始化 char *pc="Good Morning!"; 则仅将串首地址赋给指针。因此字符指针的赋值也可写成：

```
char  *pc;pc="Good Morning!";
```

字符数组与字符指针的区别：

视 频

例8.4

① 字符数组可以写成 char c[ ]="book";，但不能写成 char c; c[ ]="book";。字符指针可以写成 char *pc="book";，也可以写成 char *pc; pc="book";。

② 当用字符串常量初始化时，字符数组获得了串中所有的字符（内容），字符指针获得了串首的地址（与串内字符无关）。

【例 8.4】用指针实现字符串复制（不能用字符串复制函数 strcpy ()）。

字符串的复制要注意：若将串 1 复制到串 2，一定要保证串 2 的长度大于或等于串 1。

程序代码如下：

```
#include <stdio.h>
void main()
{
    char a[40],b[40];
    char *str1=a;char *str2=b;           /* 定义两个指针分别指向数组 a 和数组 b*/
    printf("请输入字符串 :");
    gets(a);                             /* 读入一个串 */
    while((*str2=*str1)!='\0')           /* 当 str1 所指的字符为 '\0' 时，结束循环 */
    {
        str1++;                          /* 指向串 1 指针向后移动一位 */
        str2++;                          /* 指向串 2 指针向后移动一位 */
    }
    printf("a: %s\nb: %s\n",a,b);        /* 输出复制后的串 */
}
```

程序的运行结果为：

```
请输入字符串 :I love China! <回车>
a:I love China!
b:I love China!
```

说明

输出结果显示两个串是相等的。在程序的说明部分，定义的字符指针指向字符串。str1++; 的含义是：将指针 str1 的值加 1，将指向串 1 的下一个字符。同样，str2++; 的含义是：将指针 str2 的值加 1，将指向串 2 的下一个字符。

while((*str2=*str1)!='\0') 依次将串 1 的字符赋值给串 2 的对应的位置，若指针指向的字符是 '\0'（字符串结束），表达式的值为假，循环结束；若表达式的值非零，则继续执行循环。

课后讨论

程序语句 {*str2=*str1; str1++,str2++; } 和 *(str2++)=*(str1++); 是否等价？

提示：

等价。

8.3 指针的高级应用

8.3.1 指针变量作为函数的参数

视 频

例8.5

函数的参数不仅可以是整型、实型、字符型及数组等数据，也可以是指针类型数据。先看下面的例子。

【例 8.5】指针变量作为函数参数。

在此使用函数调用的方式进行处理，而且采用指针变量作为函数的参数。

程序代码如下：

```
#include <stdio.h>
void swap(int *p1,int *p2)                          /* 函数定义，形式参数为指针 */
{
int temp;
temp=*p1;                                           /* 交换指针所指的值 */
*p1=*p2;
*p2=temp;
}
void main()
{
    int x=10,y=20;
    printf("x=%d,y=%d\n",x,y);
    swap(&x,&y);                                    /* 函数调用，实参是变量地址 */
    printf("x=%d,y=%d\n",x,y);
}
```

程序的运行结果为：

```
x=10,y=20
x=20,y=10
```

说明

程序中，主程序执行函数 swap(&x,&y); 时，实参传递的是地址，所以形参和它对应的是指针变量。指针变量在函数中的交换再回到主程序中将把交换后的结果带回来(传递的是地址)。函数参数传递如图 8-4 所示。

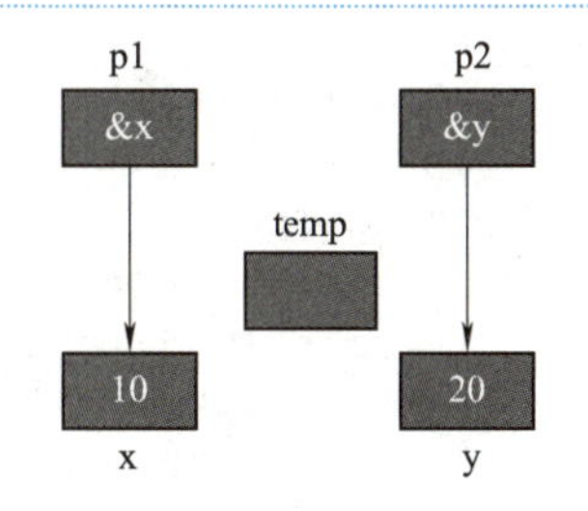

图 8-4　函数参数传递示意图

当使用指针类型作为函数的参数时，实际上是将一个变量的地址传向另一个函数。由于被调函数中获得了变量的地址，该地址空间中的数据变更在函数调用结束后将被物理地址保留下来（不同于用简单变量作为函数参数时的单向值传递关系）。

课后讨论

若函数调用，实参传递的是数组名，形参应该怎么定义？

提示：

形参也应定义数组或指针。

8.3.2 返回指针的函数定义与使用

返回指针的函数的定义如下：

```
类型 * 标识符 ( 参数表 )
```

说明

① 类型为指针所指变量的类型。

② 标识符为函数名，不是指针名。

③ 参数为函数的形参。

例如：

```
int  *a(int x,int y)
```

视频

例8.6

其中，a 是函数名，调用它以后能得到一个指向整型数据的指针。x,y 是函数 a 的形参，为整型。因此，指针型函数也就是返回指针值的函数。

【例 8.6】用指针型函数求任意两个数的最大值。

程序代码如下：

```
    #include <stdio.h>
    int *a(int x,int y)                    /* 函数定义，求任意两个整数的最大值 */
    {
  int c,*z;
  z=&c;
  if(x>y) *z=x;
  else    *z=y;
  return(z);                               /* 函数返回值是指针 */
}
void main()
{
  int*p;                                   /* 定义一个指向整型的指针变量 */
  int  k1,k2;
  scanf("%d,%d",&k1,&k2);
  p=a(k1,k2);                              /* 函数调用 */
  printf("k1=%d,k2=%d,max=%d\n",k1,k2,*p);
}
```

程序的运行结果为：

```
5,23 <回车>
k1=5,k2=23,max=23
```

返回指针的函数的定义与使用和前面的方法一样，只是函数返回值是返回一个指针或地址。

8.3.3　指向函数的指针

视 频

例8.7

C 语言中指针与函数的结合使得 C 语言变成更为灵活。在 C 程序中，函数可以返回一个地址值，指针可以作为函数的参数，同样也可以定义指向函数的指针。

【例 8.7】用指向函数的指针求 a 和 b 中的较大者。

程序代码如下：

```
#include <stdio.h>
void main()
{
    int max(int x,int y);                       /* 被调用函数声明 */
    int(*p)(int,int);                           /* 定义指向函数的指针 */
    int  a,b,c;
    p=max;                                      /* 指向函数型指针的引用，将函数名送给指针 p*/
    scanf("%d,%d",&a,&b);
    c=(*p)(a,b);                                /* 函数调用 */
    printf("a=%d,b=%d,max=%d\n",a,b,c);
}
int max(int x,int y)                            /* 函数定义，求任意两个整数的最大值 */
{
    int z;
    if(x>y)   z=x;
    else     z=y;
    return(z);
}
```

程序的运行结果为：

```
5,23 <回车>
a=5,b=23,max=23
```

函数调用的结果，通常需要得到一个返回值，带回主调函数。如果返回值为一个指针，则该函数就是指针型函数。

相关知识 2

1. 指向函数的指针的定义

在 C 程序中，定义了函数之后，系统为该函数分配一段存储空间。其中函数的起始地址称为该函数的入口地址，将此地址赋给另一个变量，则该变量为一个指向函数的指针。指向函数的指针变量的一般定义形式如下：

```
类型    (* 标识符 )()
```

例如：

```
int(*pf)();
```

说明

① 类型：被指针所指函数的返回值的类型。

② 标识符：一个指针名（不是函数名），该指针只能指向函数。

③ 括号中可以为空，但必须有，表示该指针是专指函数的。

2. 函数型指针的赋值与引用

用函数名为指针初始化，表示指针指向该函数。

```
int (*pf)();                /* 定义函数型指针 */
int f();                    /* 声明函数 f()*/
pf=f;                       /* 让指针 pf 指向函数 f()*/
```

说明

① 当函数型指针指向某一函数后，函数的调用可以用函数名，也可以用指针。

② 函数型指针定义之后，不是固定指向某一个函数，可以先后指向不同的函数（用新的函数名重新赋值）。

③ 用函数名为指针赋值时，不必用参数。

④ 用函数指针调用函数时，用 (*pf) 代替原函数名。例如，例 8.7 中的 c=(*p)(a,b);。

⑤ 对指向函数的指针变量而言，像 pf+n，pf++，pf-- 等运算是没有意义的。

课后讨论

指向函数的指针与返回指针的函数是否为相同的概念？为什么？

8.3.4 应用指针处理二维数组

前面讲过，指针对一维数组的操作非常方便，同样也可以对二维数组进行操作。因为二维数组在内存中也是连续存储的。

定义一个二维数组 int a[3][4];，表示二维数组有 3 行 4 列共 12 个元素，在内存中按行存放，存放形式如图 8-5 所示。

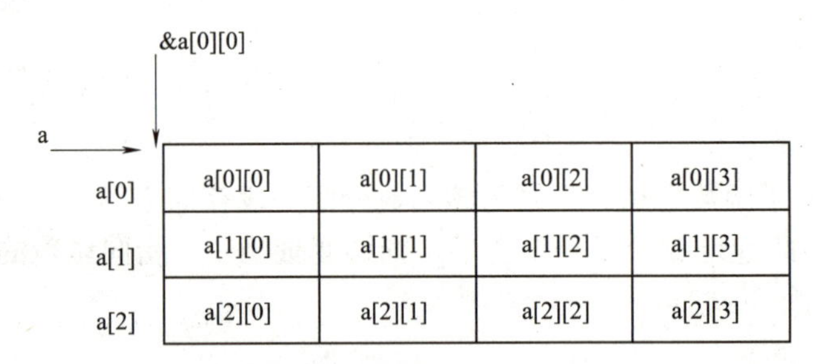

图 8-5 二维数组在内存中的存放形式

其中，a 是二维数组的首地址，&a[0][0] 既可以看作数组 0 行 0 列的首地址，也可以看作二维数组的首地址，a[0] 是第 0 行的首地址，当然也是数组的首地址。同理，a[n] 就是第 n 行的首地址，&a[n][m] 就是数组元素 a[n][m] 的地址。

既然二维数组每行的首地址都可以用 a[n] 来表示，就可以把二维数组看作由 n 行一维数组构成，将每行的首地址传递给指针变量，行中的其余元素均可以由指针来表示。图 8-6 给出了指针与二维数组的关系。

我们定义的二维数组其元素类型为整型，每个元素在内存占 2 个字节，若假定二维数组从 1000 单元开始存放，则以按行存放的原则，数组元素在内存的存放地址为 1000 ～ 1022。用地址法来表示数组各元素的地址，对元素 a[1][2] 来说，&a[1][2] 是其地址，a[1]+2 也是其地址。分析 a[1]+1 与 a[1]+2 的地址关系，它们地址的差并非整数 1，而是一个数组元素所占的字节数，原因是每个数组元素占 2 个字节。

对 0 行首地址与 1 行首地址 a 与 a+1 来说，地址的差同样也并非整数 1，而是一行，4 个元素占的字节数 8。由于数组元素在内存中是连续存放的。若给指向整型变量的指针传递数组的首地址，则该指针也可以指向二维数组。例如：

```
int *ptr,a[3][4];
```

若赋值 ptr=a，则用 ptr++ 就能访问数组的各元素。

【例 8.8】用指针法输入和输出二维数组中的各元素。

程序流程图如图 8-7 所示。

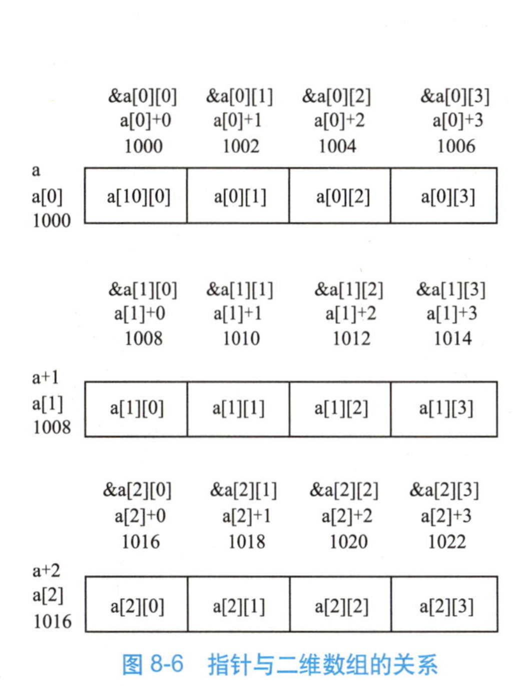

图 8-6　指针与二维数组的关系

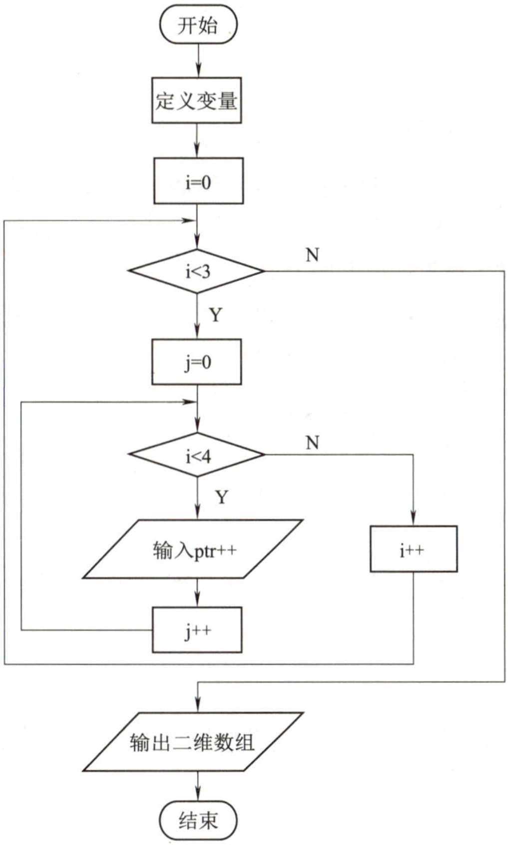

图 8-7　用指针法输入和输出二维数组各元素的流程图

程序代码如下：

```
#include <stdio.h>
void main()
{
```

```
    int a[3][4],*ptr;
    int i,j;
    ptr=a[0];
    for(i=0;i<3;i++)
        for(j=0;j<4;j++)
        scanf("%d",ptr++);                                   /* 指针的表示方法 */
    ptr=a[0];
    for(i=0;i<3;i++)
    {
        for(j=0;j<4;j++)
            printf("%4d",*ptr++);
        printf("\n");
    }
}
```

程序的运行结果为：

```
1 2 3 4 5 6 7 8 9 10 11 12 <回车>
1 2 3 4
5 6 7 8
9 10 11 12
```

8.3.5 指针数组

视 频

例8.9

由若干指针变量组成的数组，称为指针数组。指针数组也是一种数组，所有有关数组的概念都适用于它。但指针数组与普通的数组又有区别，它的数组元素是指针类型的，只能用来存放地址值。

【例 8.9】将若干字符串按字母顺序由小到大排序后输出。

程序代码如下：

```
    #include <stdio.h>
void main()
{
    char *name[]={"Follow me","Basic","Great Wall","Fortran","Computer"};
    char *temp;
    int i,j,k;
    int n=5;  //假定有 5 个字符串要排序
    for(i=0;i<n-1;i++)
    {
        k=i;
        for(j=i+1;j<n;j++)
        if(strcmp(name[k],name[j])>0)
            k=j;
        if(k!=i)
        {
            temp=name[i];
            name[i]=name[k];
            name[k]=temp;
        }
    }
    for(i=0;i<n;i++)
        printf("%s\n",name[i]);
```

```
}
```

程序的运行结果为：

```
Basic
Computer
Follow me
Fortran
Great Wall
```

由此可见，通过指针数组对字符串或二维数组元素的引用非常方便。

相关知识 3

1. 指针数组的定义

指针数组的定义如下：

```
类型: * 标识符 [ 长度 ]
```

例如：

```
int *pa[3];
```

说明

① 类型：数组中所有指针的类型（均指向同一类型的变量）。

② 标识符：一个数组名，定义的是一个数组，而不是定义一个指针。

③ 长度：数组中所含指针的个数。

2. 指针数组的初始化

由于指针数组是由若干指针变量组成的数组，因此必须用地址值为指针数组初始化。例如：

```
int a[3][3]={1,2,3,4,5,6,7,8,9};
int *pa[3]={a[0],a[1],a[2]};
```

指针数组 pa[3] 相当于有三个指针，分别为 pa[0]，pa[1]，pa[2]，初始化的结果为 a[0]，a[1]，a[2]。由于数组 a 是一个二维数组，因此，a[0]，a[1]，a[2] 为该二维数组的每一行的行首地址。

```
pa[0]=&a[0][0]=a[0];
pa[1]=&a[1][0]=a[1];
pa[2]=&a[2][0]=a[2];
```

因此，通过指针数组可以引用二维数组中的元素：

```
pa[i]+j=a[i]+j=&a[i][j];
*(pa[i]+j)=*(a[i]+j)=a[i][j];
```

课后讨论

试分析指针数组与指向数组的指针的区别。

8.3.6 多重指针

视 频

例8.10

所谓多重指针即指向指针的指针。一个指针变量可以指向整型变量、实型变量、字符类型变量，当然也可以指向指针类型变量。当指针变量用于指向指针类型变量时，称为指向指针的指针变量。这话可能有些绕口，但当想到一个指针变量的地址就是指向该变量的指针时，这种双重指针的含义就容易理解了。

【例 8.10】指向指针的指针变量的使用。

程序代码如下：

```
#include <stdio.h>
void main()
{
    int x,**p1,*p2;
    x=4;
    p2=&x;
    p1=&p2;
    printf("%d,%d,%d",x,*p2,**p1);
}
```

程序的运行结果为：

```
4,4,4
```

说明

这里，*p2 等价于 x，*p1 等价于 p2，**p1 等价于 *p2 等价于 x。

相关知识 4

指针型指针定义的一般形式如下：

```
类型    ** 标识符
```

说明

类型为被指针型指针所指的指针所指的变量的类型。

图 8-8 所示为一重指针与双重指针示意图。

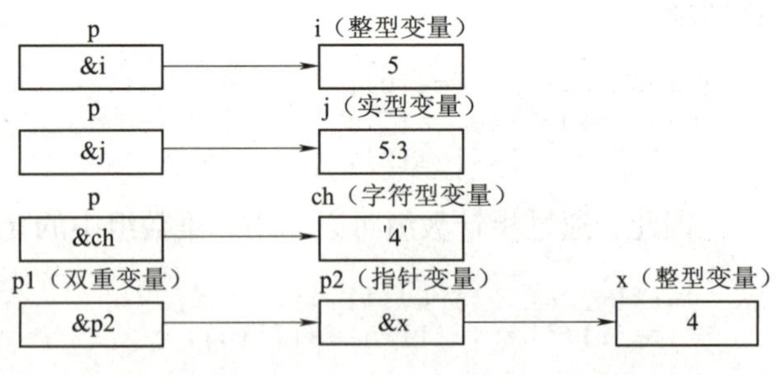

图 8-8 一重指针与双重指针示意图

先看图 8-8 的前三行：整型变量 i 的地址是 &i，将其传递给指针变量 p，则 p 指向 i；实型变量 j 的地址是 &j，将其传递给指针变量 p，则 p 指向 j；字符型变量 ch 的地址是 &ch，将其传递给指针变量 p，则 p 指向 ch；上面的这些都是一重指针。

接着看，整型变量 x 的地址是 &x，将其传递给指针变量 p2，则 p2 指向 x，p2 是指针变量，同时，将 p2 的地址 &p2 再传递给 p1，则 p1 指向 p2。这里的 p1 就是指向指针变量的指针变量，即指针的指针，这个 p1 就是一个双重指针。

训练目的与要求：进一步理解指针的运算，注意和直接访问变量的区别。

训练题目：交换两个数。

案例解析：下面两个程序都通过指针变量的引用改变其指向变量的值，请注意这两个程序的区别，并注意这两个程序中的中间变量 t 的数据类型。

程序一（改变指针变量的内容）：

```
#include <stdio.h>
void main()
{
    int a=3,b=5,t;
    int *ptr1=&a,*ptr2=&b;
    t=*ptr1;
    *ptr1=*ptr2;
    *ptr2=t;
    printf("a:value %d\tb:value %d\n",a,b);
    printf("*ptr1: value %d\t*ptr2:value %d\n" ,*ptr1,*ptr2);
}
```

程序的运行结果为：

```
a: value 5   b: value 3
*ptr1: value 5   *ptr2: value 3
```

说明

由于在整个程序运行过程中，指针变量 ptr1 和 ptr2 的指向并未发生改变，中间变量 t 中存放的是变量 a 的值，程序中通过引用 *ptr1 和 *ptr2 直接改变了变量 a 和 b 的值，所以第一个 printf 语句输出 a，b 的值和原值发生了改变（互换），但指针变量自己的值没变，但所指向的单元内容互换了，所以第二个 printf 语句输出的值同样发生了改变（互换）。程序运行过程如图 8-9 所示。

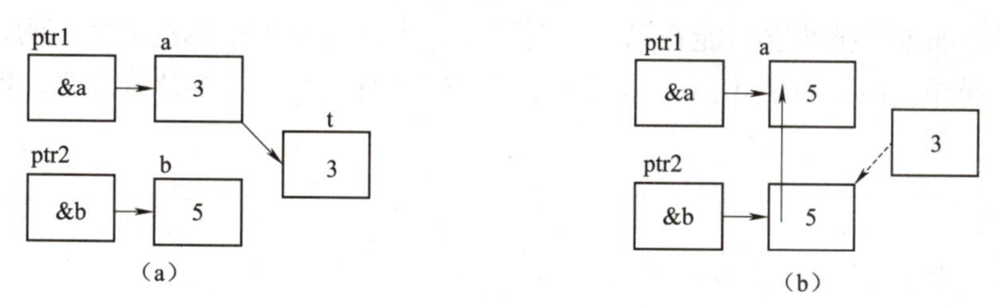

图 8-9　程序一的运行过程

──→ 表示变量的指向或表示数值的转移方向；- - -→ 表示最后执行的操作

程序二（改变指针变量的指向）：

```
#include <stdio.h>
void main()
{
```

```
    int a=3,b=5;
    int *ptr1=&a,*ptr2=&b,*t;
    t=ptr1;
    ptr1=ptr2;
    ptr2=t;
    printf("a:value %d\tb:value %d\n",a,b);
    printf("*ptr1: value %d\t*ptr2:value %d\n",*ptr1,*ptr2);
}
```

程序的运行结果为：

```
a: value 3   b: value 5
*ptr1: value 5   *ptr2: value 3
```

说明

程序二运行过程中，中间变量 t 中存放的是变量 a 的地址，交换的是地址，内容没有改变，发生改变的是指针变量 ptr1 和 ptr2 的指向，变量 a 和 b 的值自始至终都没有发生改变，因此得到结果和原值一样。程序运行过程如图 8-10 所示。

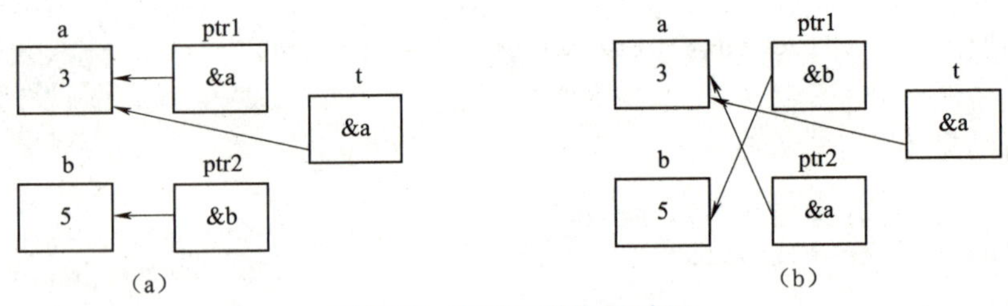

图 8-10　程序二的运行过程

→ 表示变量的指向

上面的程序一和程序二是完全不同的两个程序。

打个比方：有 a 和 b 两个盒子，分别放上两件东西，又配备了两把锁 ptr1 和 ptr2。程序一是交换盒子 a 和盒子 b 里放的东西，锁和钥匙没变，所以再打开盒子后，里面的东西和原来比变了（互换）；程序二是 a，b 盒子里的东西没动，是把两把锁交换了，所以打开盒子时，第一把钥匙开的应是第二个盒子，而第二把钥匙只能开第一个盒子了，所以看见的东西也是变了的。

结果就是：程序一运行后是 a，b 的值互换，程序二运行后 a，b 本身值没变，但指向它们的指针变了。

课后讨论

讨论变量名、变量地址及变量值的关系。

技能训练 2　指针完成数组的输入、输出两种操作

训练目的与要求： 熟悉指针对数组的运算。

训练题目： 编写程序，要求使用指针变量完成一组成绩的输入和输出（假定有 6 门课程）。

案例解析： 定义指针变量 p，通过 p 来访问 score 数组的元素。

程序代码如下：

```
#define N 6
#include <stdio.h>
void main()
{
    int score[N],*p;
    int i;
    printf("请输入%d门课程的成绩: ",N);        /*输入 6 门课程的成绩*/
    p=score;                                  /*将数组 score 的首地址赋给指针 p*/
    for(i=0;i<N;i++)                          /*用 for 循环语句输入 6 门课程的成绩*/
    {
          scanf("%d",p);
          p++;                                /*指针指向下一个单元*/
    }
    printf("%d门课程的成绩为: \n",N);
    for(p=score;p<score+N;p++)                /*p++ 表示指针变量向后移动指向下一个数组元素*/
       printf("%5d",*p);
    printf("\n");
}
```

程序的运行结果为：

```
请输入 6 门课程的成绩: 60 70 80 90 100 90 <回车>
6 门课程的成绩为:
  60 70 80 90 100 90
```

注意：

指针变量可以实现本身的值的改变，而数组名则不能，数组名也表示地址，是个常量。例如，p++ 是合法的，而 score++ 是错误的。

能力拓展 ——指针对字符数组灵活操作及指针作为函数参数的传递

要求用指针方法编写字符串连接函数（_strcat()），并在主函数中调用。

方法一：

程序代码如下：

```
#include "stdio.h"
void _strcat(char *s,char *t);
void main()
{
    char str1[160],str2[80];
    printf("\nPlease enter 2 string:");       /*读入两个字符串*/
    scanf("%s%s",str1,str2);
    _strcat(str1,str2);                        /*调用函数将两个字符串连接*/
    printf("strcat string is %s",str1);        /*输出连接以后的字符串*/
}
void _strcat(char *str1,char *str2)            /*函数定义，实现两个字符串的连接*/
{
    char *p,*q;
    p=str1;                                    /*p 指向字符串 str1 的第一个字符*/
    while(*p!='\0')     p++;                   /*p 一直向后移动直到第一个字符串的结束标志*/
    q=str2;                                    /*q 指向字符串 str2 的第一个字符*/
```

```
    while(*q!='\0')
    {
        *p=*q;                          /* q指向字符串内容覆盖p指向的字符串空间 */
        p++;q++;                        /* p和q同时向后移动 */
    }
    *p='\0';                            /* 字符串结束 */
}
```

方法二：

程序代码如下：

```
#include "stdio.h"
void _strcat(char *str1,char *str2)          /* 函数定义，实现两个字符串的连接 */
{
    int i,j;
    i=0;
    while(*(str1+i)!='\0') i++;
    /*'\0'是字符串的结束标记。开始i值是字符串的首字符的下标，循环结束时i将指向'\0'*/
    j=0;
    while(*(str2+j)!='\0')              /* 将串2的字符一次赋值给串1，直到遇到'\0'结束 */
    {
        *(str1+i)=*(str2+j);
        i++;
        j++;
    }
    *(str1+i)='\0';                          /* 加上字符串的结束标记 */
}
void main()
{
    char str1[160],str2[80];
    printf("\nPlease enter 2 string:");      /* 读入两个字符串 */
    scanf("%s%s",str1,str2);
    _strcat(str1,str2);                      /* 调用函数将两个字符串连接 */
    printf("Strcat string is %s",str1);      /* 输出连接以后的字符串 */
}
```

程序的运行结果为：

```
Please enter 2 string:net work<回车>
Strcat string is network
```

本例两种方法的N-S图分别如图8-11和图8-12所示。

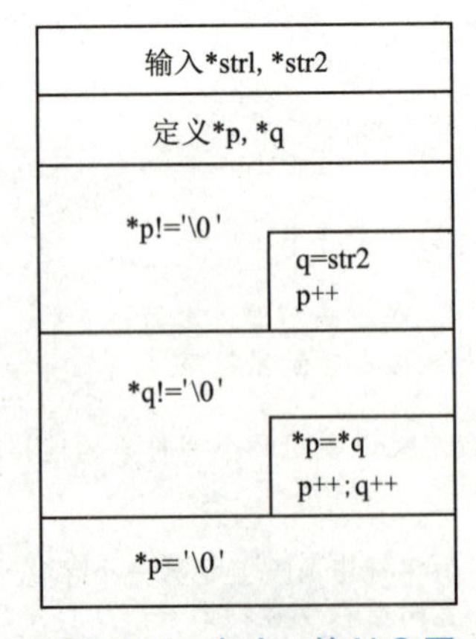

图8-11　方法一的N-S图

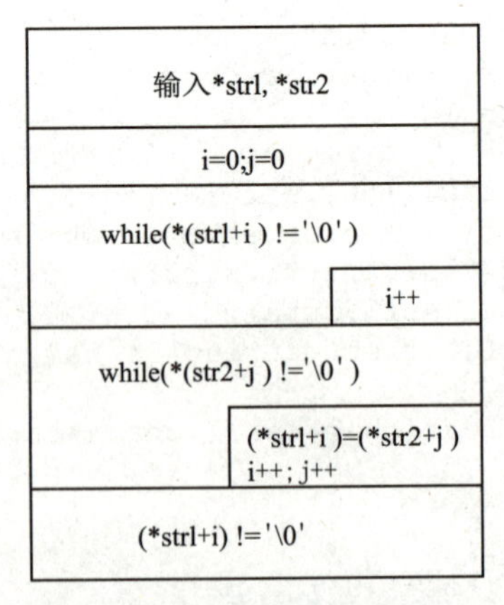

图8-12　方法二的N-S图

注意：

为了与系统的 strcat( ) 函数有所区分，题解中使用的函数名是 _strcat。方法一中使用指针移动处理字符串；方法二中的指针不移动，与数组的操作方法类似。

小　结

拓展阅读

天道酬勤——“书山有路勤为径，学海无涯苦做舟”

本章介绍了 C 语言中一个很重要的概念——指针。

1. 有关指针的数据类型的小结

表 8-1 为指针数据类型的定义形式。

表 8-1　指针数据类型的定义形式

定　义	含　义
int *p;	定义 p 为指向整型数据的指针变量（表中 int 可以用其他类型关键字替换，即可以定义指向其他类型数据的指针变量）
int *p[n];	定义指针数组 p，它由 n 个指向整型数据的指针元素组成
int (*p)[n];	定义指针变量 p，p 为指向含有 n 个元素的一维数组
int *p( );	定义 p 为带回一个指针的函数，该指针指向整型数据
int (*p)( );	定义 p 为指向函数的指针，该函数返回一个整型数据
int **p;	定义 p 为一个指针变量，它指向一个整型数据的指针变量

2. 指针的运算小结

（1）取地址运算符

取地址运算符 & 用于求变量的地址。

（2）取内容运算符

取内容运算符 * 表示指针所指的变量。

（3）赋值运算

赋值运算的作用如下：

① 把变量地址赋予指针变量。

② 同类型指针变量相互赋值。

③ 把数组、字符串的首地址赋予指针变量。

④ 把函数入口地址赋予指针变量。

（4）加减运算

对指向数组、字符串的指针变量可以进行加减运算，如 p+n，p–n，p++，p-- 等。指向同一数组的两个指针变量可以相减。指向其他类型的指针变量进行加减运算是无意义的。

（5）关系运算

关系运算是指向同一数组的两个指针变量之间可以进行大于、小于、等于等比较运算。指针可与 0 比较，p==0 为真时表示 p 为空指针。

3. 指针与指针变量

（1）指针

一个变量的地址称为该变量的指针。通过变量的指针能够找到该变量。

（2）指针变量

指针变量是一种专门存放其他变量在内存中的地址的特殊变量。它的值是变量的地址（而非变量的值）。

指针与指针变量的区别，就是变量值与变量的区别。

4. 指针与数组

指针和数组有着密切的关系，任何能由数组下标完成的操作也都可用指针来实现，但程序中使用指针可使代码更紧凑、更灵活。本章介绍了如何在 C 程序中定义及应用指向一维数组、二维数组及字符数组的指针变量。

5. 指针与函数

指针变量可以指向整型变量、数组、字符串，同样也可以指向函数。本章介绍了用指针指向一个函数（即在指针变量内存放一个函数的入口地址）在 C 程序中的应用，也简单介绍了返回函数值的函数型指针在 C 程序中的使用。

6. 指针型数组

指针是变量，因此也可用指向同一数据类型的指针来构成一个数组，这就是指针数组。数组中的每个元素都是指针变量，根据数组的定义，指针数组中每个元素都为指向同一数据类型的指针。

7. 指针型指针

指针除了可以指向基本变量、数组及函数等数据结构，也可以指向指针型变量。关于指向指针的指针，是 C 语言中理解难度较大的概念，本章只做了简单介绍。

习　题

一、选择题

1. 变量 i 的值为 3，i 的地址为 2000，若欲使指针变量 p 指向变量 i，则下列赋值正确的是（　　）。

A. &i=3;　　　　B. *p=3;

C. *p=2000;　　　　D. p=&i;

2. 设有说明 int s[2]={0,1},*p=s;，则下列错误的 C 语句是（　　）。

A. s+=1;　　　　B. p+=1;

C. *p++;　　　　D. (*p)++;

3. 以下程序运行后，输出结果是（　　）。

```
#include <stdio.h>
void main()

{
   char *s="abcde";
   s+=2;
   printf("%ld\n",s);
}
```

A. cde　　B. 字符 c 的 ASCII 码值

C. 字符 c 的地址　　D. 出错

提示：

若语句 printf("%ld\n",s); 改为 printf("%s\n",s);，则结果选择 A。

4. 下面能正确进行字符串赋值操作的语句是（　　）。

A. char s[6]={"ABCDEF"};　　B. char s[5]={'A'、'B'、'C'、'D'、'E'};

C. char *s;s="ABCDEF";　　D. char*s;scanf("%s",s);

5. 以下程序运行后，如果从键盘上输入 ABCDE< 回车 >，则输出结果为（　　）。

```
#include <stdio.h>
#include <string.h>
func(char str[])
{
   int num =0;
   while(*(str+num)!='\0') num++;
   return(num);
}
void main()
{
   char str[10],*p=str;
   gets(p);
   printf("%d\n",func(p));
}
```

A. 8　　B. 7　　C. 6　　D. 5

6. 以下程序执行后，a 的值是（　　）。

```
#include <stdio.h>
void main()
{
   int a,k=4,m=6,*p1=&k,*p2=&m;
   a=p1==&m;
   printf("%d\n",a);
}
```

A. 4　　B. 1

C. 0　　D. 运行时出错，无定值

7. 若有如下定义和语句，则输出结果是（　　）。

```
int  **pp,*p,a=10,b=20;
p=&a;p=&b;pp=&p;
printf("%d, %d\n",*p,**pp);
```

A. 10,20　　B. 10,10　　C. 20,10　　D. 20,20

8. 以下程序执行后，结果是（　　）。

```
#include <stdio.h>
void main()
{
  int a[10]={1,2,3,4,5,6,7,8,9,10},*p=a;
  printf("%d",*(p+2));
}
```

A. 3　　B. 4　　C. 1　　D. 2

二、填空题

1. 若定义 char *p=" I am a student" ;，则 *(p+3) 的值为 ________。
2. char *pa[10]; 说明 pa 是字符型指针数组名，对吗？ ________。
3. 下面程序的运行结果是 ________。

```
#include <stdio.h>
char b[]="ABCD";
void main()
{
   char *chp;
   for(chp=b;*chp;chp+=2)
      printf("%s",chp);
   printf("\n");
}
```

4. 下面程序的运行结果是 ________。

```
#include <stdio.h>
void main()
{
   int a[10]={19,23,44,17,37,28,49,36},*p;
   p=a;
   printf("%d\n",p[3]);
}
```

5. 下面程序的运行结果是 ________。

```
#include <stdio.h>
void main()
{
   int  x[]={0,1,2,3,4,5,6,7,8,9};
   int  s,i,*p;
   s=0;
   p=&x[0];
   for(i=1;i<10;i+=2)
      s+=*(p+i);
```

```
    printf("sum=%d",s);
}
```

6. 下面程序的运行结果是 ________；程序完成的功能是 ________。

```
#include "stdio.h"
#define M 5
void main()

{
    int a[M]={1,2,3,4,5};
    int i,j,t;
    i=0;j=M-1;
    while(i<j)
    {
        t=*(a+i);
        *(a+i)=*(a+j);
        *(a+j)=t;
        i++;j--;
    }
    for(i=0;i<M;i++)
        printf("%d",*(a+i));
}
```

三、程序设计题（要求使用指针方法实现）

1. 输入三个整数 a，b，c，利用指针方法找出其中的最大值。
2. 用指针变量实现输入 10 个整数存入一维数组，再按逆序重新存放后输出。
3. 从键盘输入一个字符串，存入一个数组中，求出输入的字符串的长度。

项目实训　企业员工考勤系统

一、项目描述

本项目是为了训练使用指针而制定的。

企业员工每天上下班要进行考勤，要求实现每天将进门的员工进行考勤，公布每天应出勤人数、实出勤人数、请假人数等信息。

二、项目要求

根据对本章所学知识的掌握，结合以前学习的 C 语言程序设计方法和步骤，设计、调试程序并运行，输出正确结果。

① 企业员工人数（假定企业员工人数不超过 50 人）和出勤情况从键盘输入。

② 打印出公司所有员工的考勤表。

③ 在程序中掌握指针的使用方法，通过讨论，能独立调试成功。

提示：

可以假设数据域的表示：1 为正常出勤；0 为旷工；2 为请假。

三、项目评价

项目实训评价表

<table>
<tr><th rowspan="2">能力</th><th colspan="2">内　容</th><th colspan="5">评　价</th></tr>
<tr><th>学习目标</th><th>评价项目</th><th>5</th><th>4</th><th>3</th><th>2</th><th>1</th></tr>
<tr><td rowspan="4">职业能力</td><td>能掌握指针的定义</td><td>能理解指针的概念，学会和定义指针</td><td></td><td></td><td></td><td></td><td></td></tr>
<tr><td>能学会指针和数组</td><td>能应用指针操作数组</td><td></td><td></td><td></td><td></td><td></td></tr>
<tr><td>能学会指针和函数</td><td>能掌握指针作为函数参数或返回值</td><td></td><td></td><td></td><td></td><td></td></tr>
<tr><td colspan="2">创新能力</td><td></td><td></td><td></td><td></td><td></td></tr>
<tr><td>通用能力</td><td colspan="2">阅读能力、设计能力、调试能力、沟通能力、相互合作能力、解决问题能力、自主学习能力、创新能力</td><td></td><td></td><td></td><td></td><td></td></tr>
<tr><td colspan="3">综合评价</td><td colspan="5"></td></tr>
</table>

第9章

自己定义数据类型完成复杂数据处理

到目前为止，我们学习了C语言的基本数据类型（整型int、字符型char、单精度型float、双精度型double和空值型void）、构造类型（数组）和指针类型。本章将继续学习C语言中可由用户自己构造的三种数据类型（结构体struct、共同体union、枚举类型enum）和用户定义类型（typedef）的应用。

学习目标

☑学会自己定义数据类型。

☑学会定义使用结构体、共同体、枚举类型。

☑能使用结构体数组解决实际问题。

☑会使用结构体指针。

☑有能力的可掌握链表的建立，以及结点的插入、删除、查找等操作。

☑成员之间、团队之间、朋友之间相互包容，资源共享，培养团队精神，培养人与自然和谐共生的环境保护意识。

本章介绍的结构体——体现团队合作精神。

结构体是把不同类型的成员组合在一起共同构成一种新的结构，实现更多的功能。从结构体的含义和组合的角度挖掘团队精神，体会合作的力量。只要团队的每个成员取长补短，各尽所能，贡献各自的力量，这个团队的集体智慧就是坚不可摧的钢铁长城，就没有攻克不了的难题。

目前的抗疫战斗就是最典型的例子，只要每一个平凡的人都以不同的方式为抗疫做出贡献，我们就能取得抗疫的伟大胜利，目前虽然说是道阻且长，但已是胜利在望。

在实际应用中，一组数据往往具有不同的数据类型。例如，在学生登记表中，学号可为整型或字符型，姓名应为字符串，年龄应为整型，性别应为字符型，成绩可为整型或实型，如表9-1所示，显然不能用一个数组来存放这一组数据，因为数组中各元素的类型和长度都必须一致。为了解决这个问题，C语言中给出了另一种构造数据类型——结构（structure）或叫结构体。它相当于其他高级语言中的记录，可以把多个数据项组合起来，作为一个数据整体进行处理。

表 9-1　学生基本信息表

学　号	姓　名	性　别	年　龄	C 语言成绩	数学成绩	家庭地址
330101	Gaoxing	F	18	78.5	83	Shenzhen
330102	Kangjiali	M	20	82	90.5	Qinhuangdao
330103	Lixiang	F	19	76	82	Shenyang
330104	Maxiaomiao	M	19	90	71.5	Tianjin

视 频

例9.1

【例 9.1】结构体变量的应用。

程序代码如下：

```
/* 功能：结构体使用 */
#include <stdio.h>
main()
{
    struct mydata                          /* 定义结构体类型，名称为 mydata*/
     {
    char name[20];                         /* 姓名 */
    int age;                               /* 年龄 */
    float  score;                          /* 成绩 */
  } s={"zhangliang",18,85.6};
    printf("name:%s\nage:%d\nscore:%.1f\n",s.name,s.age,s.score);
}
```

程序的运行结果为：

```
name:zhangliang
age:18
score:85.6
```

说明

该程序中定义了一个结构体类型，名为 mydata，定义了该类型的变量，名为 s。上面的定义可以看作一个学生的信息，包括三个成员：name，age，score，定义时给定初值，然后输出。输出时，每个成员名前面冠以结构体变量名称 s 加 “.”。s.name 表示学生的姓名，s.age 表示学生的年龄，s.score 表示学生的成绩，使用方法和前面讲的简单变量一样。

思考：

如果再增加其他成员（属性）如学号、性别，应如何修改程序？

9.1　结构体类型及其变量的定义

“结构体”是一种构造类型，它是由若干“成员”组成的。每一个成员可以是一个基本数据类型，或者又是一个构造类型。

9.1.1　结构体类型的定义

结构体类型一般由用户根据需要自己定义。如定义表 9-1 的反映学生基本信息的结构体类型如下：

```
struct student
{
    char num[10];               /* 存放学号 */
    char name[20];              /* 存放姓名 */
    char sex;                   /* 存放性别 */
    int  age;                   /* 存放年龄 */
    float c,math;               /* 存放 C 语言、数学成绩 */
    char addr[30];              /* 存放家庭地址 */
};
```

上述代码定义了一种名为 student 的结构体数据类型，它包括 num，name，sex，age，c，math，addr 等 7 个不同数据类型的数据项（也叫成员、分量），即由 7 个成员组成。该类型一旦定义，在程序中就和系统提供的其他数据类型（如 int，float）一样，可以使用它定义变量。

结构体类型定义的一般形式如下：

```
struct 结构体标识名
{
    类型名 1   结构体成员名 1;  ┐
    类型名 2   结构体成员名 2;  │
    …                          ├成员表列
    类型名 n   结构体成员名 n;  ┘
};
```

说明

①“结构体标识名”是用户定义的结构体的名字，命名规则遵循自定义标识符规则，在以后定义结构体变量时，使用该名字进行类型标识。

②“成员表列”是对结构体数据中每一个数据项成员变量的说明，其格式与定义一个变量的一般格式相同。

③ struct 是关键字，“struct 结构体标识名”是结构体类型标识符，在类型定义和类型使用中 struct 不能省略。

④ 结构体标识名可以省略，此时定义的结构体为无名结构体。

⑤ 整个结构体类型的定义作为一个完整的语句用分号结束。

⑥ 结构体成员名允许和程序中的其他变量（包括本身结构体标识名）同名。

注意：

结构体类型的实质反映了实际应用中数据表的表头信息，可以根据需要自己定义。

有时需要处理的信息比较复杂，如人事管理基本数据表的表头组成如表 9-2 所示。

表 9-2　人事管理基本数据表的表头组成

学　号	姓　名	性　别	年　龄	出生日期 birthday			家庭住址
num	name	sex	age	year	month	day	addr

其结构体类型表示如下：

```
struct  a
{
   int year;
   int month;
   int day;
};
struct student
{
   char num[10],name[20],sex;     /* 定义学号，姓名，性别 */
   int age;                       /* 定义年龄 */
   struct a birthday;             /* 嵌套定义结构体变量 birthday，包含年月日三个成员 */
   char addr[30];                 /* 家庭住址 */
};
```

这是一个嵌套的结构体类型的定义。在定义结构体类型 student 中，有一个成员的定义 struct a birthday；birthday 本身又是一个名称为 a，包括三个成员的结构体。

结构体类型的定义支持嵌套定义和递归定义。ANSI C 标准规定结构体至多允许嵌套 15 层，并且允许内嵌结构体成员的名字与外层成员的名字相同。

嵌套定义的一般形式如下：

```
struct 结构体标识符 1
{
   类型名 1   结构体成员名 1;
   类型名 2   结构体成员名 2;
   …
   类型名 n   结构体成员名 n;
};
struct 结构体标识符 2
{
   类型名 1   结构体成员名 1;
   struct     结构体标识符 1    结构体成员名 2;
   …
   类型名 n   结构体成员名 n;
};
```

9.1.2　结构体类型变量的定义

9.1.1 节介绍了数据类型的定义，真正使用时还需要用这些类型定义变量才能表示数据。例如，如果只有 int 整型，那么只知道其为整型类型，只有有定义如 int x; 的整型变量 x 后，才可以真正存储数据。结构体类型也一样，定义好类型后，就可以定义变量了。可以用以下三种方式定义结构体类型的变量。

① 紧跟在结构体类型说明之后进行定义。例如：

```
struct student
{
    char num[10];                             /* 存放学号 */
    char name[20];                            /* 存放姓名 */
    char sex;                                 /* 存放性别 */
    int  age;                                 /* 存放年龄 */
    float c,math;                             /* 存放 C 语言成绩、数学成绩 */
    char addr[30];                            /* 存放家庭地址 */
} a,*f;                                       /* 定义结构体类型变量 a，指针变量 f*/
```

说明

在这里，说明结构体类型名 struct student 的同时，定义了一个结构体变量 a，结构体类型指针 f。具有这一结构的变量 a 中只能存放一组数据（即一个学生的信息）。

② 先说明结构体类型，再单独进行变量定义。例如：

```
struct student
{
    char num[10];                   /* 存放学号 */
    char name[20];                  /* 存放姓名 */
    char sex;                       /* 存放性别 */
    int  age;                       /* 存放年龄 */
    float c,math;                   /* 存放 C 语言成绩、数学成绩 */
    char addr[30];                  /* 存放家庭地址 */
};                                  /* 类型定义是一个语句，结尾加; */
struct student a,*f;                /* 单独一个语句定义结构体类型变量 a，结构体指针 f*/
```

说明

结构体关键字 struct 应和其定义的结构体名称如上例中的 student 一起使用，不能只使用 struct，而不写结构体标识名 student，因为 struct 不像 int，char 等可以唯一标识一种数据类型。作为构造类型，属于 struct 类型的结构体可以有任意多种具体的模式，结构体标识名用来区分这些不同的结构体类型。不能只写结构体标识名 student 而省掉 struct。因为 student 不是类型标识符，关键字 struct 和 student 一起才能唯一地确定以上所说明的结构体类型。

③ 在说明一个无名结构体类型的同时，直接进行变量定义。例如，以上定义的结构体中可以把 student 略去，写为：

```
struct
{
    char num[10];                             /* 存放学号 */
    char name[20];                            /* 存放姓名 */
    char sex;                                 /* 存放性别 */
    int  age;                                 /* 存放年龄 */
    float c,math;                             /* 存放 C 语言成绩、数学成绩 */
    char addr[30];                            /* 存放家庭地址 */
} a,*f;                                       /* 定义结构体类型变量 a，指针变量 f*/
```

这种方式情况与上面的方式①的区别是仅仅省去了结构体标识名，通常用在不需要再次定义此类型结构变量的情况（方式②不能省略）。初学者不建议这样使用。

视 频

例9.2

9.2 结构体变量的使用

9.2.1 结构体类型成员的引用

【例 9.2】引用结构体变量输出学生信息。

程序代码如下：

```
#include <stdio.h>
#include <string.h>              /* 包含字符串头文件，程序中要使用 strcpy() 函数 */
struct student                   /* 定义结构体类型 */
{
   char name[20];
   char sex;
   int age;
   float score[3];
};
void main()
{
   int i;
   struct student stu,*pt;              /* 声明结构变量 stu 和结构指针 pt*/
   pt=&stu;                             /* 令 pt 指向 stu*/
   strcpy(pt->name,"Li Lin");           /* 用指向运算符引用 stu 的成员，并为各成员赋值 */
   pt->sex='M';
   pt->age=21;
   pt->score[0]=90.0;   /* 用指向运算符引用成员 score 数组中的每一个元素，并赋值 */
   pt->score[1]=85.0;
   pt->score[2]=80.0;
   printf("name:%s\nsex:%c\nage:%d\n",(*pt).name,(*pt).sex,(*pt).age);
                                        /* 用成员运算符引用结构变量的成员，并输出其值 */
   printf("score: ");
   for(i=0;i<3;i++)                     /* 利用循环输出成员 score 数组中的每一个元素的值 */
      printf("%5.2f\t",(*pt).score[i]);
   printf("\n");
}
```

程序的运行结果为：

```
name:Li Lin
sex:M
age:21
score:90.00   85.00   80.00
```

相关知识 1

结构体作为若干成员的集合是一个整体。在使用结构体时，不仅要对结构整体进行操作，而且更多的是要访问结构体中的某个成员。在程序中使用结构体成员的方法为：

```
① 结构体变量名 . 成员名
② 结构体指针变量名 -> 成员名
③ (* 结构体指针变量名 ). 成员名
```

说明

① “.” 称为成员运算符。

② “->” 称为结构指向运算符，由减号和大于号两部分构成。

引用举例：

```
struct  student
{
    char num[10];
    char name[20];
    char sex;
    int  age;
    float c,math;
    char addr[30];
} stu1,stu2,*f;
f=&stu1;
```

这里定义了结构体类型变量 stu1，stu2，可分别存储两名学生的信息，定义一个指向结构体的变量 f，f=&stu1; 表示指针 f 指向存储学生 1 信息的单元，则下述三种赋值方法等价：

```
stu1.age=18;
f->age=18;
(*f).age=18;                    /* 都是将结构体变量 a 的成员 age 赋值为 18*/
```

上面的例题中 f->age=18; 和 (*f).age=18; 是利用指针对结构体变量的引用。

若再有

```
stu2.age=20;
```

则两名学生的平均年龄表示为：

```
(stu1.age+stu2.age)/2
```

所以，结构体成员的引用和前面讲过的变量的引用方法类似。

结构体类型本身只是一种类型名，只有定义了变量才在内存中分配单元。

注意：

结构体变量的存储是线性连续存储，即按照成员的声明顺序连续存储。在内存中结构体变量占用空间为各个成员所用空间的和。

举一反三：

例 9.2 中最后的 printf( ) 函数输出项 (*pt).score[i] 也可写为 pt->score[i]。

9.2.2　结构体类型变量的赋值

类似于一般变量，结构体变量也可以在定义的同时赋值。

1. 结构体变量初始化赋值

所赋初值按成员顺序和格式放在一对花括号中。例如：

```
struct student
{
   char num[10];
   char name[20];
   char sex;
   int  age;
   float c,math;
   char add[30];
} a={"330101","Gaoxing",'F',18,78.5,83,"ShenZhen"};
```

说明

① “{ }” 中初始化数据用逗号分隔。

② 初始化数据按成员先后顺序与结构体成员一一对应赋值。

③ 每个初始化数据必须与其对应的成员的数据类型一致。

2. 通过成员引用方法单独赋值

通过成员引用方法可以单独赋值。例如：

```
struct student
{
   char num[10];
   char name[20];
   char sex;
   int  age;
   float c,math;
   char add[30];
} a,*f;
strcpy(a.num,"330101");          /* 学号为 330101*/
a.sex='F';
a.age=18;
```

注意：

结构体变量本身包含很多成员，由于各个成员的数据类型各不相同，在赋值方式上要注意。

① 对于结构体变量成员字符指针 num，也可以通过结构体指针引用这个成员直接赋值字符串。如 f=&a; f->num="330101"。

② 对于结构体变量成员字符数组 name，可以通过 gets( )，strcpy( )，scanf( ) 等函数赋值。

③ 为结构体成员赋值时，一定要注意各个成员的数据类型。

9.3 结构体数组的应用

和前面学过的数组一样，在实际应用中，往往需要用多个具有相同结构的结构体变量，如 30 名学生的信息如何表示？这就需要用到结构体数组。

9.3.1　结构体数组的应用概述

下面的例子中以 5 名学生的信息为例说明结构体数组的定义、初始化（赋初值）和结构体数组元素的引用方法。

【例 9.3】要求将表 9-3 中 5 名学生的信息录入，再输出来。

表 9-3　学生的信息表

学　号	姓　名	C 语言成绩
201	Gaoxing	79
202	linpingzhi	82
203	yuelingshan	76
204	renyinying	90
205	linghuchong	68

程序代码如下：

```
#include "stdio.h"
void main()
{
   struct student                                   /*结构体类型的定义*/
   {
      int  num;
      char name[20];
      float c;
   };
   struct student  s[5];                            /*结构体类型数组的定义*/
   int i;
   for(i=0;i<=4;i++)
   {   scanf("%d",&s[i].num);                       /*输入学号*/
       scanf("%f",&s[i].c);                         /*输入成绩*/
       gets(s[i].name);                             /*输入姓名*/
   }
   printf("\nNo.    Name      C    \n");            /*打印表头*/
   for(i=0;i<=4;i++)                                /*输出5名学生的信息*/
    {
      printf("\n%-10d",s[i].num);                   /*输出学号，占10位，左对齐*/
      printf("%-20s",s[i].name);                    /*输出姓名，占20位*/
      printf("%-6.1f",s[i].c);                      /*输出c成绩，占6位；保留1位小数*/
   }
}
```

程序的运行结果为：

```
201      79     Gaoxing
202      82     linpingzhi
203      76     yuelingshan
204      90     renyingying
205      68     linghuchong
No.               Name                C
201             Gaoxing              79.0
202             linpingzhi           82.0
203             yuelingshan          76.0
```

```
204             renyingying          90.0
205             linghuchong          68.0
Press any key to continue
```

相关知识 2

1. 结构体数组元素的引用和元素成员的引用

结构体数组元素的引用：

```
结构体数组名 [ 下标 ]
```

结构体数组元素成员的引用：

```
结构体数组名 [ 下标 ]. 成员
```

2. 结构体类型数组的存储

结构体类型数组的存储在整体上和一般数组一样，为线性连续存储，数组名为首地址。在每一个元素中的存储和结构体变量一样，线性排列、连续存储，即按照结构体成员声明的顺序存储。结构体类型数组存储空间为各个元素所占空间的和。

3. 结构体数组的性质

结构体数组融合了结构体和一般数组的性质：

① 数组元素具有相同的数据类型。

② 数组中元素的起始下标从 0 开始。

③ 数组名称表示该数组的首地址。

④ 数组存储在一个连续的内存区域中，所占内存数目为元素所占空间乘以元素个数。

⑤ 数组名和数组指针可以作为函数参数，传递地址。

结构体数组元素是一个由不同数据类型的成员构成的集合，要注意函数传递数组元素成员时有些遵循地址传递规则，有些遵循值传递规则。

课后讨论

结构体数组和整型数组有什么区别和联系？

视 频

例9.4

9.3.2 应用指针处理结构体数组

在实际应用过程中，应用指针对结构体数组进行操作在某种程度上可以简化程序代码的书写，因为无须写下标，设计程序时只需关心指针在数组中的位置即可。例 9.4 可以用指针对结构体数组进行操作来实现。

【例 9.4】应用结构体指针实现输入 / 输出 5 名学生信息。

程序代码如下：

```
#include "stdio.h"
#include "string.h"
void main()
{
   struct student                                    /* 结构体类型的定义 */
   {  int  num;
      char name[20];
```

```
        float c;
    };
    struct student  b[5],*p;                    /* 结构体类型数组的定义 */
    int i;
    p=b;
    for(i=0;i<=4;i++)
    {   scanf("%d",&p->num);
        scanf("%f",&p->c);
        gets(p->name);
        p++;
    }
      printf("\nNo.      Name        C     \n");        /* 打印表头 */
      p=b;
      for(i=0;i<=4;i++)                                 /* 输出 5 名学生的信息 */
      {
          printf("\n%-10d",p->num);              /* 输出学号，占 10 位，左对齐 */
          printf("%-20s",p->name);               /* 输出姓名，占 20 位 */
          printf("%-6.1f",p->c);                 /* 输出 C 成绩，占 6 位；保留 1 位小数 */
          p++;
      }
}
```

程序的运行结果和例 9.3 相同。流程图和 N-S 图如图 9-1 所示。这个例子是用指针操作的结构体数组。显然这种用指针引用结构体似乎更加方便：

```
for(pt=stu;pt<stu+5;pt++) /* 令 pt 指向结构数组，循环输出数组中所有元素的所有成员值 */
    printf("%d\t%s\t\t%c\t%f\t\n",pt->num,pt->name,pt->sex,pt->score);
```

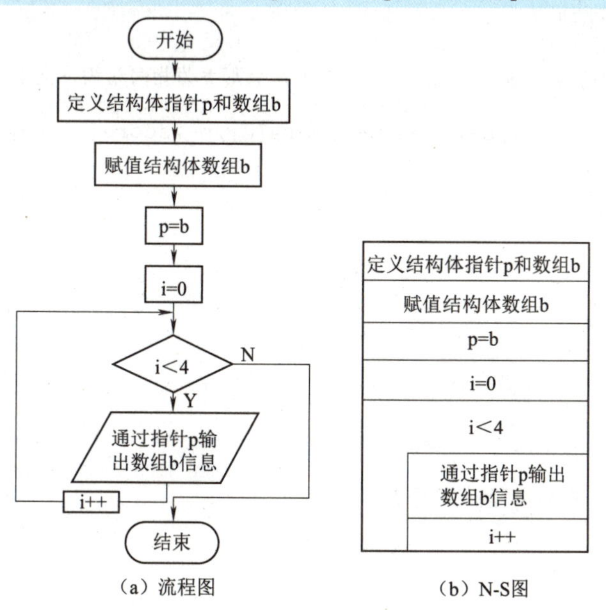

图 9-1　指向结构体数组的结构体指针应用的流程图和 N-S 图

9.4 结构体变量作为函数参数

结构体变量和结构体成员都可以作为函数的参数传递和使用。下面的例子是将结构体变量的

视 频

例9.5

地址作为函数的参数传递的。实参是结构体变量地址，而与其对应的形参为指向结构体变量的指针。

【例 9.5】有一个结构体变量 stu，内含学生学号、姓名和三门课的成绩，要求在 main( ) 函数中赋值，在另一函数 print1( ) 中将它们打印输出。

程序代码如下：

```
#include "stdio.h"
#include "string.h"
#define FORMAT  "%d\n%s\n%f\n%f\n%f\n"                  /* 宏定义 */
struct student                                          /* 定义结构体类型 */
{  int num;
   char name[20];
   float score[3];
};
void main()
{  void print1(struct student *p);                      /* 函数声明 */
   struct student stu;                                  /* 定义结构体类型变量 */
   stu.num=12345;                                       /* 结构体类型变量赋初值 */
   strcpy(stu.name,"Li Lin");
   stu.score[0]=67.5;
   stu.score[1]=89;
   stu.score[2]=78.6;
   print1(&stu);                /* 调用函数 print1()，结构体首地址作为函数参数 */
}

/* 输出结构体函数 */
void print1(struct student *p)          /* 函数形参为指向结构体类型指针变量 */
{
   printf(FORMAT,p->num,p->name,p->score[0],p->score[1],p->score[2]);
}
```

程序的运行结果为：

```
12345
Li Lin
67.500000
89.000000
78.600000
```

思考：

若再加一门课成绩，应如何修改程序？

相关知识 3

结构体变量、结构体变量成员、结构体指针变量也是通过函数调用来实现各个函数模块之间数据的传递的。它们作为函数参数时，仍然分为“值传递”和“地址传递”两种方式。

1.“值传递”方式

(1) 向函数传递结构体变量成员（成员不是数组名或指针）

```
f1(stu.c);                              /* 相当于传递单精度变量为实参 */
```

定义函数如下：

```
f1(float x){...}                        /*形参定义为单精度的简单变量*/
```

(2) 向函数传递结构体变量

```
f2(stu);                                /*相当于传递结构体变量为实参*/
```

定义函数如下：

```
f2(struct student y){...}               /*形参定义为与stu类型相同的结构体变量*/
```

2."地址传递"方式

(1) 向函数传递结构体变量的地址

```
f3(p)
```

或

```
f3(&stu)                                /*相当于传递结构体变量的地址*/
```

定义函数如下：

```
f3(struct student *z){...}              /*形参定义为一个基类型相同的结构体指针变量z*/
```

(2) 向函数传递结构体成员的地址或指针

```
f4(stu.num) 或 f5(&stu.c)               /*相当于传递结构体变量成员的指针*/
```

定义函数如下：

```
f4(char *p){...}
```

或

```
f5(float *q){...}                       /*形参定义为一个基类型相同的指针变量p*/
```

函数参数传递规律的总结：何种情况下传递地址？何种情况下传递参数值？

9.5 结构体应用——链表

9.5.1 动态链表概述

到目前为止，遇到处理“批量”数据问题时，我们都是利用数组来存储。定义数组必须指明元素的个数，从而也就限定了能够在一个数组中存放的数据量。在实际应用中，一个程序在每次运行时要处理数据的数目通常并不确定，数组如果定义小了，将没有足够的空间存放数据，定义大了又会浪费存储空间。另外，在内存紧张的情况下，有时不能为结构体数组分配成百上千字节的连续内存单元。解决这一矛盾的方法就是引入动态数据结构——链表。

链表是结构体最重要的应用，它是一种非固定长度的数据结构，是一种动态存储技术。由于链表中的每一个存储单元都由动态存储分配获得，故称“动态链表”。

图 9-2 所示为单向链表示意图。

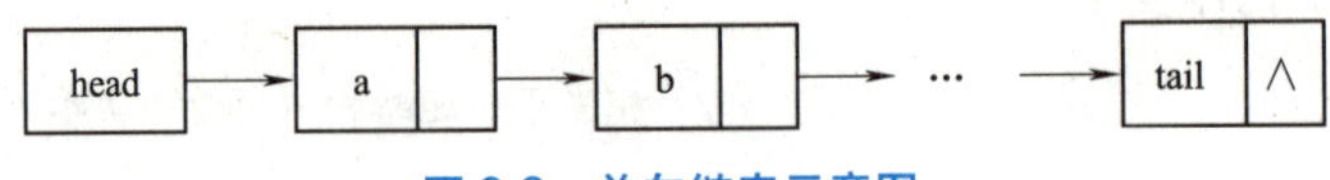

图 9-2　单向链表示意图

链表的“头指针”变量用来指向链表的开始，如图 9-2 中的 head。在 head 中存放链表的第一个结点的地址。链表中的每一个结点都由数据项和地址项两部分组成，地址项指向下一个结点的地址。链表最后一个结点（地址项为 NULL）称为尾结点。

一般结点的前一个结点称为前驱，后一个结点称为后继，如 a 是 b 的前驱，b 是 a 的后继。

9.5.2　用尾插法创建链表

根据新结点插入链表的位置（表头或表尾），链表的建立可分为头插法和尾插法两种。下面以尾插法为例，每调用一次该函数就向当前链表末尾添加一个结点。此时须区分当前链表是否为空表：空表时，头指针 head==NULL，调用 head 指向该新结点；链表非空，则须从 head 找到链表的尾结点，使它的指针项指向新添加的结点数据。

【例 9.6】建立一个存放正整数的动态数据链表。

采用尾插法建立单向链表，主要操作步骤如下：

① 读取数据。

② 生成新结点。

③ 将数据存入结点数据域的成员变量中。

④ 将新结点插入链表中。

重复上述操作直到输入结束。

本例的程序的 N-S 图如图 9-3 所示。

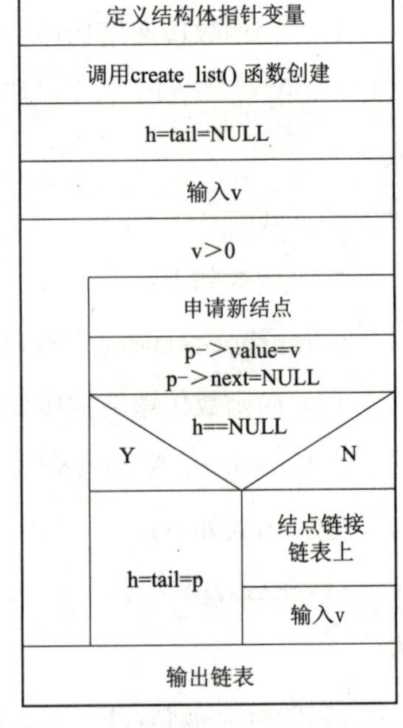

图 9-3　用尾插法建立一个正整数动态数据链表的 N-S 图

程序代码如下：

```
#include <stdio.h>
#include "malloc.h"
struct int_node
{
   int value;
   struct int_node *next;
};
struct int_node *create_list()
{
   struct int_node *h,*tail,*p;
   int v;
   printf("input data.(less 1:finish)\n");                 /* 输入小于等于 0 结束 */
   h=tail=NULL;
```

```
    scanf("%d",&v);
    while(v>0)
    {
      /* 申请新结点所需空间，vc 中也可以直接用语句：p=new struct int node;*/
      p=(struct int_node *)malloc(sizeof(struct int node)); /*sizeof 自动测某类型
在内存中所占用的字节数；标准函数 malloc() 分配内存空间；然后强制为结构体指针类型，由 p 指向 */
      p->value=v;                              /* 给新结点数据域赋值为 v 的值 */
      p->next=NULL;                            /* 给新结点指针域赋值为空指针 */
      /* 如果链表当前为空表，则将 p 所指结点作为链表的首结点，当然也是尾结点 */
      if(h==NULL)
        h=tail=p;
      else
      {                     /* 如果链表不是空表，则将 p 所指结点链接到链表的尾部 */
        tail->next=p;
        tail=p;
      }
      scanf( "%d" ,&v);                        /* 读入下一个结点的值 */
    }
    return h;
}
void main()
{
    struct int_node *p,*q,*h;
    q=create_list();                           /* 调用函数创建链表 */
    h=q;
    /* 输出链表 */
    while(q)
    {
      printf( "%d\n" ,q->value);
      p=q->next;
      free(q);                                 /* 释放内存空间 */
      q=p;
    }
}
```

程序的运行结果为：

输入：

```
10 20 30 -1
```

输出：

```
10
20
30
```

说明

函数 create_list( ) 返回正整数表头指针，即指向链表第一个结点的指针值。链表结点的数据类型为 struct int_node 类型，函数的结果类型为指针类型，指向 struct int_node 类型的结构。

函数 create_list( ) 的功能为：链表新结点总是接在链表的末尾情况下，建立链表。有些情况下，对于新结点放在链表中的位置没有要求，最简单的方法是将新结点插在链表的第一个结点之前，即头插法，对上述实例稍做更改即可。

9.5.3 链表的输出

应用指针对链表的输出非常方便，和数组的输出类似：先将指针指向单链表的首部，每次输出结点数据后，指针指向下一个单元，直到达到链表尾部为止（链表尾部结点的特点是指针为空）。

假设已经创建好一个表示学生信息的链表，由 head 指向，每个结点结构如下：

```
struct student
{
   int no,score;
   struct int_node *next;
};
```

则实现输出的函数如下：

```
/* 以下函数 print() 用于输出由表头指针 head 指向的链表 */
void print(struct  student  *head )
{
   struct  student  *p;
   p=head;
   while(p!=NULL)
   {
      printf("%d %d\n",p->no,p->score);
      p=p->next;
   }
}
```

关于链表的插入、删除、查询等操作请参看后面的“能力拓展”部分。

课后讨论

链表的应用和数组的应用有什么区别？各有什么优缺点？

9.6 共同体类型

共同体也称联合，是另一种构造型数据类型，它可以用于表示几个不同类型的变量共用一段同一起始地址的存储单元。直观地讲，共同体可以把相同的数据部分当作不同的数据类型来处理，或用不同的变量名引用相同的数据部分，如可以使整型变量 i、字符型变量 ch、单精度变量 f 共同使用从某一地址开始的一段内存，如图 9-4 所示。i，ch 和 f 三个变量都使用起始地址是 1000 的一段内存；i 使用 1000，1001 两个内存单元（说明：Turbo C 中 int 类型变量占用两个单位，在 Visual C 中占用的是四个单元，即 i 将使用 1000，1003 四个内存单元）；ch 使用 1000 一个内存单元；f 使用 1000 ~ 1003 四个内存单元。

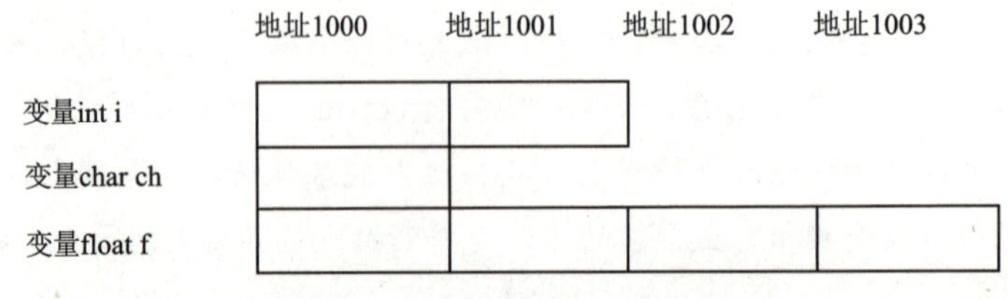

图 9-4 多变量共用内存的图示

共同体与结构体数据类型一样，不是一种固定结构的数据类型，它需要使用 C 语言系统提供的关键字 union 按照一定的格式先行定义，然后才能作为一种数据类型在程序中使用。它的定义形式及共同体变量的说明、引用方式与结构体类型及结构体变量十分相似。

【例 9.7】共同体类型变量的引用。

程序代码如下：

```
#include <stdio.h>                              /* 包含头文件 */
union data                                      /* 定义共同体类型 */
{
    int i;
    float f;
    char ch;
};
void main()
{
   union data x,*pt;                            /* 声明共同体变量和共同体指针 */
   pt=&x;                                       /* 令指针 pt 指向共同体变量 x*/
   x.i=3;                                       /* 用共同体变量引用成员 i*/
   printf("x.i=%d\n",x.i);
   pt->f=1.2;                                   /* 用指针运算符引用成员 f*/
   printf("x.f=%f\n",pt->f);
   (*pt).ch='A';                                /* 用指针运算符引用成员 ch*/
   printf("x.ch=%c\n",(*pt).ch);
}
```

程序的运行结果为：

```
x.i=3
x.f=1.200000
x.ch=A
```

9.6.1　共同体类型的定义

共同体类型定义的一般形式如下：

```
union 共同体标识名
{
   类型名 1   共同体成员名 1;  ┐
   类型名 2   共同体成员名 2;  │
     …                         ├成员表列
   类型名 n   共同体成员名 n;  ┘
};
```

例如：

```
union data
{
   char ch;
   int b;
};
```

上面定义了名字为 data 的共同体类型，该类型允许字符型变量 ch 和整型变量 b 共用同一起始地址的存储单元。

9.6.2 共同体类型变量的定义引用

类似于结构体变量的说明形式，常用三种方法说明共同体变量，只是将结构体关键字 struct 换为 union。下面通过实例说明。

① 紧跟在共同体类型说明之后进行定义：

```
union data
{
   char ch;
   int b;
}a,b;
```

② 在说明一个无名共同体类型的同时，直接进行定义：

```
union
{
   char ch;
   int b;
}a,b;
```

③ 先说明共同体类型，再单独进行变量定义：

```
union data
{
   char ch;
   int b;
};
union data a,b;
```

共同体是对多个变量共享同一段内存的定义，因此，单独使用共同体变量没有什么意义，只能通过引用共同体成员的方式来使用共同体变量。引用方式与结构体变量引用方式相同。可用“.”或“->”运算符引用共同体变量的成员变量。

9.6.3 共同体类型的特点

共同体类型的特点如下：

① 同一内存单元在每一瞬时只能存放其中一种类型的成员，并非同时都起作用，起作用的成员是最后一次存放的成员。在存放一个新的成员后原有的成员就失去作用。

② 与结构体变量不同，共同体变量不能在定义时初始化，不能作为函数参数。

③ 共同体变量的地址和它的各成员的地址都是同一个起始地址值。

④ 共同体各个成员都是从低地址方向开始使用内存单元。

共同体变量与结构体变量的本质区别在于两者的存储方式不同：

结构体的成员变量存储是按声明顺序连续存储，各占不同起始地址的存储单元，存储总空间为各个成员存储空间的和；而共同体的成员变量存储时共用同一起始地址的存储单元，共同体变量所占字节数与长度最长的成员变量所占用的字节数相同。

共同体在一些书籍上称为“联合体”“共用体”，这只是翻译名称不同而已。它常用于对数据进行类型转换、压缩数据字节或程序移植等方面。

9.7 枚举类型

在编写程序过程中，经常遇到变量取值能够列举的情况。例如，表示星期的变量取值有星期一至星期日 7 个值，表示月份的变量取值有 1 月至 12 月 12 个值。为了更好地处理这一类变量，ANSI C 增加了枚举数据类型，它是通过选择枚举表列中确定的枚举标识符定义的。把变量允许的取值明确列举出来，使得程序更直观，增加了可读性。

【例 9.8】枚举类型变量的引用。

程序代码如下：

```
#include <stdio.h>                                          /* 包含头文件 */
enum week{Sun=7,Mon=1,Tue,Wed=3,Thur,Fri=5,Sat};            /* 定义枚举类型 week*/
main()
{
   enum week day1,day2;                                     /* 声明枚举变量 */
   day1=Sun;                                                /* 给枚举变量赋值 */
   day2=Thur;
   printf("day1=%d,day2=%d\n",day1,day2);                   /* 输出两个枚举变量的值 */
}
```

程序的运行结果为：

```
day1=7,day2=4
```

相关知识 4

枚举类型是一种由用户构造的数据类型，和结构体、共同体一样，不是一种固定结构的数据类型，通过关键字 enum 进行定义。定义类型后，可以使用其类型定义枚举变量。

1. 枚举类型

枚举类型定义形式如下：

```
enum 枚举类型标识名
{
   枚举表列 ;
};
```

例如：

```
enum weekday{sun,mon,tue,wed,thu,fri,sat};
```

上面定义了名字为 weekday、关键词为 enum 的枚举类型，“{}”中为枚举值，即变量可以取的值。

2. 枚举类型变量

枚举类型变量有三种说明形式：

① 先说明枚举类型名，再说明枚举变量。例如：

```
enum weekday s;
```

② 在说明枚举类型名的同时说明枚举变量。例如：

```
enum weekday{sun,mon,tue,wed,thu,fri,sat} s;
```

③ 直接按枚举类型的结构模式说明枚举变量。例如：

```
enum {sun,mon,tue,wed,thu,fri,sat} s;
```

注意：

① 枚举元素是常量，默认情况下元素的值是其在枚举值表中的顺序号。从第一个枚举元素开始，顺序号依次为 0，1，2，…。

② 枚举变量可用作循环控制变量，但此时要求枚举变量所对应的整数值是增量值为 1，枚举变量及枚举元素之间可以进行比较运算。例如，mon<wed 为真。

③ 枚举变量或枚举元素可以作为数组元素的下标，但此时须注意越界问题。

④ 枚举变量不能进行键盘输入操作；枚举变量或枚举元素不能直接输入枚举元素标识符，但可以直接输入它们对应的整数值。

⑤ 在定义枚举类型时，可以指定枚举常量的值。例如：

```
enum weekday{sun=7,mon=1,tue,wed,thu,fri,sat};
```

此时，tue，wed 等的值从 mon 的值顺序加 1，如 tue=2。

⑥ 整型与枚举类型是不同的数据类型，但仍然可以使用一个整数直接为枚举类型变量赋值。例如，s=2; 或 s=(enum weekday)2。

9.8 用 typedef 定义类型

C 语言除提供了标准类型名（如 int，char，long，float，double，void 等）供用户直接使用外，也允许用户自己定义所需的数组、指针、结构体、共同体、枚举等构造类型。

另外，C 语言还允许使用关键字 typedef（type definition 缩写），由用户自己定义有一定字面含义的新类型名，并以这些类型名来说明变量，以达到提高程序可读性的目的。

9.8.1 定义已有类型的别名

定义已有类型的别名的方法不是定义新的数据类型，而仅仅是对于已经存在的数据类型名再定义一个新名字，用它替代已存在的数据类型名来进行变量的说明（就像一个人有两个名字一样），以使程序更容易理解和识别，也可以提高移植性。typedef 的使用格式如下：

```
typedef 类型  类型的别名；
```

例如：

```
typedef int clock;                 /* 定义 clock 为整型类型的替代名 */
clock hour,sec;                    /* 声明 hour，sec 为 clock 类型 */
typedef int INTEGER;               /* 定义 INTEGER 为整型类型的替代名 */
INTEGER  a,b;
```

使用 int 的替代名 INTEGER 后，可使熟悉 FORTRAN 语言或 Pascal 语言的人也能识别所用的数据类型，不能不说这也是其好处之一。

9.8.2　定义构造类型的别名

定义构造类型别名的方法是用 typedef 来定义用于直接说明构造类型变量的“构造类型名”和“别名”。利用 typedef 定义构造类型名的形式如下：

```
typedef   类型  构造类型名
typedef struct  aa
{ char num[10];
  char name[20];
  int age;
} STU;
```

定义了结构体类型的“构造类型名”STU，它和结构体类型 struct aa 作用相同。特别是，即使没有结构体标识名 aa，STU 也是同样有效的构造类型名。所以，struct aa s1,s2; 和 STU s1,s2; 是同样的变量说明。

9.8.3　typedef 的应用

【例 9.9】typedef 的应用程序举例。由类型别名定义的变量和原类型定义的变量是等价的。

程序代码如下：

```
/* 功能：typedef 的应用程序举例 */
#include <stdio.h>
void main()
{
   typedef int INTEGER;                /* 定义新的整型替代类型名 INTEGER*/
   typedef float REAL;                 /* 定义单精度类型名 REAL*/
   typedef struct
   {
      int month;
      int day;
      int year;
   } DATE;                             /* 定义结构体类型的构造类型名 DATE*/
   INTEGER i,j;                        /* 用替代类型名声明整型变量 i，j*/
   REAL p1,p2;                         /* 用构造类型名声明实型变量 p1，p2*/
   DATE bir;                           /* 声明结构体类型变量 bir*/
   i=2;j=i++;
   p1=80.5;p2=92.1;
   bir.year=1989;bir.month=10;bir.day=1;
   printf("\ni=%d,j=%d,",i,j);
   printf("birthday=%d/%d/%d,",bir.year,bir.month,bir.day);
   printf("score=%.2f",(p1+p2)/2);
}
```

程序的运行结果为：

```
i=3,j=2,birthday=1989/10/1,score=86.30
```

课后讨论

对枚举类型、结构体数据类型和共同体数据类型进行列表比较其异同。

技能训练 1 结构体类型及变量的应用

训练目的与要求： 学会结构体类型及变量的定义，并进行简单的应用。

训练题目： 学生的学籍信息录入与输出，包括学号、姓名、年龄和入学成绩等信息。

案例解析： 学生的学籍信息包括学号、姓名、年龄和入学成绩等多项不同类型的数据，把这些数据组合在一起，用一种数据类型来表示，就要考虑用结构体类型。首先定义结构体类型，然后定义这种类型的变量，并在程序中给变量赋值，最后输出变量的值。

程序代码如下：

```
#include <stdio.h>
struct  student                           /* 定义一种数据类型，student 为结构体 */
{                                         /* 说明结构体 student 的具体内容 */
   int num;                               /* 定义一个整型变量表示学号 */
   char  *name;                           /* 定义一个指针变量表示姓名 */
   int  age;                              /* 定义一个整型变量的年龄 */
   char  sex;                             /* 定义一个字符型变量表示性别 */
   float  score;                          /* 定义一个单精度浮点型变量表示分数 */
};
void main()                               /* 主函数 */
{
   struct  student st1,st2;               /* 定义 st1，st2 为 student 类型 */
   st1.num=9901;                          /* 给变量 st1 的 num 成员赋值 */
   st1.name="zhangli";                    /* 给变量 st1 的 name 成员赋值 */
   st1.sex='m';                           /* 给变量 st1 的 sex 成员赋值 */
   st1.age=23;                            /* 给变量 st1 的 age 成员赋值 */
   st1.score=92.5;                        /* 给变量 st1 的 num 成员赋值 */
   st2.num=9902;                          /* 给变量 st2 的成员赋值 */
   st2.name="wangwu";
   st2.sex='f';
   st2.age=22;
   st2.score=94.5;
   printf("num---name-----sex-age-score\n");        /* 输出表头 */
   printf("%-6d%-9s%-4c%-4d%-5.1f\n",st1.num,st1.name,st1.sex,st1.age,
   st1.score);                                      /* 输出变量 st1 的值 */
   printf("%-6d%-9s%-4c%-4d%-5.1f\n",st2.num,st2.name,st2.sex,st2.age,
   st2.score);                                      /* 输出变量 st2 的值 */
}
```

程序的运行结果为：

```
num---name-----sex-age-score
9901  zhangli  m   23  92.5
9902  wangwu   f   22  94.5
```

注意：

① 忘记结构体类型定义必须以分号结尾，如将 struct student {int num; float score; }; 错误地写成 struct student {int num; float score;}。

② 错误地只使用逗号作为定义结构体类型中不同类型的成员的分隔符，如将 struct student {int num;float score;}; 错误地写成 struct student{int num,float score;}。

③ 错误地使用 struct 或 student 来定义结构体变量，如将 struct student st1,st2; 错误地写成 struct st1,st2; 或 student st1,st2。

技能训练 2　结构体数组的应用

训练目的与要求：学会结构体数组的定义与应用。

训练题目：记录三个学生的基本数据，包括姓名和学号，输出第一个学生的姓名及第二个学生姓名的首字母。

案例解析：本题可以使用结构体数组，因为这三个学生要记录的数据都是关于姓名和学号的。首先定义结构体类型，然后定义这种类型的数组，并在程序中给数组元素赋值，最后输出数组元素中姓名成员的值（按照题目的要求输出）。

程序代码如下：

```
#include "stdio.h"
struct  sampl                                 /* 定义 struct sampl 类型 */
{
   char  name[10];
   int  number;
};
struct sampl test[3]={{"WangBing",10},{"LiYun",20},{"HuangHua",30}};
                                              /* 给 struct  sampl 类型的数组 test 赋值 */
void main()
{
   printf("%s%c\n",test[0].name,test[1].name[0]);
                                              /* 输出 test 数组第一个元素的 name 的值 */
                                              /* 输出 test 数组第二个元素的 name 的第一个字符的值 */
}
```

程序的运行结果为：

```
WangBingL
```

注意：

① 忘记给结构体数组赋值是要每个元素由该类型组成，如将 struct sampl test [3]= {{"WangBing",10},{"LiYun",20},{"HuangHua",30}}; 错误地写成 struct sampl test [3]={"Wang Bing", "LiYun", "HuangHua",10,20,30};。

② 错误地以结构体数组元素名来引用结构体数组元素的值，如将 test[0].name 错误地写成 test[0]。

技能训练 3 结构体指针

训练目的与要求：学会指向结构体数组指针的定义和使用，体会在结构体中应用的方法。

训练题目：阅读下面的程序，分析指针的位置和移动方向。

案例解析：分析下面的程序。

程序代码如下：

```
#include "stdio.h"
struct  s
{int  x,y;}data[2]={10,100,20,200};     /*定义 struct s 类型的同时定义了结构体数组data*/
                                         /*它有两个元素，并赋了值*/

void main()
{
   struct  s  *p=data;                   /*定义了指向结构体数组的指针变量 p*/
   printf("%d\n",++(p->x));              /*通过指针变量引用结构体数组元素的成员*/
}
```

程序的运行结果为：

```
11
```

分析

本题通过指针引用变量，为引用结构体变量的成员提供了另一种方法。如果定义了指向结构体的指针变量，还可以通过给其分配空间来使指针变量有值，即可以直接使用指针。

注意：

下面是初学者易犯的错误。

① 忘记给指针赋值（或误以为只要指针定义为结构体类型就指向定义的变量或数组了），如将 struct s *p=data; 写成 struct s *p; 就是错误地使用 p 来引用数组 data 元素的成员。

② 错误地使用运算符，如将 printf("%d\n",++(p->x)); 错写成 printf("%d\n",++(p.x));。

能力拓展 1 ——各种变量作为函数参数的综合示例

程序代码如下：

```
#include <stdio.h>
#include <string.h>
struct  student
{
   char *num,name[20];
   float c,vb;
};
void f1(float x,float y)                          /*形式参数为简单变量*/
{ printf("\nstu.c+stu.vb=%f",x+y);}
void f2(struct student a)                         /*形参为结构体变量*/
{printf("\nstu.num:%s,stu.name:%s,stu.c:%5.1f",a.num,a.name,a.c);}
```

```
void f3(struct student *q)                   /* 形参为指向结构体的指针变量 */
{printf("\nstu.num:%s,stu.name:%s,stu.c:%5.1f",q->num, q->name,q->c);}
void f4(char *q)                             /* 形参为字符指针 */
{printf("\nq:%s",q);}
struct student f6(struct student x)/* 形参为结构体变量，函数返回值为结构体类型 */
{
   x.num="aaaaa";x.c=100;
   return x;
}
struct student *f7(struct student *x)        /* 形参为结构体指针，函数返回值为指向结构体
                                                的指针类型 */
{
   strcpy(x->name,"hhhhhh");x->vb=0;
   return x;
}
void main()
{
   struct student  stu={"04201","Anshili",78.5,83};
   struct student *p,b,*q;
   p=&stu;
   f1(stu.c,stu.vb);                     /* 传递结构体成员的值 */
   f2(stu);                              /* 传递结构体变量 */
   f3(p);                                /* 传递指向结构体的指针，这种方法较节省空间 */
   f4(stu.num);                          /* 传递结构体的分量 */
   b=f6(stu);                            /* 传递结构体的变量值 */
   q=f7(&stu);                           /* 传递结构体变量的首地址 */
   printf("\nb.num:%s,b.c:%5.1f\n",b.num,b.c);
   printf("\nq->name:%s,q->vb:%5.1f\n",q->name,q->vb);
}
```

程序的运行结果为：

```
stu.c+stu.vb=161.500000
stu.num:04201,stu.name:Anshili,stu.c:78.5
stu.num:04201,stu.name:Anshili,stu.c:78.5
q:04201
b.num:aaaaa,b.c:100.0

q->name:hhhhhh,q->vb:0.0
```

能力拓展 2 ——链表综合实例

编一个能对动态单向链表进行建立、输出、查找、插入、删除及释放操作的程序。

算法分析：

（1）建立单向链表

建立单向链表的主要操作步骤如下：

① 读取数据。

② 生成新结点。

③ 数据存入结点数据域成员变量中。

④ 将新结点插入到链表中。

(2) 输出链表

输出链表的操作步骤如下：

① 知道链表第一个结点的地址。

② 设一个指针变量，它指向第一个结点，并且输出所指向的结点。

③ 将指针后移一个结点。

④ 直到输出最后一个结点，也就是指针指向链表的尾结点。

(3) 查找链表

查找链表的步骤如下：

① 知道链表第一个结点的地址。

② 设一个指针变量，使其指向第一个结点。

③ 将输入值与当前指针指向的结点的数据比较，不相等就将指针后移一个结点，相等就停止查找，输出该结点的值。

④ 直到查找到最后一个结点，也就是指针指向链表的尾结点，表示没有找到。

(4) 插入一个结点

插入一个结点的操作步骤如下：

① 查找到欲插入的位置（也可指定位置），移动的时候要看是否在表头或表尾。

② 使欲插入位置的前驱结点存储欲插入结点的地址，而它则存储后继结点的地址。如果要插入多个结点，则要有分配存储空间的处理。

(5) 删除结点

删除结点的操作步骤如下：

① 查找到欲删除的结点（也可指定位置）。

② 分别保存要删除结点的前驱和后继地址。

③ 把后继地址赋给前驱的指针。

④ 释放当前删除结点的内存。

(6) 释放链表

释放链表的结点和输出差不多，也是每一个结点都释放，只是不用输出结点。

程序代码如下：

```
#include "stdio.h"
#include "malloc.h"
/* 建立动态单向链表，结点的类型如下 */
struct  student                                    /* 定义链表结构 */
{
   int no;                                         /* 学号 */
   int score;                                      /* 成绩 */
   struct  student  *next;
};
/* 以下函数 creat() 用于建立一个链表，其表头结点指针是 head，它是一个全局变量 */
#define  NULL 0
#define  LEN sizeof(struct  student)
struct  student *head;
struct  student *creat()                           /* 产生一个链表，头指针为 head*/
{
```

```
    struct  student  *p,*q;
    int n,i;
    printf("how many:");                                  /*学生人数*/
    scanf("%d",&n);
    for(i=0;i<n;i++)
    {
       p=(struct  student *)malloc(LEN);
       printf("NO:");  scanf("%d",&p->no);                /*学号*/
       printf("score:");  scanf("%d",&p->score);          /*成绩*/
       if(i==0)  head=p;
       else  q->next=p;
       q=p;
    }
    p->next=NULL;
    return(head);                                         /*返回头指针*/
}
/*以下函数print()用于输出由表头指针head指向的链表*/
void print(struct  student  *head )
{
    struct  student  *p;
    p=head;
    while(p!=NULL)
    {
       printf("%d %d\n",p->no,p->score);
       p=p->next;
    }
}
/*以下函数find()用于在由表头指针head指向的链表中查找学号等于n的结点*/
void  find(struct  student  *head)
{
    int n;
    struct  student *p;
    printf("enter No:");                                  /*输入学号*/
    scanf("%d",&n);
    p=head;
    while(p!=NULL&& p->no!=n)
       p=p->next;
    if(p!=NULL) printf("%d %d\n",p->no,p->score);
    else printf("not find  %d  student\n",n);             /*不存在该学号的学生*/
}
/*以下函数用于在由表头指针head指向的链表中的第i个结点之后插入一个结点p*/
struct  student  *insert(struct  student  *head)
{
    int  i,j;
    struct  student  *p,*q;
    printf("enter int i(i>0):");                          /*输入正整数i*/
    scanf("%d",&i);
    p=(struct  student *)malloc(LEN);
    printf("NO:");  scanf("%d",&p->no);
    printf("score:");  scanf("%d",&p->score);
    if(i==0)                       /*i=0表示插入的结点作为该链表的第一个结点*/
    {
       p->next=head;
       head=p;
```

```
    }
    else
    {
       q=head;
       for(j=1;j<i;j++)     q=q->next;                /* 找到第 i 个结点，由 q 指向 */
       if(q!=NULL)
       {
          p->next=q->next;
          q->next=p;
       }
       else   printf("i too bigger\n");
    }
    return(head);                                     /* 返回头指针 */
}
/* 以下函数用于在由表头指针 head 指向的链表中删除第 i 个结点 */
struct  student  *deleted(struct  student  *head)
{
    struct  student  *p,*q;
    int  i,j;
    printf("enter int i(i>0):");                      /* 输入正整数 i*/
    scanf("%d",&i);
    if(i==1)                                          /* 删除表头结点 */
    {
       p=head;
       head=head->next;
       free(p);
    }
    else
    {
       q=head;
       for(j=1;j<i-1;j++)    q=q->next;
                                                      /* 找到第 i-1 个结点，由 q 指向它 */
       if(q!=NULL)
       {
          p=q->next;                                  /* p 指向要删除的结点 */
          q->next=p->next;                            /* 从链表中删除结点 p*/
          free(p);
       }
       else  printf("i too bigger \n");
    }
    return(head);                                     /* 返回头指针 */
}
/* 以下函数 flist() 释放由表头指针 head 指向的链表 */
flist(struct  student  *head)
{ struct  student  *p;
    while(head!=NULL)
    {
       p=head;
       head=head->next;
       free(p);
    }
```

```
    printf("nothing\n");
}
void main()                                          /* 主函数 */
{
    struct  student  *head;
    head=creat();                               /* 调用 creat() 函数建立链表 */
    print(head);
    find(head);
    head=insert(head);
    print(head);
    head=deleted(head);
    print(head);
    flist(head);
}
```

程序的运行结果为：

```
how many: 2<回车>                    (输入学生人数为 2)
NO: 01<回车>                         (以下输入这两名学生的信息)
score: 90<回车>
NO: 04<回车>
score: 96<回车>
1 90<回车>                           (输出链表信息)
4 96<回车>
enter No: 04<回车>                   (输入要查找的学生的学号)
4 96<回车>                           (输出该学生的信息)
enter int i(i>0): 1<回车>            (输入要插入的位置在第一个结点之后)
NO: 02<回车>                         (以下是输入要插入学生的信息)
score: 91<回车>
1 90<回车>                           (输出链表信息)
2 91<回车>
4 96<回车>
enter int i(i>0): 2<回车>            (输入要删除结点的位置)
1 90<回车>                           (输出链表信息)
4 96<回车>
nothing                              (链表已释放完毕)
```

小 结

拓展阅读

中国计算机事业著名科学家——CCF终身成就奖获得者

在本章读者学会了自己根据需要定义所学的数据类型，如结构体、共同体等，因此可以描述和处理实际应用中比较复杂的数据。共同体数据类型和结构体数据类型比较相似，但也存在明显的区别。共同体是由多个成员组成的一个组合体，其本质是使多个变量共享同一段内存，共同体变量中的值是最后一次存放的成员的值，共同体变量不能初始化，共同体变量的存储空间长度是成员中最大长度值的值。枚举类型中枚举元素是常量，不是变量，枚举变量通常由赋值语句赋值。

链表是结构体类型数据的一个典型应用，链表的每个结点由数据域和指针域组成。链表是一种动态的数据存储结构。

已有的数据类型也可以通过 typedef 定义为其别名来使用。

习　题

一、选择题

1. 当定义一个结构体变量时，系统分配给它的内存是（　　）。

A. 各成员所需内存量的总和　　B. 结构中第一个成员所需内存量

C. 结构中最后一个成员所需内存量　　D. 成员中占内存量最大者所需的容量

2. 设有以下说明语句，

```
struct  ex
{ int x;float y;char z;}example;
```

则下面的叙述中不正确的是（　　）。

A. struct 是结构类型的关键字　　B. example 是用户定义的结构类型名

C. x,y,z 都是结构成员名　　D. struct ex 是用户定义的结构类型

3. static struct {int a1;float a2;char a3;}a[10]={1,3.5,'A'}; 说明数组 a 是地址常量，它有 10 个结构体型的下标变量，采用静态存储方式，其中被初始化的下标变量是（　　）。

A. a[1]　　B. a[-1]　　C. a[0]　　D. a[10]

4. 在下列程序中，枚举变量 c1 和 c2 的值分别是（　　）。

```
#include <stdio.h>
void main()
{     enum color {red,yellow,blue=4,green,white}c1,c1;
      c1=yellow;
      c2=white;
      printf("%d,%d\n",c1,c2);
}
```

A. 1，6　　B. 3，5　　C. 5，7　　D. 6，1

5. 已知有如下定义，若有 p=&data，则对 data 中的成员 a 的正确引用是（　　）。

```
struct sk
{    int a;
     float b;
}data,*p;
```

A. (*p).data.a　　B. (*p).a　　C. p->data.a　　D. p.data.a

6. 设有以下定义和语句：

```
struct student
{  int num,age;
};
struct student stu[3]={{2001,20},{2002,21},{2003,19}};
struct student *p=stu;
```

则以下错误的引用是（　　）。

A. (p++)->num　　B. p++

C. (*p).num　　D. p=&stu.age

7. 以下关于 typedef 的叙述不正确的是（　　）。

A. 用 typedef 可以定义各种类型名，但不能用来定义变量

B. 用 typedef 可以增加新类型

C. 用 typedef 只是将已存在的类型用一个新的名称来代表

D. 使用 typedef 便于程序通用

二、程序阅读题

1. 下面程序的运行结果是 ________。

```
#include <string.h>
#include <stdio.h>
struct stu
{
    int num;
    char name[10];
    int age;
};
void fun(struct stu *p)
{
    printf("%s\n",(*p).name);
}
void main()
{
   struct stu students[3]={{01,"Zhang",20},{02,"Long",21},{03,"Qian",19}};
   fun(students+2);
}
```

2. 下面程序的运行结果为 ________。

```
#include <stdio.h>
void main()
{
    struct  example
    {
          union
          {     int x;
                int  y;
          }in;
          int   a;
          int   b;
}e;
    e.a=1;  e.b=2;
    e.in.x=e.a*e.b;
    e.in.y=e.a+e.b;
    printf("%d,%d",e.in.x,e.in.y);
}
```

提示:

该题是一个结构体类型里嵌套了共同体类型。结构体类型一共三个成员 (in ,a,b)，第一个成员 in 是一个联合体类型，它本身有 x 和 y 两个成员，同一时刻只有一个成员起作用，在存放一个新的成员后原有的成员就失去作用。

三、程序填空题

结构数组中存有三人的姓名和年龄，以下程序输出三人中最年长者的姓名和年龄。请填空。

```
static  struct  man
{  char name[20];
   int age;
}person[]={"liming",18,"wanghua",19,"zhang-ping",20};
void main()
{  struct  man   *p,*q;
   int old=0;
   p=person;
   for( ;_____?_____;)
      if(old<p->age)
      {  q=p;______?______;}
   printf("%s %d", ____?______);
}
```

四、程序设计题

1. 定义一个结构体变量（包括年、月、日）。计算该日在本年中是第几天，距离元旦还有几天。注意闰年问题。

2. 有 10 个学生，每个学生的数据包括学号、姓名、三门课的成绩。从键盘输入 10 个学生数据，要求打印出三门课总平均成绩，以及最高分的学生的数据（包括学号、姓名、三门课的成绩、平均分数）。

3. 写一个函数，建立一个有三名学生数据的单向动态链表。

项目实训　企业员工档案管理及信息查询

一、项目描述

本项目是为了训练结构体数据类型（共同体数据类型）而设计制定的。全班可分若干小组，每组 5 ~ 6 名成员，各成员要有合作和分工。完成如下程序的编写：

① 企业员工档案的基本信息如下表所示：

职工编号	姓　名	性　别	年　龄	业　绩	联系方式

试根据上述表中内容定义一个结构体类型，声明结构体变量 staff 数组。

② 编程实现结构体数组（可以使用链表），将 5 名员工的数据输入计算机，并列表从屏幕输出并具有查询功能。

二、项目要求

根据所学的内容，检查对 C 语言的结构体（共同体）以及程序结构、程序运行、调试过程的理解，编写出程序，并调试至运行正常。

① 程序中的员工相关信息可以自行设定。

② 编写函数，通过调用函数实现:

a. 按工作证号、姓名等查找员工的有关信息并在屏幕上输出。

b. 输出业绩最高的员工相关信息。

通过讨论，能独立调试成功，根据程序运行的结果分析程序的正确性。

提示:

应用结构体数组建立员工信息管理程序，学会结构体数组的查询，按结构体分量中的业绩排序或直接求出最大值，即为优秀员工，输出其信息即可。

三、项目评价

项目实训评价表

<table>
<tr><th rowspan="2">能力</th><th colspan="2">内　容</th><th colspan="5">评　价</th></tr>
<tr><th>学习目标</th><th>评价项目</th><th>5</th><th>4</th><th>3</th><th>2</th><th>1</th></tr>
<tr><td rowspan="5">职业能力</td><td>能理解结构体类型</td><td>能学会定义结构体表示实际数据</td><td></td><td></td><td></td><td></td><td></td></tr>
<tr><td>能掌握结构体使用</td><td>能学会结构体变量成员的赋值和引用</td><td></td><td></td><td></td><td></td><td></td></tr>
<tr><td rowspan="2">能学会使用结构体数组和指针</td><td>能学会结构体数组的声明和使用</td><td rowspan="2"></td><td rowspan="2"></td><td rowspan="2"></td><td rowspan="2"></td><td rowspan="2"></td></tr>
<tr><td>能学会用指针对结构体的操作</td></tr>
<tr><td>能学会结构体和函数</td><td>能掌握结构体变量、变量成员、结构体指针作为函数实参的参数传递规则</td><td></td><td></td><td></td><td></td><td></td></tr>
<tr><td>通用能力</td><td colspan="2">阅读能力、设计能力、调试能力、沟通能力、相互合作能力、解决问题能力、自主学习能力、创新能力</td><td></td><td></td><td></td><td></td><td></td></tr>
<tr><td colspan="3">综合评价</td><td colspan="5"></td></tr>
</table>

第10章 应用文件管理数据

在前面各章进行数据处理时，无论数据量有多大，每次运行程序都须通过键盘输入，程序处理的结果也只能输出到屏幕上，当程序退出时，这些数据也就不在内存中了。如果将输入/输出的数据以磁盘文件的形式存储起来，则在进行大批量数据处理时将会十分方便。本章介绍文件的概念、分类，文件操作的一般过程，文件指针，文件的打开和关闭，文件的读写和文件定位等。

学习目标

☑理解文件的概念，了解文件的特点及分类。

☑掌握文件指针的概念和使用方法、文件打开和关闭。

☑掌握文件的读/写。

☑掌握文件定位、检错与处理。

☑适应新时代，勇于创新，迎接新技术挑战。

大数据时代，数据是非常宝贵的资源。数据要素已经像房屋、土地一样作为生产要素，数据要素也将向市场流通可以进行交易。关于数据等信息资源已经上升为国家战略，涉及国家安全和社会治理，信息必须为经济社会赋能，因此必须要加强数据要素的保护和安全合理使用。

信息的采集和存储离不开计算机。计算机的内存容易“健忘”,所以数据必须保存在硬盘、光盘、U盘等“不健忘”的外存上。这些能大量、永久保存信息的媒介，一般都以文件的形式提供给用户及应用程序使用。通过本章学习，要理解文件的操作流程，打开、读写、关闭等操作一步都不能省略，要学会保存资料，学会资源共享，学会温故知新，提高信息安全意识，在信息时代为经济社会发展做出更好的贡献。

10.1 文件概述

10.1.1 文件的概念

文件是计算机中的一个重要概念，通常是指存储在外部介质上的数据的集合。存储程序代码

的文件称为程序文件，存储数据的文件称为数据文件。文件一般指存储在外部介质上具有名字（文件名）的一组相关数据的集合。用文件可长期保存数据，并实现数据共享。

程序中的文件：在程序运行时由程序在磁盘上建立一个文件，并通过写操作将数据存入该文件；或由程序打开磁盘上的某个已有文件，并通过读操作将文件中的数据读入内存供程序使用。

C 程序中的输入和输出文件，都以数据流的形式存储在介质上。按数据在介质上的存储方式，可分为文本文件和二进制文件。这两种文件都可以用顺序方式或随机方式进行存取。

1. 文件的读和写

在程序中，当调用输入函数从外部文件中输入数据赋给程序中的变量时，这种操作称为读操作；当调用输出函数把程序中变量的值或程序运行的结果输出到外部文件中时，这种操作称为写操作。

2. 流式文件

“流”可以解释为流动的数据及其来源或去向，并将文件看成承载数据流动所产生的结果（磁盘读 / 写、屏幕显示、键盘输入等）的媒介。而对文件的读 / 写（存取）就看成在“文件流”中取出或放入数据。在 C 语言中，对于输入和输出的数据都按“数据流”的形式进行处理。也就是说，输出时，系统不添加任何信息；输入时，逐一读入数据，直到遇到 EOF 或文件结束标志。

3. 文本文件和二进制文件

文本文件（文本数据流）：一个文本数据流是一行行的字符，每一个字符以其 ASCII 码形式存放，每一个字符占一个字节，如图 10-1 所示。每行行尾用换行符 '\n' 作为行结束标志。文本文件的结束标志在头文件 stdio.h 中定义为 EOF（EOF 的值就是整数 -1），可对其进行检测。文本文件的优点是可以使用 DOS 的 type 命令和各种文本编辑器直接阅读，但文本文件占用存储空间较多，计算机进行数据处理时需要转换为二进制数据形式，程序执行效率就降低了。

文本数据流格式 int n=16961;	'1'=31h	'6'=36h	'9'=39h	'6'=36h	'1'=31h
	00110001	00110110	00111001	00110110	00110001

二进制数据流格式 int n=16961;	41h	42h
	00110001	00110110

图 10-1　文本数据流和二进制数据流格式存放同一数据示例

二进制文件（二进制数据流）：二进制数据流由与内存中存储形式完全相同的数据及对应的数据 I/O 操作构成。二进制文件所占存储空间少，数据可直接在程序中使用而不必进行转换，程序执行效率较高，如图 10-1 所示。但是二进制文件不能使用 DOS 的 type 命令或文本编辑器直接阅读。

4. 顺序存取文件和随机存取文件

顺序存取文件的特点是：每当“打开”这类文件，进行读 / 写操作时，总是从文件的开头开始，从头到尾顺序地读 / 写，也就是说，当顺序存取文件时，要读第 n 个字节时，先要读取前 n–1 个字节，而不能一开始就读到第 n 个字节，写也一样。因此，在某些情况下，顺序存取的方式相当缓慢，尤其当数据量非常庞大时。

随机（直接）存取文件的特点：可以通过调用 C 语言库函数去指定开始读（写）的字节号，然后进行读（写）。利用随机存储的方式进行数据查找时，通常会由一个公式（如二分法）来计算文件指针要指向哪一条数据，找到符合条件的数据后，再对该数据进行存取的操作。

5. 有缓冲区文件和无缓冲区文件

有缓冲区文件处理，就是数据在存取时，系统先将数据放置到一块缓冲区中，并不会直接和磁盘发生关系，如图 10-2 所示。所谓缓冲区，是系统在内存中为各文件开辟的一片存储区。利用这种方式处理数据的好处是不需要不断地进行磁盘的输入和输出，可以增加程序执行的速度；其缺点是占用了一块内存空间。此外，如果没有关闭文件或者系统关机，会因为留在缓冲区里的数据尚未写入磁盘而造成数据的流失。

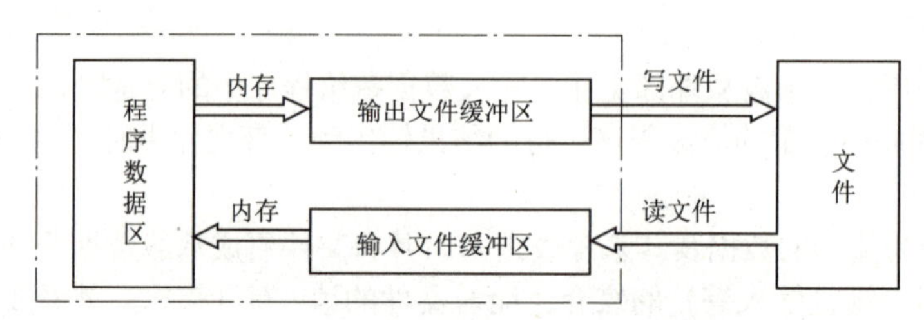

图 10-2　使用缓冲区的文件读 / 写示意图

无缓冲区文件处理，就是数据存取时直接通过磁盘，并不会先将数据放到一个较大的空间（缓冲区）。利用这种方式处理数据的好处，就是不需要占用一大块内存空间做缓冲区，同时只要程序中进行数据的写入操作，马上就可以完成写盘工作，如果系统突然关机，损失较小。其缺点是，读 / 写速度慢，降低程序执行速度。

无缓冲区文件操作函数不在 ANSI C 推荐标准之内，故本书不予介绍。

10.1.2　文件的指针

文件指针，实际上是指向一个结构体类型的指针（第 9 章曾介绍过）。这个结构体中包含诸如缓冲区的大小、在缓冲区中当前存取的字符的位置、文件缓冲区的使用程度、文件操作模式、文件内部读写位置、是否出错、是否已经遇到文件结束标志等信息。该结构体类型由 C 语言系统事先定义，包含在头文件 stdio.h 中，通过 typedef 把此结构体类型定义为名为 FILE 的构造类型。

在 C 语言中，凡是要对已打开文件进行操作，都要利用指向该文件结构的指针。因此，需要在程序中定义 FILE 型指针变量，并使其指向要操作的文件。定义形式如下：

```
FILE * 指针变量名 ;
```

例如：

```
FILE *fp;                    /* 定义一个文件结构类型的指针变量 fp*/
```

10.1.3　文件的一般操作过程

使用文件要遵循一定的规则，同其他高级语言一样，在使用文件之前应该先打开文件，使用结束后关闭文件。使用文件的一般步骤如下：

① 打开文件：建立用户程序和文件的联系，系统为文件开辟文件缓冲区。

② 操作文件：指对文件的读、写、追加和定位操作。

读操作：从文件中读出数据，即将文件中数据输入计算机内存。

写操作：向文件中写入数据，即将计算机内存中数据输出到文件。

追加操作：将新的数据写到文件原有数据的后面。

定位操作：移动文件读 / 写指针的位置。

③ 关闭文件：切断文件与程序的联系，将文件缓冲区的内容写入磁盘，并释放文件缓冲区。

磁盘文件不仅数量多，而且数据流的流向不确定，既可向磁盘文件写入（流入）数据，也可以从磁盘文件读取（流出）数据，还可对打开的同一个磁盘文件进行读 / 写操作。因此，使用磁盘文件时，需要编程人员自己打开或关闭文件，而且在打开文件时必须自己选择文件的使用模式。

10.2 对文件进行操作

10.2.1 文件的打开 / 关闭

打开文件操作是使用文件的第一个步骤，而关闭文件操作则是使用文件的最后一个步骤。C 语言系统分别提供了 fopen( ) 函数和 fclose( ) 函数来实现文件的打开和关闭，它们的函数原型在 stdio.h 中。

相关知识 1

1. fopen( ) 函数

调用方式：

```
FILE *fopen(char *filename,char *mode);
```

功能：打开一个流并把一个文件与这个流相连接。

实现打开文件，它涉及三项内容：选择要进行操作的文件名、选择该文件的使用模式和确定操作该文件时的文件指针。

例如：

```
FILE *fp;                          /* 定义文件指针 */
fp=fopen("abc.txt","r");           /* 以只读的形式打开文件 abc.txt，指向文件的指针是 fp*/
```

又如：

```
FILE *fp1;
fp1=("d:\\file1.txt","w");
/* 其意义是打开 D 驱动器磁盘的根目录下的文件 file1.txt，并且以“写”方式打开。两个反斜线“\\”
中的第一个表示转义字符，第二个表示根目录 */
```

使用 fopen( ) 函数打开文件共有 12 种文件使用方式，以具有特色含义的符号表示，如表 10-1 所示。

表 10-1　文件使用方式

文件使用方式	含　义	组织形式
"r"（只读）	打开已经存在的文件，用于只读	文本文件

续表

文件使用方式	含　义	组织形式
"w"（只写）	创建或重建文件，用于只写	文本文件
"a"（追加）	在文件尾增加数据，若文件不存在则创建只写	文本文件
"rb"（只读二进制）	打开已经存在的文件，用于只读	二进制文件
"wb"（只写二进制）	创建或重建文件，用于只写	二进制文件
"ab"（追加二进制）	在文件尾增加数据，若文件不存在则创建只写	二进制文件
"r+"（可读可写）	打开已经存在的文件，用于读 / 写	文本文件
"w+"（可读可写）	创建或重建文件，用于读 / 写	文本文件
"a+"（可读可写）	在文件尾增加数据，若文件不存在则创建只读 / 写	文本文件
"rb+"（可读可写二进制）	打开已经存在的文件，用于读 / 写	二进制文件
"wb+"（可读可写二进制）	创建或重建文件，用于读 / 写	二进制文件
"ab+"（可读可写二进制）	在文件尾增加数据，若文件不存在则创建只读 / 写	二进制文件

说明

① 用 "r"（只读）方式打开文件只能用于程序从文件输入数据，不能向文件输出数据，而且要求该文件已经存在，不能打开一个并不存在的用于 r 方式的文件，否则函数 fopen( ) 将返回空指针 NULL。

② 用 "w"（只写）方式打开的文件只能用于向文件输出数据，不能从该文件中输入数据，如果打开时原文件不存在，则新建一个以指定名字命名的文件，如果原来已存在一个以该文件名命名的文件，则在打开时将该文件删去，然后重新建立一个以该名字命名的新文件。

③ 用 "a"（追加）方式打开的文件，表示不删除原文件里的数据，而是从文件的末尾开始添加数据，要求被打开的文件已经存在，打开后，文件的位置指针将定位在文件的末尾，如果打开的文件已经存在，则函数 fopen( ) 返回一个空指针 NULL。

④ 用 "r+"，"w+"，"a+"（读 / 写）方式打开的文件，既可以从文件输入数据，也可以向文件输出数据，其中 "r+" 只允许打开已存在的文件，用 "w+" 方式打开，则系统新建一个文件，先向文件输出数据，然后才能从文件中输入数据。用 "a+" 方式是打开已经存在的文件，并且文件的位置指针定位在文件的末尾，先准备向文件添加数据，以后也可以从文件中输入数据。

⑤ 上述打开的文件都是针对文本文件，如果要打开二进制文件，必须在使用方式后面添上字符 b，如 "rb" 表示以只读方式打开一个二进制文件。

⑥ 如果用 "r" 方式打开一个并不存在的文件，或磁盘损坏、磁盘空间不足等情况下打开文件，都会使打开文件失败。此时 fopen( ) 函数将返回一个空指针 NULL。所以常用下面的方法打开一个文件。例如:

```
if((fp=fopen("file1","r"))==NULL)
{     printf("cannot open this file\n");
      return 0;
}
```

这个程序段的意义是：如果在以只读的方式打开文件 file1 时，返回的是空指针 NULL，则表示该文件打开失败，则在屏幕上给出提示信息“cannot open this file”。

2. fclose( ) 函数

磁盘文件读 / 写是函数通过数据缓冲区进行的，使用缓冲型 I/O 函数操作文件后，应及时关闭用过的文件，系统会将与文件相关联的缓冲区中的数据全部写入磁盘文件中，以保证文件中数据的完整性。通常程序正常情况由 main( ) 函数结束返回操作系统，或调用 exit( ) 函数返回操作系统时，所有文件会自动正常关闭。但若用 abort( ) 函数，或是程序执行时出错，或是中途停电关机等非正常中断，文件则不会自动关闭，可能造成缓冲区中数据的丢失或出现错误。

调用方式：

```
int fclose(FILE *stream);
```

功能：关闭与流相连接的文件，把缓冲区中内容全部写入该文件，释放内存单元。

例如，关闭 fopen( ) 函数打开的 abc.txt 文件：

```
fclose(fp);
```

说明

① 关闭文件时并不使用文件名，而是使用在打开文件时赋予的文件指针。

② 操作系统对同时打开文件的个数有一定限制，所以先关闭不再使用的文件，再打开另一个文件是良好的习惯。

③ 可以使用 ferror( ) 函数确定和显示错误类型，一般是在磁盘空间用完、磁盘过早取出、磁盘写保护等时候出现文件关闭错误。

10.2.2　文件的基本读 / 写操作

视 频

例10.1

文件的读 / 写是文件的基本操作，先看下面的例题：

【例 10.1】从键盘输入一个字符串并以 # 结束，将小写字母全部转换成大写字母，写入文件 test.txt 中，再把该文件内容读出来显示在屏幕上。

程序代码如下：

```
#include <stdio.h>
void main()
{
    FILE *fp;
    char ch1,ch[50];
    int i=0;
    fp=fopen("test.txt","w");               /* 用 " 写 " 方式打开文本文件 test.txt*/
    printf(" 请输入一个字符串，以 '#' 结束 :\n");
    while((ch[i]=getchar())!='#')           /* 输入字符直到输入“#”键为止 */
    {
        if(ch[i]>='a'&&ch[i]<='z')          /* 判断字符是否是小写字母 */
            ch[i]=ch[i]-32;                 /* 如果是小写字母，就转换成大写字母 */
        fputc(ch[i],fp);                    /* 将转换后的字符写入文件指针 fp 所指的文件中 */
        i++;
    }
```

```
    fclose(fp);
    if((fp=fopen("test.txt","r"))==NULL)    /*用"读"方式打开文本文件 test.txt*/
    {
        printf("不能打开文件 .\n");
        return(0);
    }
    ch1=fgetc(fp);                          /*将字符从文件指针 fp 所指的文件中读出 */
    while(ch1!=EOF)                         /*判断是否到了文件的末尾 */
    {
        putchar(ch1);
        ch1=fgetc(fp);
    }
    printf("\n");
    fclose(fp);
}
```

程序的运行结果为：

```
请输入一个字符串，以 '#' 结束：
i love china#<回车>
I LOVE CHINA
```

说明

① 程序中首先以写的方式打开文件，每输入一个字符，文件内部位置指针向后移动一个字节。写入完毕，该指针已经指向文件末尾。如果要把文件从头读出，必须先关闭文件，再将文件以读的方式打开。

② 第二个 while 循环每执行一次，fgetc( ) 函数就从 fp 所指的文件中读出一个字符给字符变量 ch1，并且用 putchar( ) 函数将它显示在屏幕上。

相关知识 2

1. 向文件读 / 写字符

(1) fputc( ) 函数

一般形式如下：

```
fputc(ch,fp);
```

功能：将字符 ch 的值输出到 fp 所指向的文件中，即向指定文件中写入一个字符。如果输出成功，函数返回值就是输出的字符；如果不成功，则返回一个 EOF。

(2) fgetc( ) 函数

一般形式如下：

```
ch=fgetc(fp);
```

功能：从 fp 指向的文件中读取一个字符，赋值给变量 ch，文件指针后移一个字符位置。

若当前读取的文本文件，当遇到文件结束标志时，fgetc( ) 函数的返回值为 EOF。在编程中，经常用该返回值判断读取文本文件是否到了结尾。

C 语言还提供了 feof( ) 函数，在程序中判断被读文件是否已经读完。不管是文本文件，还是二进制文件，当遇到结束标志时，feof( ) 返回值均为 1，否则返回值为 0。

2. 向文件读 / 写字符串

（1）fgets( ) 函数

一般调用形式：

```
fgets(str,n,fp);
```

功能：从 fp 所指向的文件中读入 n–1 个字符放入 str 为起始地址的空间内。如果在未读满 n–1 个字符，已读到一个换行符或一个 EOF（文件结束标志），则结束本次读操作。确切地说，调用 fgets( ) 函数时，最多只读入 n–1 个字符。读入结束后，系统将自动在最后加 '\0'，并以 str 作为函数返回值。

（2）fputs( ) 函数

一般调用形式：

```
fputs(str,fp);
```

功能：将以 str 为首地址的字符串写入 fp 指向的文件中。用此函数进行输出时，字符串最后的 '\0' 并不输出，也不自动添加 '\0'。输出成功函数值为 0，否则为非 0。

3. 向文件读 / 写整型数据

（1）getw( ) 函数

一般调用形式：

```
i=getw(fp);
```

功能：和 fgetc( ) 函数的作用一样，不同的是读入的是整型数据。

（2）putw( ) 函数

一般调用形式：

```
putw(i,fp);
```

功能：和 fputc( ) 函数的作用一样，不同的是写入的是整型变量值。

10.2.3　文件的格式化读 / 写

1. fscanf( ) 函数

一般调用形式：

```
fscanf(fp,格式字符串,输入地址表列);
```

功能：从 fp 指定的文件中，按照说明的格式向变量提供数据，其中“格式字符串”和“输入地址表列”与 scanf( ) 函数的参数要求相同。

例如：

```
fscanf(fp,"%d%f",&i,&j);
/*从 fp 指向的文件中读取一个整型数赋给变量 i，一个实型数赋给变量 j*/
```

2. fprintf( ) 函数

一般调用形式：

```
fprintf(fp,格式字符串,输出表列);
```

功能：将指定变量的值，按照一定的格式写入 fp 指定的文件中，其中“格式字符串”和“输出表列”与 printf( ) 函数的参数要求相同。

例如：

```
fprintf(fp,"%d,%f",i,j);
/* 将整型变量 i 和实型变量 j 的值按照 %d 和 %f 的格式输出到 fp 指向的文件中 */
```

视频

例10.2

【例 10.2】将一名学生的姓名、年龄和身高先存到一个文件中再读出来显示。

程序代码如下：

```
#include <stdio.h>
struct STUDENT                                         /* 定义结构体类型 STUDENT*/
{
   char name[20];                                      /* 定义姓名字符数组 */
   int age;                                            /* 定义年龄 */
   float height;                                       /* 定义身高 */
};
void saveToFile(struct STUDENT s);                     /* 函数声明 */
void loadFromFileAndPrint();                           /* 函数声明 */
int main()                                             /* 主函数 */
{
   struct STUDENT s={"zhangsan",23,178.5};             /* 定义结构体变量 s 并赋初值 */
   saveToFile(s);                                      /* 调用函数将数据存入文件 */
   loadFromFileAndPrint();                             /* 调用函数将数据从文件读出并显示出来 */
}

void saveToFile(struct STUDENT s)                      /* 函数声明：将数据存入文件 */
{
   FILE *fp=fopen("d:\\student.stu","w");              /* 打开文件 */
   if(fp==NULL)
   {
      printf("打开文件失败！");
      exit(1);
   }
   fprintf(fp,"%s\n",s.name);                          /* 将数据存入文件 */
   fprintf(fp,"%d\n",s.age);
   fprintf(fp,"%.2f\n",s.height);
   fclose(fp);                                         /* 关闭文件 */
}
void loadFromFileAndPrint()                            /* 函数声明：将数据从文件读出并显示出来 */
{
   FILE *fp=fopen("d:\\student.stu","r");
   char name[20];
   int age;
   float height;
   if(fp==NULL)
   {
      printf("打开文件失败！");
      exit(1);
   }
   fscanf(fp,"%s",name);          /* 读取文件中数据 */
   fscanf(fp,"%d",&age);
   fscanf(fp,"%f",&height);
```

```
    printf("name is %s \nage is %d \nheight is %f \n",name,age,height);
    fclose(fp);
}
```

这是一个文件的格式化读写例题。程序的运行结果为：

```
name is zhangsan
age is 23
height is 178.500000
```

说明

fscanf 扫描的特点是，只按固定格式扫描，不管换行不换行。如果一行只扫描了一半，则接着扫描后面的数据。

上面的程序设计中通过文件变量指针两次以不同方式打开同一文件，分别“写入”和“读出”格式化数据。有一点很重要，那就是用什么格式写入文件，就一定用什么格式从文件读，否则，读出的数据与格式控制符不一致，会造成数据出错。

10.2.4 文件的数据块读 / 写

1. fread( ) 函数

一般调用形式：

```
fread(buffer,size,count,fp);
```

功能：把 fp 指定文件中的一个数据块 size*count 读到内存 buffer 数组中。

参数说明：

① fp 是读取数据的文件指针。

② buffer 是接收文件数据的内存首地址，通常是数组名、指针变量名等。

③ size 是一个数据块的字节数（块的大小）。

④ count 是执行一次 fread( ) 函数读取的数据块的数目。

例如，设 abc.txt 一个文本文件，s 是长度为 60 的 char 型一维数组，则执行如下语句，将读出 abc.txt 文件中的前 40 个字符，并依次存储到数组 s 的前 40 个元素中：

```
FILE *fp;
fp=fopen("abc.txt","r");
fread(s,4,10,fp);
```

2. fwrite( ) 函数

一般调用形式：

```
fwrite(buffer,size,count,fp);
```

功能：把 buffer 数组中的一些数据块 size*count 写到 fp 指定的文件中。函数中参数解释同 fread( ) 函数。

10.2.5 文件的定位

磁盘文件中的数据是按字节连续存放的字符序列，文件中数据的基本读 / 写单位是字节。

前面介绍的磁盘文件操作函数都是按顺序读 / 写的，即从文件开始位置，依次连续地读 / 写一定长度的数据。实际编程中，允许用户从文件的任何位置读 / 写任何字节长度的数据，所以 C 语言还提供了一些文件定位函数。

定位函数涉及的相关术语如下：

① 文件头：磁盘文件数据开始位置。

② 文件尾：磁盘文件数据结束之后的位置。

③ 文件当前位置指针：表示当前读或写的数据在文件中的位置。当通过 fopen( ) 函数打开文件时，文件位置指针总是指向文件的开始，即第一个数据之前。当文件位置指针指向文件末尾时，表示文件结束。当进行读操作时，从文件位置指针所指位置开始，读后面的数据，然后位置指针自动后移到刚读过的数据之后，以备下次读写操作。当进行写操作时，总是从文件位置指针所指位置开始去写，然后自动移到刚写入的数据之后，以作为下一次操作的起始位置。

1. fseek( ) 函数

一般调用形式：

```
fseek(fp,offset,origin);
```

功能：移动文件位置指针到指定的位置上，作为下次读 / 写操作的开始位置。

其中，fp 是文件指针；offset 是以字节为单位的位移量，为长整型数；origin 是起点，用于指定位移量从那个位置为基准的，起始点既可以用标识符表示，也可以用数字表示，如表 10-2 所示。对于二进制文件，当位移量为正整数，表示后移；为负整数，表示前移。对于文本文件，位移量必须是 0，否则字符翻译会造成位置上的错误。

表 10–2　表示起始点的标识符和数字对应表

标　识　符	数　字	含　　义
SEEK_SET	0	文件开始
SEEK_END	2	文件末尾
SEEK_CUR	1	文件当前位置

例如：

```
fseek(fp,-20L,2); /* 表示文件位置指针从二进制文件尾前移 20 个字节 */
```

2. ftell() 函数

一般调用形式：

```
long t; t=ftell(fp);
```

功能：获得文件当前指针的位置，给出当前指针相对于文件头的字节数。当函数调用出错时，函数返回 -1L。

通过此函数检测文件长度：

```
fseek(fp,0L,SEEK_END); t=ftell(fp);
```

3. rewind( ) 函数

一般调用形式：

```
rewind(fp);
```

功能：使文件的位置指针返回到文件头。此函数操作成功返回 0，否则返回非 0。

10.2.6　文件的检错与处理函数

在磁盘的读 / 写操作中，可能出现各种错误。例如，磁盘介质缺陷造成的读 / 写失败、磁盘写保护、磁盘驱动器未准备就绪等。为了避免这些错误带来其他更严重的后果，需要及时地进行检错与处理。除了磁盘读 / 写函数的返回值可以判断操作是否成功外，C 语言还提供了检错与处理函数。

1. ferror() 函数

一般调用形式：

```
int i;i=ferror(fp);
```

功能：函数返回值为 0，则当前操作没有错误；否则表示操作出错。

对于同一个文件，每次调用读 / 写函数，都将产生一个新的函数值 ferror( )。因此，在调用一个读 / 写函数后，应立即检查 ferror( ) 函数值，如果出错，及时修改。否则出错信息将被下一次调用冲掉。

2. clearerr( ) 函数

一般调用形式：

```
void clearerr(fp);
```

功能：将文件的出错标记和文件结束标记重置为 0。

3. exit( ) 函数

一般调用形式：

```
void exit(int status);
```

功能：函数 exit( ) 使程序立即正常终止，状态值（status）为 0 值表示正常终止，状态值（status）为非 0 值表示出现错误后终止程序。执行 exit( ) 函数将清除缓冲区和关闭所有打开的文件，释放缓冲区，程序按正常情况由 main( ) 函数结束，并返回操作系统。

课后讨论

文件的操作步骤有哪些？

10.3　文件的应用

文件在实际应用中作用很大，可以保留从键盘输入的数据，以文件的形式保存在硬盘、U 盘等存储介质上。一方面作为资料保存，一方面留作以后使用。下面的例题说明在 C 程序中如何将输入的数据保存到文件，再显示出来。

例10.3

【例 10.3】由键盘输入原始数据，并以二进制格式存入磁盘文件 file1 中，再从磁盘文件 file1 中随机读取数据进行显示。

算法分析：首先以写的模式创建一个文件 file1，通过循环向文件中写入数据，以“#”为输入结束的标志。其次以读的模式打开文件 file1，通过 fseek( ) 函数和 ftell( ) 函数移动文件位置指针，并检测文件位置指针到文件首的字节数。使用 fseek( ) 函数移动文件位置指针，并通过 putc( ) 函数输出文件位置指针后面的内容。

程序代码如下：

```
#include <stdio.h>
#include <stdlib.h>
void main()
{
    FILE *fp;
    char ch;
    long curpos;
    if((fp=fopen("file1","wb"))==NULL)
    {
        printf("Can't open file1.\n");
        exit(1);
    }
    while((ch=getchar())!='#')                      /* 输入"#"结束 */
        putc(ch,fp);                                /* 向 fp 指向的文件写入 ch*/
    fclose(fp);
    if((fp=fopen("file1","rb"))==NULL)
    {
        printf("Can't open file1.\n");
        return 1;                                   /* 或 exit(1)*/
    }
    fseek(fp,0L,2);                                 /* 移动文件位置指针到文件尾 */
    printf("Total size of file1 is %ld bytes.\n",ftell(fp));/* 显示文件的总字节数 */
    rewind(fp);                                     /* 文件位置指针重置文件首 */
    printf("Now,file indicator points %ld bytes.\n",ftell(fp));
    /* 显示文件首的字节数 */
    while(ch=getc(fp),!(feof(fp)))                  /* 逗号表达式（读取字符，检测文件尾）*/
       putc(ch,stdout);                             /* 输出到显示器，直到文件尾部 */
    printf("Now,file indicator points %ld bytes.\n",ftell(fp));
                                                    /* 显示当前文件位置 */
                                                    /* 设定文件要移动的步长，7 个字节 */
    curpos=7L;
    fseek(fp,curpos,0);                 /* 移动文件位置指针，从头开始向后移动 curpos 长度 */
    printf("After move %ld bytes, ",curpos);        /* 显示向后移动指针位置长度 */
    printf("Now,file indicator points %ld bytes.\n",ftell(fp));
                                                    /* 显示当前文件位置 */
    while(ch=getc(fp),!(feof(fp)))      /* 从当前指针位置开始，输出文件内容直到结束 */
        putc(ch,stdout);
    printf("\n");
    fclose(fp);                                     /* 关闭文件 */
}
```

程序的运行结果为：

```
I Love China!#                                      （键盘输入的数据）
```

```
Total size of file1 is 13 bytes.                  (显示文件总长度的字节数)
Now,file indicator points 0 bytes.                      (显示当前文件指针的位置)
I Love China!Now,file indicator points 13 bytes.    (输出全部内容后显示指针位置)
After move 7 bytes, Now,file indicator points 7 bytes.(指针后移 7 个字节)
China!                                                (移动文件指针后，输出后面的全部内容)
```

技能训练 1　文件的打开与关闭

训练目的与要求：熟悉文件的打开与关闭。

训练题目：编写程序打开文本文件 abc.txt，然后关闭此文件。

案例解析：本题是对文件进行打开与关闭操作，要使用文件指针，利用文件的打开与关闭函数，同时必须考虑要打开的文件是否存在。

程序代码如下：

```
#include <stdio.h>
#include <stdlib.h>
void main()
{
   FILE  *fp;                              /* 定义文件指针变量 fp*/
   if((fp=fopen("d:\\abc.txt","r"))==NULL)
                                           /* 检查能否打开 d 盘下的 abc.txt 文件 */
   {
      printf("Can not open abc.txt \n");
      exit(0);                             /* 退出文件，包含在库文件 stdlib.h 中 */
   }
   printf("Open abc.txt \n");
   fclose(fp);                             /* 关闭文件 */
}
```

如果有 abc.txt 文件，则结果显示：

```
Open abc.txt
```

否则显示：

```
Can not open abc.txt
```

提示：

下面是初学者需要注意的问题。

① 文件结构体名 FILE 必须大写。

② 文件打开函数由两部分参数组成，都用双引号。

③ 文件打开之后，使用结束要关闭文件。

技能训练 2　文件的读 / 写操作

训练目的与要求：学会文件的读 / 写操作。

训练题目：从键盘输入一些字符，将其逐个写入磁盘文件 file1.txt 中，直到输入一个“$”为止；再将此文件打开，把文本内容读出，并且显示在屏幕上。

视 频
技能训练2

案例解析：本题目要求对文件进行读 / 写操作，一定要分清是输入还是写入，是输出还是读出。输入和输出可以使用字符输入 / 输出函数来实现。写入与读出是对文件而言的，可以使用文件的读 / 写函数。本题同样涉及文件的打开与关闭操作。注意 EOF 是文件结束标志，它是 fclose( ) 函数的一个返回值。当顺利地执行了关闭操作，则返回为 0；否则返回 EOF（-1）。可以用 ferror( ) 函数来测试。

程序代码如下：

```
#include <stdio.h>
#include <stdlib.h>
void main()
{
   FILE  *fp;                                 /* 定义文件指针变量 fp*/
   char  ch;
   if((fp=fopen("file1.txt","w"))==NULL)      /* 以写入的方式打开 file1.txt 文件 */
   {
      printf("Can not  open  this  file.\n");
      exit(0);                                /* 退出 */
   }
   while((ch=getchar())!='$')        /* 当输入的字符不为 $ 时，执行循环 */
      fputc(ch,fp);                           /* 将字符输出到 fp 指向的文件 */
   fclose(fp);                                /* 关闭文件 */
   if((fp=fopen("file1.txt","r"))==NULL)
                                              /* 打开 file1.txt 文件用于读取数据 */
   {
      printf("Can not  open  this  file.\n");
      exit(0);                                /* 退出程序 */
   }
   while((ch=fgetc(fp))!=EOF)        /* 当读入的字符不是文件的结束符时，执行循环 */
      putchar(ch);                            /* 输出字符 */
   fclose(fp);                                /* 关闭文件 */
}
```

程序的运行结果为：

```
This is my file.$<回车>
This is my file.
```

注意：

下面是初学者易犯的错误。

① 混淆输入与写入，如把 (ch=getchar())!='$' 错写成 (ch=fgetc(fp))!='$' 或把 (ch=fgetc(fp))! =EOF 错写成 (ch=getchar())!= EOF。

② 混淆输出与读出，如把 putchar(ch); 错写成 fputc(ch,fp);，或把 fputc(ch,fp); 错写成 putchar(ch);。

③ 未清楚打开文件是为了读还是为了写，未选择正确的方式打开，应区分 fopen ("file1.txt","w") 与 fopen("file1.txt","r")。

小　结

未来已来，迎接新时代——大数据与人工智能时代

文件是计算机中的一个重要概念。文件的分类方式有很多种，如文本文件、图形文件、系统文件、声音文件、可执行文件等。而 C 语言关注的是文件中数据的存储方式，它把文件分为两类：文本文件和二进制文件。在 C 语言中使用文件的第一步是打开文件，关闭文件是使用文件的最后一步。

任何打开的文件都对应一个文件指针，文件指针类型是 FILE 型，它是在 stdio.h 中预定义的一种结构体类型。

文件读 / 写的方式有多种，任何一个文件被打开时要指明它的读 / 写方式。

文件操作都是通过函数实现的: fopen( ) 函数用于打开文件; fclose( ) 函数用于关闭文件; fgetc( ) 和 fputc( ) 函数用于文件的字符读 / 写; fread( ) 和 fwrite( ) 函数用于文件的数据块读 / 写; fgets( ) 和 fputs( ) 函数用于文件的字符串读 / 写; fscanf( ) 和 fprintf( ) 函数用于文件的格式化读 / 写; getw( ) 和 putw( ) 函数用于文件的整型数据读 / 写; fseek( ), ftell( ) 和 rewind( ) 函数用于文件指针的定位和移动; ferror( )，clearerr( ) 和 exit( ) 函数用于文件的检错与处理。

习　题

一、选择题

1. 以下叙述中不正确的是（　　）。
   A. C 语言中的文本文件以 ASCII 码形式存储数据
   B. C 语言中对二进制位的访问速度比文本文件快
   C. C 语言中，随机读写方式不使用于文本文件
   D. C 语言中，顺序读写方式不使用于二进制文件
2. C 语言中的文件类型只有（　　）。
   A. 索引文件和文本文件两种　　B. ASCII 文件和二进制文件两种
   C. 文本文件一种　　D. 二进制文件一种
3. 使用 fseek( ) 函数可以实现的操作是（　　）。
   A. 改变文件的位置指针的当前位置　　B. 文件的顺序读写
   C. 文件的随机读写　　D. 以上都不对
4. 若 fp 是指向某文件的指针，且已读到此文件末尾，则库函数 feof(fp) 的返回值是（　　）。
   A. EOF　　B. 0　　C. 非零值　　D. NULL
5. 以下可作为函数 fopen( ) 中第一个参数的正确格式是（　　）。
   A. c:user\text.txt　　B. c:\user\text.txt
   C. "c:\user\text.txt"　　D. "c:\\user\\text.txt"
6. 当已存在一个 abc.txt 文件时，执行 fopen("abc.txt","r+") 的功能是（　　）。
   A. 打开 abc.txt 文件，清除原有的内容
   B. 打开 abc.txt 文件，只能写入新的内容

C. 打开 abc.txt 文件，只能读取原有内容

D. 打开 abc.txt 文件，可以读取和写入新的内容

7. 若用 fopen( ) 函数打开一个新的二进制文件，该文件可以读也可以写，则文件打开的模式是（　　）。

A. "ab+"　　B. "wb+"　　C. "rb+"　　D. "ab"

8. 若用 fopen( ) 函数打开一个已经存在的文本文件，保留该文件原有数据且可以读也可以写，则文件操作模式是（　　）。

A. "r+"　　B. "w+"　　C. "a+"　　D. "a"

9. fread(buf,64,2,fp) 的功能是（　　）。

A. 从 fp 文件流中读出整数 64，并存放在 buf 中

B. 从 fp 文件流中读出整数 64 和 2，并存放在 buf 中

C. 从 fp 文件流中读出 64 个字节的字符，并存放在 buf 中

D. 从 fp 文件流中读出 2 个 64 个字节的字符，并存放在 buf 中

10. 检测 fp 文件流的文件位置指针在文件头的条件是（　　）。

A. fp==0　　B. ftell(fp)==0

C. fseek(fp,0,SEEK_SET)　　D. feof(fp)

二、程序阅读题

1. 以下程序的功能是________。

```
#include <stdio.h>
void main()
{
  FILE *fp;
  char str[]="Hello";
  fp=fopen("PRN","w");
  fputs(str,fp);
  fclose(fp);
}
```

2. 下列程序的运行结果为 ________。

```
#include <stdio.h>
main()
{
  FILE  *fp;
  int i,n;
  if((fp=fopen("temp","w"))==NULL)
  {
    printf("can not create temp file\n");
    return 0;
  }
  for(i=1;i<=10;i++)
    fprintf(fp,"%3d",i);
  for(i=0;i<10;i++)
  {
    fseek(fp,i*3L,SEEK_SET);
    fscanf(fp,"%d",&n);
```

```
    printf("%3d",n);
  }
  fclose(fp);
}
```

三、程序设计题

1. 编写一个 C 程序，读 / 写一个文本文件 abc.txt。

（1）向文件中输入: spring summer fall winter。

（2）从文件中读出内容，输出到屏幕上。

（3）通过在程序中调用 DOS 命令 type 显示文本文件内容。

2. 编写一个 C 程序，实现打开一个文件并统计该文件中的字符个数的功能。

项目实训 企业信息管理与保存

一、项目描述

本项目是为了练习文件操作的使用而制定的。某企业招了一批员工，需要将这些员工的信息档案（包括姓名、年龄和通信地址）存档，存入文件 staff 中，然后再从存入的文件中读出数据，显示在屏幕上。

全班可分若干小组，每组 5 ~ 6 名成员，各成员要有合作和分工。

二、项目要求

① 通过讨论，学会应用文件保存信息。构成可自己设计。在程序中打开文件，应用循环从键盘输入数据，然后存入相应文件中。

② 将存入的文件的数据读出并显示出来。

③ 上面项目是以企业员工信息档案保存为例设计的程序。讨论企业其他信息保存是否可以仿照这个部分来完成。

三、项目评价

项目实训评价表

能 力	内 容		评 价				
	学 习 目 标	评 价 项 目	5	4	3	2	1
职业能力	能掌握文件类型指针	能正确说明并正确使用文件指针					
	能学会文件操作	掌握文件的打开、关闭操作					
		能够灵活操作文件的读 / 写					
		能掌握文件检错					
通用能力	阅读能力、设计能力、调试能力、沟通能力、相互合作能力、解决问题能力、自主学习能力、创新能力						
综 合 评 价							

第11章

C程序设计项目实战

学习任何内容都是为了应用，学习C语言也不例外，最终目的是学以致用。前面章节中所给出的例题和习题绝大多数可以应用到实践，解决一些简单的问题。事实上，使用C语言可以设计大型的综合性应用程序。本章介绍一个小型项目实例，起到抛砖引玉的作用。

学习目标

通过本章学习，你将能够：

☑学会项目开发入门方法。

☑学会分析并给出一个项目的设计方案。

☑用C程序实现一个企业员工管理信息系统基本功能。

☑培养大局意识与团队合作职业素养。

从前几章案例可以看到，无论是简单的基本语法，结构化控制语句，还是数组，函数，指针，文件等，C语言程序设计作为计算机语言，本身是要求严谨、一丝不苟的，是一个不断调试，不断测试直到成功运行的过程。学C语言程序设计是为了开发程序，程序要求逻辑严密，要求精益求精。无论是人机界面的友好性，还是程序本身的容错性，这些都体现了工匠精神——把事情做到极致。

通过前面章节的学习，我们已经学会了如何使用C语言进行一般的程序设计。掌握了程序设计的基本知识、设计方法和一些技巧之后，如何把这些知识综合起来编写一个实用的项目，这是读者所期盼的。综合前几章项目实训的内容，本章将介绍设计一个用C语言实现的实际应用项目—企业员工管理信息系统的设计与实现。

“企业员工管理信息系统”是一个比较综合性的项目。这是一个将前几章每章后面的“项目实训”内容和功能综合起来，一个在实际应用中可操作的实用软件。通过该项目的学习，从中大家可以进一步体验团队合作的精神、培养战胜困难的勇气和毅力，培养计算思维的能力，提高自己的职业素养和专业技术水平。

11.1 项目分析——企业员工管理信息系统分析

对于一个企业的管理而言，人、财、物的管理是核心。在现代企业管理中建立管理信息系统(MIS)

是至关重要的，对提高企业管理水平和效率及企业决策都会发挥很大的作用。本章以企业员工管理信息系统为例，介绍一个实用程序开发的思路和方法，其他管理系统可以借鉴此方法实现。

在一个项目确定开发以后，第一件事就要做好需求分析，写出文档，然后设计系统的功能。

11.1.1　项目的需求分析

项目名称：企业员工管理信息管理。

根据调研和与用户沟通，确定用户主要有如下需求：

① 安全登录检查：系统的进入有安全验证，只有专门人员才能进入系统。

② 数据录入功能。

③ 数据的查询与输出：按职工编号或姓名查找某员工的信息。

④ 汇总：员工信息汇总，如按业绩排序，即时监测每个员工的工作状态。

⑤ 其他功能：系统维护等，可根据需要适当增加相应功能。

11.1.2　系统功能模块设计

依据需求分析，设计系统功能，一般先进行概要设计，再进一步进行详细设计。依据要求，确定项目各模块的功能。

企业员工管理信息系统设计模块如图 11-1 所示。

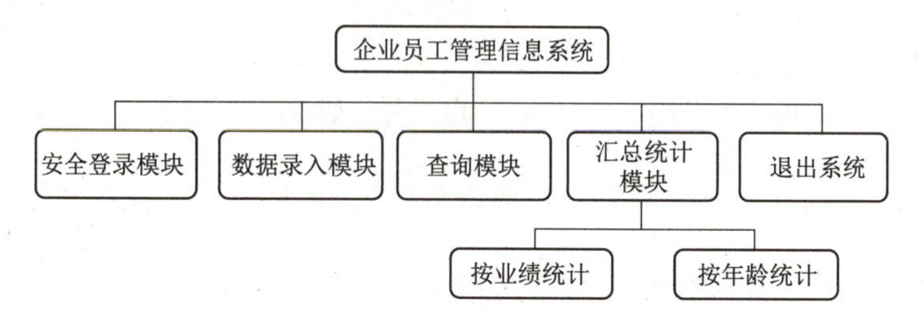

图 11-1　企业员工管理信息系统设计模块

11.2　项目详细设计——企业员工管理信息系统的设计与实现

本程序综合性比较强，首先按照模块化设计思想设计菜单，并建立统一的数据结构，然后按照菜单项设计相关函数。这里只给出基本功能的实例程序，在实际应用中可根据具体需要添加相应的模块函数完善其他功能。

1. 系统登录模块设计

系统程序启动后，首次运行时先要输入用户的初始用户名和密码，一旦设定后，每次登录都要用这个用户名和密码。有 5 次机会，如果 5 次输入错误，则退出程序，不能进入系统。

用户信息包括用户名和登录密码两部分。设计数据结构如下：

```
struct User
{
    char name[20];                    /*姓名长度不超过 20*/
    char password[20];                /*密码长度不超过 20*/
};
```

用户名和密码存于文件 user.dat 中，以二进制形式存储，是不可见的。

系统登录模块实现的功能函数如表 11-1 所示。

表 11-1　系统登录模块实现的功能函数

函数声明	功能描述
int login()	系统登录函数，验证密码
stUser* loadUserInfor(stUser *userInfor,char *filename)	从用户文件中读取用户信息
void saveUserInfor(stUser userInfor,char *filename)	保存用户信息到用户文件

2. 数据录入模块设计

数据录入主要是员工信息的录入。表示员工的数据结构设计如下：

```
/*定义职工信息类型*/
struct Staff
{
	int  number;                           /*员工编号*/
	char name[20];                         /*员工姓名*/
	float age;                             /*年龄*/
	float score;                           /*业绩*/
	float salary;                          /*工资*/
};
```

员工信息将保存在文件 staff.txt 中。

进入系统后，进行数据录入，逐一输入员工的工号、姓名、业绩等信息，如果想结束数据输入，输入工号为 0 即可。

输入的数据暂存于内存中，只有选择“数据备份”，才将数据保存在文件 staff.txt 中。否则数据不保存。

数据录入模块实现的功能函数如表 11-2 所示。

表 11-2　数据录入模块实现的功能函数

函数声明	功能描述
int inputInfo(c_staff staff[],int maxlen)	从文件读取数据

3. 查询功能模块设计

系统查询模块实现的功能函数如表 11-3 所示。

表 11-3　系统查询模块实现的功能函数

函数声明	功能描述
void queryByName(c_staff staff[],int length,char name[])	按姓名查询

视 频

第11章项目实践

主要设计了按员工“姓名”查找，输入某员工姓名后，系统自动查询，输出其所有信息。如果想按照“工号”查找，可以再增加一小段程序，由读者自己编写。

4. 汇总统计模块设计

这部分又有两种选择：

① 按年龄统计：统计企业中各年龄段的人数，用来掌握企业用工的年龄分布情况。

② 统计全体员工的总业绩、发放的总工资数和平均工资。这部分功能将对企业总体状况有个了解，以便决策参考。

系统统计汇总模块实现的功能函数如表 11-4 所示。

表 11-4　系统统计汇总模块实现的功能函数

函数声明	功能描述
int statistic(c_staff staff[],int length)	/* 统计模块 */
void statistic_score(c_staff Staff[],int length	按业绩统计
void statistic_age(c_staff staff[],int length,int arrayResult[])	按年龄统计

5. 排序模块设计

这部分主要按照员工的业绩进行从高到低排序，然后显示排序后的结果。这有助于掌握员工的业绩状况，并依据业绩的高低作为奖惩的依据。

系统排序模块实现的功能函数如表 11-5 所示。

表 11-5　系统排序模块实现的功能函数

函数声明	功能描述
void sortScore(c_staff staff[],int length)	按业绩从高到低排序

6. 数据备份与输出模块设计

系统数据备份与输出模块实现的功能函数如表 11-6 所示。

表 11-6　系统数据备份与输出模块实现的功能函数

函数声明	功能描述
void writeToFile(c_staff staff[],int length)	将输入数据备份到文件中
void outputInfo(c_staff staff[],int length)	输出全部信息

将输入的数据备份到文件中已备存档和使用。

7. 系统初始化

将系统所有数据包括用户信息和数据清空，进行系统的初始化。

整个系统应用了两个文件 user.dat 和 staff.txt，由系统设定均保存在 C 盘根目录下。程序设计应用结构体数组暂存数据，应用备份文件保存数据。

11.3 项目实现——企业员工 MIS 系统的实现

依照上面的需求分析与系统设计，给出了企业员工管理信息系统项目实现的代码。读者可以实际运行体验一下，可以进一步添加功能模块，使其更加完善。目的是让大家体验 C 语言在实际项目开发中的应用，体验模块化编程的思想。该项目实现只起到一个“抛砖引玉”的作用，参照该项目方法，可以开发出许多学生管理系统、档案管理系统等实用的项目案例，当然 C 语言并不仅仅用于开发 MIS 系统，还可以进行图形图像处理、人工智能应用软件开发等许多方面。

下面是具体实现的源程序代码：

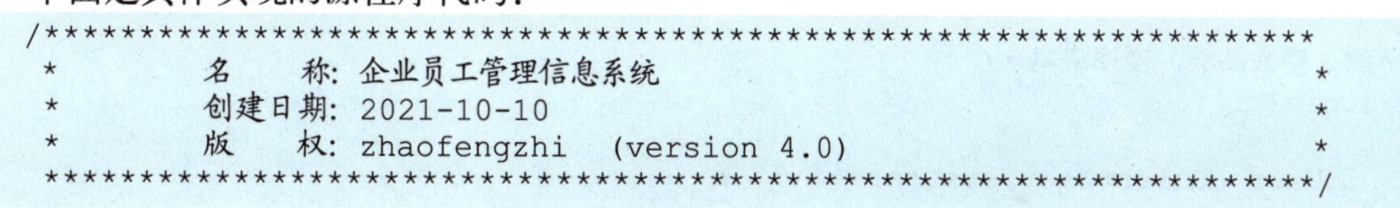

```
/***********************************************************************
 *        名    称: 企业员工管理信息系统                                  *
 *        创建日期: 2021-10-10                                           *
 *        版    权: zhaofengzhi  (version 4.0)                           *
 ***********************************************************************/
```

```
#include "stdio.h"
#include "stdlib.h"
#include "conio.h"
#include "string.h"
#include "math.h"
#define N 10                                         /* 设定存储的最大员工人数 */
#define FILENAME "c:\\staff.txt"                     /* 文件 staff.txt 保存员工信息文件 */
/* 定义员工信息类型 */
struct Staff
{
    int  number;
    char name[20];
    float age;
    float score;
    float salary;
};
typedef struct Staff c_staff;

/* 定义用户信息类型 */
struct User
{
     char name[20];                                        /* 姓名长度不超过 20*/
     char password[20];                                    /* 密码长度不超过 20*/
};
typedef struct User stUser;

void statisticMenu();                                      /* 声明统计菜单函数 */
int statistic(c_staff staff[],int length);                 /* 声明统计函数 */
void statistic_age(c_staff Staff[],int length,int arrayResult[]);
void statistic_score(c_staff Staff[],int length);          /* 按业绩统计 */
void sortScore(c_staff staff[],int length);                /* 排序函数 */
stUser* loadUserInfor(stUser *userInfor,char *filename);   /* 调取用户信息 */
void saveUserInfor(stUser userInfor,char *filename);       /* 保存用户信息 */

 /* 定义菜单显示函数 */
void displayMenu()
 {
     printf("\n************************************************\n");
     printf("*             欢迎使用企业员工管理信息系统 (V4.0)          *\n");
     printf("*                                                *\n");
     printf("*              1. 数据录入                         *\n");
     printf("*              2. 信息输出                         *\n");
     printf("*              3. 查询功能                         *\n");
     printf("*              4. 汇总统计                         *\n");
     printf("*              5. 按业绩排序                       *\n");
     printf("*              6. 数据备份到文件                   *\n");
     printf("*              7. 系统初始化                       *\n");
     printf("*              0. 退出系统                         *\n");
     printf("*                                                *\n" );
     printf("************************************************\n");
 }

 /* 功能:登录函数,验证密码 */
 int login()
  {
     stUser currentUser,sysUser={'\0'};
```

```
    loadUserInfor(&sysUser,"c:\\user.dat");    /*文件user.dat存储用户名和密码*/

    if(strlen(sysUser.name)==0)
    {
        printf(“系统初始化(首次进入系统需设定用户名和初始密码):\n设置系统用户名:");
          gets(sysUser.name);
          printf(“设置用户原始密码: ");
          gets(sysUser.password);

          /*存储用户信息(用户名和密码)到文件user.dat中*/
       saveUserInfor(sysUser,"c:\\user.dat");
         }

     printf("用户登录: \n");
     printf("输入用户名: ");
     gets(currentUser.name);
     printf("用户密码: ");
     gets(currentUser.password);
     if(strcmp(currentUser.name,sysUser.name)==0&&
        strcmp(currentUser.password,sysUser.password)==0)
        return 1;
    else
        return 0;
 }

/*从用户文件"user.dat"中读取用户信息*/
stUser* loadUserInfor(stUser *userInfor,char *filename)
{
     FILE *fp=NULL;
     fp=fopen(filename,"rb");
     if(fp!=NULL)
     {
          fread(userInfor,sizeof(stUser),1,fp);
          fclose(fp);
     }
     return userInfor;
}

/*保存用户信息到用户文件"user.dat"*/
void saveUserInfor(stUser userInfor,char *filename)
{
      FILE *fp=NULL;
      //puts(filename);
      fp=fopen(filename,"wb");
      if(fp==NULL)
      {
           printf("打开文件出错!\n");
           exit(0);
      }
      fwrite(&userInfor,sizeof(userInfor),1,fp);fclose(fp);
   }

  /*****************************************************
  功能:从文件读信息到结构体数组中
  参数:参数1: staff[]  类型: staff[]
```

```
  说明：用来存储从文件读到的学生信息
  返回值：i   类型：int   说明：表示实际读取到的文件记录个数
  ************************************************************/
int readFromFile(c_staff staff[])
{
    FILE *fp=NULL;
    int i=0;
    fp=fopen(FILENAME,"rb");
    if(fp!=NULL)
    {
           while(!feof(fp))
           {
                if(i>=N)  break;
                if(fread(staff+i,sizeof(c_staff),1,fp))
                i++;
           }
           fclose(fp);
    }
    return i;
}

/**************************************************************************
  功能：从文件读信息到结构体数组中
  参数：参数 1：staff[]   类型：staff[]  说明：用来存储从文件读到的信息
        参数 2：length    类型：int      说明：表示实际数组的长度
  返回值：      i         类型：int      说明：表示增加信息后，实际数组的长度
 **************************************************************************/
int inputInfo(c_staff staff[],int maxlen)
{
    int i=0;                                    /*计数器，记录本次输入的员工人数*/
    float score;
    int endFlag=0;
    printf("请输入员工信息（工号为 0 时结束）\n");
    while(!endFlag&&i<=maxlen)
    {
           fflush(stdin);                       /* 清除标准输入缓冲区空间 */
           printf("\n 工号：");
           scanf("%d",&staff[i].number);
           /*若输入工号为 0 或人数超出数组最大长度，结束输入*/
           if(staff[i].number==0||i>maxlen){
                  endFlag=1;                    /*输入结束标记*/
    }
    if(endFlag==1)
           break;

         printf("姓名：");
         scanf("%s",staff[i].name);

         printf("年龄：");
         scanf("%f",&score);
         staff[i].age=score;

         printf("业绩：");
         scanf("%f",&score);
         staff[i].score=score;
```

```
        printf("薪水: ");
        scanf("%f",&score);
        staff[i].salary=score;
        i++;
        }

    return i;
    }

 /*******************************************************
   功能: 从文件读信息到结构体数组中—数据的输出
   参数: 参数1: staff[]   类型: staff[]   说明: 用来存储从文件读到的员工信息
         参数2: length    类型: int       说明: 表示实际数组的长度
   返回值: 无
 *******************************************************/
void outputInfo(c_staff staff[],int length)
{
    int i=0;
    printf("%-4s %-10s %-10s %-10s %-10s\n","工号","姓名","年龄","业绩","薪水
(元/月)");
    for(i=0;i<length;i++)
    {
          printf("%-5d %-10s %-10.0f %-10.1f %-10.1f\n",staff[i].number,staff
[i].name,staff[i].age,staff[i].score,staff[i].salary);
        //printf("\n");
    }
     printf("\n 共有员工 %d 人\n",length);
     printf("\n");
}
 /*******************************************************
   功能: 从文件读信息到结构体数组中—按姓名查找
   参数1: staff[]   类型: staff[]   说明: 用来存储从文件读到的员工信息
   参数2: length    类型: int       说明: 表示实际数组的长度
   参数3: name[]    类型: char      说明: 表示要查找的姓名
   返回值: 无
 *******************************************************/
void queryByName(c_staff staff[],int length,char name[])
{
   int i=0;
   printf("%-8s %-10s %-10s %-10s %-10s\n","工号","姓名","年龄","业绩","薪水
(元/月");
   printf("-----------------------------------------------------\n");
   for(i=0;i<length;i++)
      {
            if(strcmp(name,staff[i].name)==0)
            {
                  printf("%4d %-10s %-14.1f %-14.1f %-14.1f\n",
                          staff[i].number,staff[i].name,staff[i].age,
                          staff[i].score,staff[i].salary);
                  break;
            }
   }
    if(i>=length)
       printf("\n不存在! \n");
```

```
}

 /* 按业绩从高到低排序 */
void sortScore(c_staff staff[],int length)
{
     int i,j,k;
     c_staff s;
     for(i=0;i<length;i++)
    {
       k=i;
       for(j=i+1;j<length;j++)
                  if(staff[j].score>staff[k].score)
                         k=j;

       /*exchange i and k*/
       s=staff[i];
       staff[i]=staff[k];
       staff[k]=s;
    }

}
/*******************************************************
功能: 将输入到结构体数组中的数据备份到文件中
参数 1: staff[]  类型: staff[]  说明: 用来存储从文件读到的信息
参数 2: length   类型: int      说明: 表示实际数组的长度
返回值: 无
 *******************************************************/
void writeToFile(c_staff staff[],int length)
{
   FILE *fp=NULL;
   int i=0;
   fp=fopen(FILENAME,"wb");
   if(fp==NULL)
   {
      printf(" 打开文件出错! \n");
      exit(0);
   }

    for(i=0;i<length;i++)
      fwrite(staff+i,sizeof(c_staff),1,fp);

   fclose(fp);
}

int statistic(c_staff staff[],int length)   /* 统计模块 */
{
   int nSelect=0;
   int arrayResult[10]={0};
   int i;

   statisticMenu();                                      /* 调用统计模块菜单 */
   printf("\n 请选择您的操作 (1,2,0): \n");
   scanf("%d",&nSelect);

   while(nSelect!=0)
```

```
   {
      switch(nSelect)
      {
         case 1:
            statistic_age(staff,length,arrayResult);    /* 按年龄统计 */
            for(i=0;i<10;i++)
            {
               printf("%d 到 %d 的人数为 %d\n",i*10,i*10+9,arrayResult[i]);
            }
               break;
         case 2:
            statistic_score(staff,length);               /* 按业绩统计 */
            break;
         default:
            break;
      }
      statisticMenu();
      printf("\n 请选择您的操作 (1,2,0): \n");
      scanf("%d",&nSelect);
   }
   return 0;
}

/*******************************************************
 功能: 从文件读信息到结构体数组中—按年龄统计
 参数 1: staff[]           类型: staff[]   说明: 用来存储从文件读到的信息
 参数 2: length            类型: int       说明: 表示实际数组的长度
 参数 3: arrayResult[]     类型: int       说明: 表示各年龄段的人数
 返回值: 无
*******************************************************/
void statistic_age(c_staff staff[],int length,int arrayResult[])
{
   int i;
   int index;

   for(i=0;i<length;i++)
   {
      index=(int)staff[i].age/10;
      arrayResult[index]++;
   }
}

/*******************************************************
 功能 : 从文件读信息到结构体数组中—按业绩统计
 参数 1: staff[]   类型: staff[]   说明: 用来存储从文件读到的信息
 参数 2: length    类型: int       说明: 表示实际数组的长度
 返回值: 无
 *******************************************************/
void statistic_score(c_staff Staff[],int length)
{
   int i=0;
   float t1=0,t2=0;
   for(i=0;i<length;i++)
   {
      t1=t1+Staff[i].score;
```

```
        t2=t2+Staff[i].salary;
    }
    printf("\n 总业绩: %-14.1f 总工资数: %-14.1f 平均工资: %-14.1f\n",t1,t2,t2 /length);
    printf(" 员工总人数: %d\n",length);
}

void statisticMenu()
{
    printf("\n+++++++++++++++++++++++++++++++++++++++++++++\n");
    printf("+                    统计汇总                 +\n");
    printf("+                                             +\n");
    printf("+                  1. 按年龄段统计             +\n");
    printf("+                  2. 统计总业绩和平均工资      +\n");
    printf("+                  0. 返回主菜单               +\n");
    printf("+                                             +\n");
    printf("+++++++++++++++++++++++++++++++++++++++++++++\n");
}

 /*****************************************************
    功能：主函数
    参数: 无
    返回值: 无
    *****************************************************/
void main()
{
     c_staff sta[N];

    int choice=0;                    /*select and store menu item  */
    int s=0,arrayLength=0;           /* 实际存储文件记录数 */
    char staName[20];                /* 存储输入要查询的用户姓名，用于查询 */

    /* 验证用户的密码，直到正确为止或允许密码错误输入最多 5 次，超过 5 次，退出系统 */
    while(!login()&&s<5)
    {
            s++;  /* 记录次数 */

            if(s>=5)
        {
           printf("\n 您输入的用户名和密码次数过多，不能进入系统。");
           exit(0);
        }
            printf(" 用户名或者密码错误，请重新输入！ ");
            printf(" 您还有 %d 次机会 \n",5-s);
}

/* 从文件中读取数据到结构体数组 sta[] 中，并返回实际文件长度 */
arrayLength=readFromFile(sta);

/*==== 根据用户的选择，执行相应的操作 .====*/
while(1)
{      displayMenu();                   /* 显示选择菜单 */
     printf("\n 请选择您的操作 (1,2,3,4,5,6,7,0): \n"   );
         scanf("%d",&choice);
         switch(choice)
         {  case 1: arrayLength=inputInfo(sta,N);
```

```
            printf("\n现有 %d 个员工信息\n",arrayLength);
            break;
      case 2: if(arrayLength==0)
                printf("系统中没有员工信息，请输入数据！ \n\n");
            else
                outputInfo(sta,arrayLength);          /*输出全部信息*/
              break;
      case 3:
                printf("请输入欲查找的姓名：\n");
                scanf("%s",&staName);
                queryByName(sta,arrayLength,staName);
                                                     /*按姓名查询*/
                break;
      case 4:
                statistic(sta,arrayLength);   /*统计汇总*/
                break;
      case 5:
                sortScore(sta,arrayLength);   /*排序*/
                outputInfo(sta,arrayLength);
                                        /*输出按业绩排序后的信息*/
                break;
      case 6:
                writeToFile(sta,arrayLength);
                                        /*将数据备份到文件中*/
                printf("\n已经将数据备份到文件中。");
                break;
      case 7:
                system("del c:\\staff.txt" );
                                        /*将数据文件清除*/
                printf("\n已清空数据文件。");
                system("del c:\\user.dat" ); /*将用户信息清空*/
                printf("\n进入系统重新设置用户名和密码......");
                getch();exit(0);
                break;
      case 0:
            exit(0);
              break;
    }
  }
}
```

程序运行说明：

首次进入系统，需要设定进入系统的用户名和密码。然后每次依据这次设定的用户名和密码验证方可进入系统。系统验证时只有5次机会，如果超过5次，系统自动退出。

如果忘记用户名和密码怎么办呢？一般设计程序时会考虑补救措施。在实际应用中往往需要用户和开发者联系进行“找回密码”的操作。为了方便读者，本案例设定一种简单方法：先删除C盘根目录下的user.dat文件，然后进入系统重新设定用户名和密码即可。

上面的系统运行结果如下：

运行系统，先假定用户名是cadmin，密码是c11（设定后要记住，以便下次登录使用）。设定后，进入系统：输入用户名cadmin和密码c11进行验证，正确后进入系统主菜单，具体参看图11-2。

上面的菜单中有8项选择。如果在主菜单中选择1，进入“数据录入”模块，依次输入每个员工的编号（工号）、姓名、年龄、业绩和薪水，如果终止数据输入，在输入工号时输入 0 既可以结束数据输入，系统自动返回主菜单。参看图 11-3。

```
"C:\c11.exe"
系统初始化（首次进入系统需设定用户名和初始密码）：
设置系统用户名：cadmin
设置用户原始密码：c11
用户登录：
    输入用户名：cadmin
    用户密码：c11

              欢迎使用企业员工管理信息系统(V4.0)

                    1. 数据录入
                    2. 信息输出
                    3. 查询功能
                    4. 汇总统计
                    5. 按业绩排序
                    6. 数据备份到文件
                    7. 系统初始化
                    0. 系统退出

请选择您的操作(1,2,3,4,5,6,7,0):
```

图 11-2　系统登录主菜单

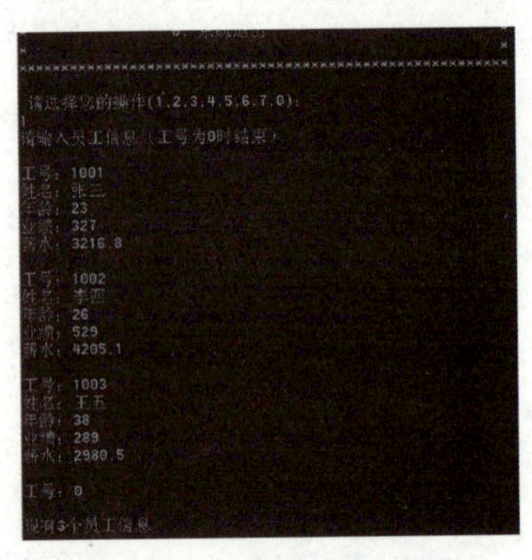

图 11-3　系统数据输入界面

如果在主菜单中选择菜单中的 2，则进入信息输出界面，输出文件中全部的员工信息，并给出存储的员工总数，如图 11-4 所示。

如果在主菜单中选择 3，进入查询功能模块，输入任意员工的姓名就可以显示出该员工的所有信息。图 11-5 所示是查找姓名为“王五”的信息。如果查询的员工姓名不在该企业，则显示“不存在”。

```
请选择您的操作(1,2,3,4,5,6,7,0):
2
工号 姓名      年龄      业绩       薪水(元/月)
1001  张三      23       327.0      3216.8
1002  李四      26       529.0      4205.1
1003  王五      38       289.0      2980.5

 共有员工 3 人
```

图 11-4　数据输出界面

图 11-5　信息查找界面

如果在主菜单中选择 4，进入“统计汇总”模块，显示二级菜单，如图 11-6 所示。

在汇总统计菜单中选择 1，将按年龄统计，显示各年龄段的用工人数，结果如图 11-7 所示。

如果在“汇总统计菜单”中选择 2，将显示统计总业绩、总工资及平均工资信息，结果如图 11-8 所示。在选择菜单时输入 0 将返回主菜单。

```
请选择您的操作(1,2,3,4,5,6,7,0):
4

              统计汇总

          1. 按年龄段统计
          2. 统计总业绩和平均工资
          0. 返回

请选择您的操作(1,2,0):
```

图 11-6　汇总统计菜单

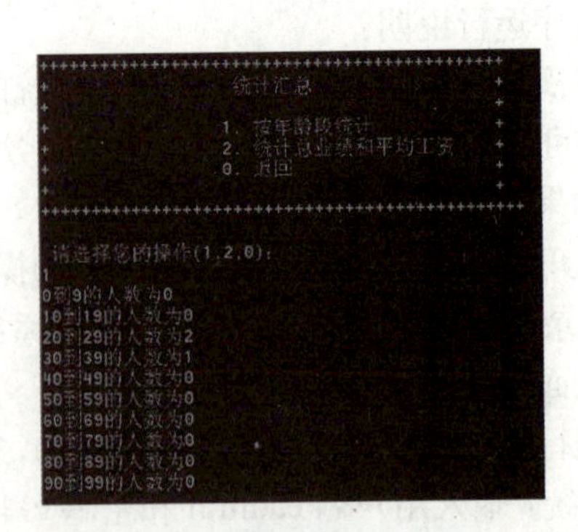

图 11-7　按年龄统计结果

如果在主菜单中选择 5，进入“排序”模块，系统将按照员工的业绩从高到低排序，将排好序的结果输出来，如图 11-9 所示。

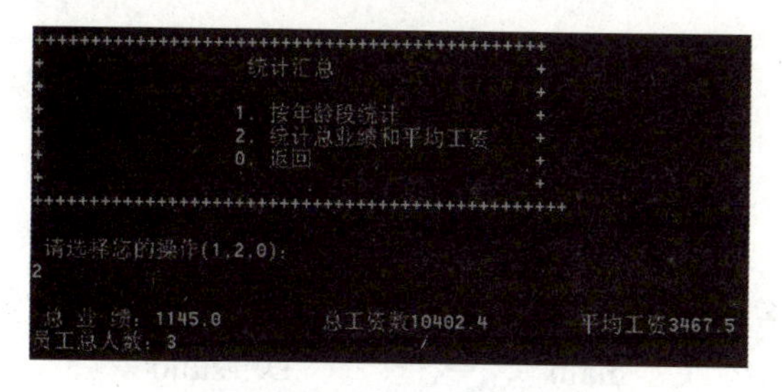

图 11-8　按业绩等汇总结果

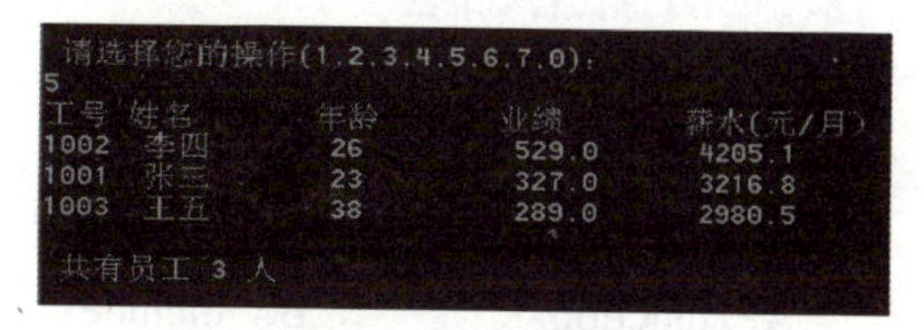

图 11-9　按业绩排序后输出信息

如果在主菜单中选择 6，则将用户输入的数据自动备份到文件中，以备下次使用，如图 11-10 所示。经过此项操作后，再次进入系统无须输入数据，直接进行查询、统计等操作即可。

如果想进行系统的初始化，在主菜单中选择 7，系统运行一切会重新开始，如图 11-11 所示。

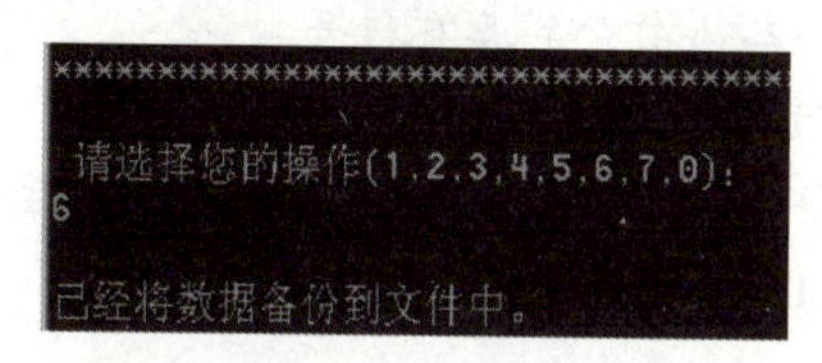

图 11-10　数据备份界面

图 11-11　数据初始化界面

系统使用注意事项：

① 如果进入系统选择“数据输入”，则系统自动将原来的数据“覆盖”（相当于删除），输入完毕后只有选择主菜单 6—“备份数据到文件”才能将数据存储到文件中，否则数据只暂存于计算机内存，退出程序后数据不保存。

② 在实际应用中，读者需要考虑用户是“覆盖”输入，还是“追加”输入数据，如果将新输入的数据追加到原来已输入数据后面，则需要修改程序，将文件的打开方式改为“a+”，并且存储时要在文件原数据的后面保存。

③ 选择 7—“数据初始化”选项需要特别注意。如果选择此项功能，系统将清除所有数据文件和用户信息等，这样若下次进入系统是需要重置用户名和密码，登录后需要重新输入数据，所以进行这一步操作必须谨慎。在实际开发项目时需要加上用户第二次“确认”操作，请读者思考应该如何修改程序。

上面介绍了一个关于企业员工管理信息系统的开发实现过程，这是企业管理信息系统（CMIS）中的一部分，具有实际应用意义。还有一些关于员工信息的插入、删除、修改等操作，由于篇幅问题，这里没有提供源程序，请有能力的读者自己编写完善。本系统给出了系统登录、数据录入、查询统计、和系统维护等项目的开发思路，借鉴此方法，读者可以开发出其他实用的软件系统，真正将所学应用于实践。

小　结

本章首先设计了一个企业员工管理信息系统（CMIS）中的员工管理部分程序，使读者掌握用

C语言设计综合性应用程序的一般步骤和方法。读者可在实践中逐渐摸索，灵活运用，充分应用C语言的强大功能，学以致用，开发出更多更好的实际应用软件。

综合自测题

一、选择题（每题2分，共30分）

1. C语言规定，必须用（　　）作为主函数名。

   A. function　　B. include　　C. main　　D. stdio

2. 下列说法正确的是（　　）。

   A. 执行C程序不是从main( )函数开始的

   B. C程序书写格式严格限制，一行内必须写一条语句

   C. C程序书写格式自由，一条语句可以分写在多行上

   D. C程序书写格式严格限制，一行内必须写一条语句，并要有行号

3. C语言规定：在一个源程序中，main( )函数的位置（　　）。

   A. 必须在最开始　　B. 必须在系统调用的库函数的后面

   C. 可以在任意位置　　D. 必须在源文件的最后

4. 下列字符串属于标识符的是（　　）。

   A. _WL　　B. 3_3333

   C. int　　D. LINE 3

5. C语言中能用来表示整型常量的进制是（　　）。

   A. 十进制、八进制、十六进制　　B. 十二进制、十进制

   C. 六进制、八进制　　D. 二进制、十进制

6. 在C语言中，回车换行符是（　　）。

   A. \n　　B. \t　　C. \v　　D. \b

7. 如果i=3，j=2，则k=++j+i++，执行过后k的值和i的值分别为（　　）。

   A. 5，4　　B. 6，3　　C. 5，3　　D. 6，4

8. 在C语言中，下列类型属于基本类型的是（　　）。

   A. 整型、实型、字符型　　B. 空类型、枚举型

   C. 结构体类型、实型　　D. 数组类型、实型

9. printf( )函数中用到格式符"%4s"，其中数字4表示输出的字符串占4列。如果字符串长度小于4，则输出方式为（　　）。

   A. 从左起输出该字符串，右补空格　　B. 按原字符长从左向右全部输出

   C. 右对齐输出该字符，左补空格　　D. 输出错误信息

10. 已知int x=30,y=50,z=80;，以下语句执行后变量x，y，z的值分别为（　　）。

```
if(x>y||x<z&&y>z)        z=x;x=y;y=z;
```

   A. x=50，y=80，z=80　　B. x=50，y=30，z=30

   C. x=30，y=50，z=80　　D. x=80，y=30，z=50

11. for 语句中的表达式可以部分或全部省略，但两个（　　）不可省略。但当 3 个表达式均省略后，因缺少条件判断，循环会无限制地执行下去，形成死循环。

A. 0　　B. 1　　C. ;　　D. ,

12. 程序段如下:

```
int k=-20;
while(k=0)  k=k+1;
```

则以下说法中正确的是（　　）。

A. while 循环执行 20 次　　B. 循环是无限循环

C. 循环体语句一次也不执行　　D. 循环体语句执行一次

13. 下列字符串赋值语句中，不能正确把字符串 C program 赋给数组的语句是（　　）。

A. char a[]={'C', ' ', 'p', 'r', 'o', 'g', 'r', 'a', 'm'};

B. char a[10]; strcpy(a,"C program");

C. char a[10]; a="C program";

D. char a[10]={ "C program"};

14. 若用数组名作为函数调用的实参，传递给形参的是（　　）。

A. 数组的首地址　　B. 数组第一个元素的值

C. 数组中全部元素的值　　D. 数组元素的个数

15. 若有如下定义，则对 a 数组元素地址的正确引用是（　　）。

```
int a[5],p=a;
```

A. p+5　　B. *a+1　　C. &a+1　　D. &a[0]

二、判断题（每题 1 分，共 10 分）

1. C 语言本身没有输入 / 输出语句，其输入 / 输出操作都是通过函数调用实现的。（　　）
2. C 语言中相同类型的变量运算符的运算优先级都相同。（　　）
3. 在 C 语言中，int，char 和 short 三种类型数据在内存中所占用的字节数都是由用户自己定义的。（　　）
4. 在 C 语言中，整型数据与字符型数据在任何情况下都可以通用。（　　）
5. 数组在定义时没有必要指定数组的长度，其长度可以在程序中根据元素个数再决定。（　　）
6. C 语言规定，简单变量做实参时，与其对应的形参之间是单向的值传递。（　　）
7. 凡是函数中未指定存储类别的局部变量，其隐含的存储类别为自动（auto）。（　　）
8. 数组首地址不仅能用数组中第一个元素的地址表示，也可以通过数组名来表示。（　　）
9. 声明一个结构体类型时，对各成员都应进行类型声明，即“类型名 成员名”。（　　）
10. fseek( ) 函数是用于关闭文件的。（　　）

三、程序填空题（每空 2 分，共 12 分）

1. 输入一个字符，如果是大写字母，则将其变成小写字母；如果是小写字母，则变成大写字母；其他字符不变。请填空。

```
#include "stdio.h"
main()
{
```

```
    char ch;
    scanf("%c",&ch);
    if (___(1)___)ch=ch+32;
    else if(ch>='a'&&ch<='z')___(2)___;
    printf("%c\n",ch);
}
```

2. 以下程序可求出所有水仙花数（指3位正整数中各位数字立方和等于该数本身，如 $153=1^3+5^3+3^3$）。请填空。

```
#include "stdio.h"
main()
{
    int x,y,z,m,i=0;
    printf("shui xian huan shu :\n");
    for(___(3)___;m<1000;m++)
    {
        x=m/100;
        y=___(4)___;
        z=m%10;
    }
    if(m==x*x*x+y*y*y +z*z*z)
        printf("%6d",m );
}
```

3. 以下程序可计算10名学生某门功课成绩的平均分。请填空。

```
#include "stdio.h"
main()
{
    float  score[10],sum,aver;
    int  i;
    sum=___(5)___;
    printf("\ninput  10 scores:");
    for(i=0;i<10;i++)  scanf("%f",&score[i]);
    for(i=0;i<10;i++)  sum+=___(6)___;
    aver=sum/10;
    printf("\naverage score is %5.2f\n",aver);
}
```

四、阅读下列程序并将输出结果写在对应的题号后（每题6分，共24分）

1. 程序代码如下：

```
#include "stdio.h"
main()
{
    float a=3.14,b=3.14159;
    printf("%f,%5.3f\n",a,b);
}
```

2. 程序代码如下：

```
#include <stdio.h>
main()
{
    int i,j;
```

```
    for(i=4;i>=1;i--)
    {
      for(j=1;j<=i;j++)putchar('#');
      for(j=1;j<=4-i;j++)putchar('*');
      putchar('\n');
    }
}
```

3. 程序代码如下:

```
#include <stdio.h>
main()
{
  int a[3][3]={1,2,3,4,5,6,7,8,9},sum=0,i;
  for(i=0;i<=2;i++)
    sum+=a[i][i];
  printf("sum=%d\n",sum);
}
```

4. 程序代码如下:

```
#include "stdio.h"
main()
{
   int a=5,*p;
   p=&a;
   a=*p+5;
   printf("a=%d,",a);
}
```

五、程序设计题(每题 8 分,共 24 分)

1. 编写程序,输入一个整数,判断它是奇数还是偶数。若是奇数,输出 Odd;若是偶数,输出 Even。
2. 计算 s=1!+3!+5!,要求阶乘的求值由函数实现。
3. 有 10 名考生成绩需输入计算机,然后按由大到小顺序排好序后输出。

综合自测题参考答案

一、单选题

1	2	3	4	5	6	7	8	9	10	11	12	13	14	15
C	C	C	A	A	A	D	A	C	A	C	C	C	A	D

二、判断题

1	2	3	4	5	6	7	8	9	10
√	×	×	×	×	√	√	√	√	×

三、程序填空题

(1)ch<='A'&&ch<='Z'　　(2)ch=ch-32　　(3)m=100

(4)m/10%10 或 m%100/10 或 (m-x*100)/10　　(5)sum=0　　(6)score[i]

四、阅读程序并将输出结果写在对应的题号后

1. 3.14000, 3.142

2. ####
###*
##**
#***

3. 15

4. a=10

五、程序设计题

1. 程序代码如下:

```
#include "stdio.h"
main()
{ int x;
  scanf("%d",&x);
  if(x%2)printf("Odd\n");
  else printf("Even\n");
}
```

2. 程序代码如下:

```
#include "stdio.h"
fact(int n)
{  int i;float x=1;
   for(i=1;i<=n;i++)
      x=x*i;
   return(x);
}
void main()
{  float s;
   s=fact(1)+fact(3)+fact(5);
   printf("s=%f\n",s);
}
```

3. 程序代码如下:

```
#include <stdio.h>
main()
{
        int a[11],i,j,k,x;                          /* 下标从 1 开始 */
        printf("Input 10 numbers:\n");
        for(i=1;i<11;i++)
           scanf("%d",&a[i]);
        printf("\n");
        for(i=1;i<10;i++)
        {                                           /* 记录当前最大值的位置 */
            k=i;
            for(j=i+1;j<=10;j++)
               if(a[j]>a[k])k=j;
                  if(i!=k)
                  { x=a[i];a[i]=a[k];a[k]=x;}
        }
        printf("The sorted numbers:\n");
        for(i=1;i<11;i++)
           printf("%d",a[i]);
}
```

附录

附录 A 常用字符与 ASCII 码对照

ASCII 值	字 符	ASCII 值	字 符	ASCII 值	字 符	ASCII 值	字 符
0	NUL	17	DC1	34	"	51	3
1	SOH	18	DC2	35	#	52	4
2	STX	19	DC3	36	$	53	5
3	ETX	20	DC4	37	%	54	6
4	EOT	21	NAK	38	&	55	7
5	ENQ	22	SYN	39	'	56	8
6	ACK	23	ETB	40	(	57	9
7	BEL	24	CAN	41	)	58	:
8	BS	25	EM	42	*	59	;
9	HT	26	SUB	43	+	60	<
10	LF	27	ESC	44	,	61	=
11	VT	28	FS	45	-	62	>
12	FF	29	GS	46	.	63	?
13	CR	30	RS	47	/	64	@
14	SO	31	US	48	0	65	A
15	SI	32	SPACE	49	1	66	B
16	DLE	33	!	50	2	67	C

续表

ASCII 值	字 符	ASCII 值	字 符	ASCII 值	字 符	ASCII 值	字 符
68	D	83	S	98	b	113	q
69	E	84	T	99	c	114	r
70	F	85	U	100	d	115	s
71	G	86	V	101	e	116	t
72	H	87	W	102	f	117	u
73	I	88	X	103	g	118	v
74	J	89	Y	104	h	119	w
75	K	90	Z	105	i	120	x
76	L	91	[	106	j	121	y
77	M	92	\	107	k	122	z
78	N	93	]	108	l	123	{
79	O	94	^	109	m	124	|
80	P	95	-	110	n	125	}
81	Q	96	`	111	o	126	~
82	R	97	a	112	p	127	DEL

附录 B　C 语言的关键字

C 语言总共有 32 个关键字。

序 号	关键字	序 号	关键字	序 号	关键字
1	auto	12	break	23	case
2	char	13	const	24	continue
3	default	14	do	25	double
4	else	15	enum	26	extern
5	float	16	for	27	goto
6	if	17	int	28	long
7	register	18	return	29	short
8	signed	19	sizeof	30	static
9	struct	20	switch	31	typedef
10	union	21	unsigned	32	void
11	volatile	22	while		

附录 C 运算符的优先级和结合性

<table>
<tr><th>优 先 级</th><th>运 算 符</th><th>含 义</th><th>要求运算对象的个数</th><th>结合方向</th></tr>
<tr><td>1</td><td>( )
[ ]
->
.</td><td>圆括号
下标运算符
指向结构体成员运算符
结构体成员运算符</td><td></td><td>自左至右</td></tr>
<tr><td>2</td><td>!
~
++
--
-
(类型)
*
&
sizeof</td><td>逻辑非运算符
按位取反运算符
自增运算符
自减运算符
负号运算符
强制类型转换运算符
指针运算符
地址与运算符
长度运算符</td><td>1
(单目运算符)</td><td>自右至左</td></tr>
<tr><td>3</td><td>*
/
%</td><td>乘法运算符
除法运算符
求余运算符</td><td>2
(双目运算符)</td><td>自左至右</td></tr>
<tr><td>4</td><td>+
-</td><td>加法运算符
减法运算符</td><td>2
(双目运算符)</td><td>自左至右</td></tr>
<tr><td>5</td><td><<
>></td><td>左移运算符
右移运算符</td><td>2
(双目运算符)</td><td>自左至右</td></tr>
<tr><td>6</td><td>< <= > >=</td><td>关系运算符</td><td>2
(双目运算符)</td><td>自左至右</td></tr>
<tr><td>7</td><td>= =
!=</td><td>等于运算符
不等于运算符</td><td>2
(双目运算符)</td><td>自左至右</td></tr>
<tr><td>8</td><td>&</td><td>按位与运算符</td><td>2
(双目运算符)</td><td>自左至右</td></tr>
<tr><td>9</td><td>∧</td><td>按位异或运算符</td><td>2
(双目运算符)</td><td>自左至右</td></tr>
<tr><td>10</td><td>|</td><td>按位或运算符</td><td>2
(双目运算符)</td><td>自左至右</td></tr>
</table>

续表

优先级	运算符	含义	要求运算对象的个数	结合方向
11	&&	逻辑与运算符	2 （双目运算符）	自左至右
12	||	逻辑或运算符	2 （双目运算符）	自左至右
13	?:	条件运算符	3 （三目运算符）	自右至左
14	= += -= *= /= %= >>= <<= &= ∧ = |=	赋值运算符	2 （双目运算符）	自右至左
15	,	逗号运算符 （顺序求值运算符）		自左至右

附录 D　编译预处理命令

在 C 程序中，除了完成程序功能所需要的说明性语句和执行性语句外，还可以使用另一类语句，即编译预处理语句。它们的作用不是实现程序的功能，而是向编译系统发布信息或命令，指示编译系统在对源程序进行编译之前做些什么事情。

所有编译预处理语句都以“#”开头，每个预处理语句末尾不使用分号作为结束符。一般将编译预处理语句放在源程序的首部。

1. 宏

宏是 C 语言中的一种编译预处理命令，根据是否带参数分为无参宏和带参宏。

（1）无参宏

无参宏定义语句的一般格式如下：

```
#define  标识符  字符串
```

这种方法用一个简单的标识符代替一个长的字符串，这个标识符称为“宏名”，在预编译时将宏名替换成字符串的过程称为“宏展开”或“宏替换”。

例如，给出一个语句定义宏名 PI 代表圆周率 3.1415926。定义形式如下：

```
#define  PI  3.1415926
```

宏名一般习惯上用大写字母表示，以区分于变量名。宏定义是用宏名代替一个字符串，只做简单的置换，不做语法检查。#define 命令出现在程序中所有函数的外面，宏名的有效范围为定义命令之后到源文件结束，也可用 #undef 命令终止宏定义的作用域。

（2）带参宏

带参宏定义语句的一般格式如下：

```
#define  标识符（标识符1，标识符2，…，标识符n）  字符串
```

其中，括号中的标识符表是形式参数。对带参宏的展开也是用字符串代替宏名，但是其中的形式参数要用相应的实际参数代替。

例如，给出一个语句定义求正方形面积的宏。定义形式如下：

```
#define area(a)  ((a)*(a))
```

为什么要加上括号呢？这是因为“宏替换”只是简单的替换操作，当area的实际参数是一个表达式时，不加括号会在编译时出错。若为：

```
#define area(a)(a)*(a)
```

当调用area(2 + 3)时，替换成(2 + 3*2 + 3)，那么，求出的面积即是11，而不是正确的25。

带参宏和函数在形式和使用上都相似。例如，如下语句定义了一个求两数中较大数的宏：

```
#define max(a,b)((a)>(b)?(a):(b))
```

也可以用下面的函数方式实现它：

```
int max(int a,int b)
{ return((a>b)?a:b);  }
```

但两者有如下几方面的区别：

① 函数调用时，先求出实参表达式的值，然后代入函数定义中的形参；而使用带参宏只是进行简单的字符替换，不进行计算。

② 函数调用是在程序运行时处理的，分配临时的内存单元；而宏扩展则是在编译之前进行的，在展开时并不分配内存单元，不进行值的传递处理，也没有“返回值”的概念。

③ 对函数中的实参和形参都要定义类型，且两者的类型要求一致，如不一致应进行类型转换；而宏不存在类型问题，宏名无类型，它的参数也无类型，只是一个符号代表，展开时代入指定的字符即可。

④ 调用函数只可得到一个返回值；而用宏可以设法得到几个结果。

⑤ 使用宏次数多时，宏展开后源程序变长；而函数调用不使源程序变长。因此，一般用宏替换小的、可重复的代码段，对于代码行较多的应使用函数。

⑥ 宏替换不占运行时间，只占编译处理时间；而函数调用则占运行时间（分配内存、保留现场、值传递、返回等）。

2. 条件编译

一般情况下，C源程序中所有的行都参加编译处理。但有时出于对程序代码优化的考虑，希望对其中一部分内容只是在满足一定条件时才进行编译，形成目标代码，即对程序一部分内容指定编译的条件，这称为条件编译。

常用的条件编译语句有如下几种形式：

（1）形式之一

```
#if 常数表达式
    程序段 1
#else
    程序段 2
#endif
```

或者

```
#if 常数表达式
    程序段 1
#endif
```

该语句的作用是：首先求常数表达式的值，如果为真，就编译程序段 1，否则编译程序段 2。如果没有 #else 部分，则当常数表达式的值为假时直接跳过 #endif。

例如，分析以下程序的执行结果：

```
#include <stdio.h>
main()
{
   #if defined(NULL)
     printf("NULL=%d\n",NULL);
   #else
     printf("NULL 未定义 !\n");
   #endif
}
```

程序中的 defined( ) 表达式用于测试某名字是否被定义。由于 NULL 在 stdio.h 中定义为 0，故本程序的运行结果为：

```
NULL=0
```

再看下面的程序：

```
#include <stdio.h>
main()
{
   #if NULL
      printf("NULL 为非零值 !\n");
   #else
      printf("NULL 为零值 !\n");
   #endif
}
```

其中，#if NULL 表示“如果 NULL 为真”。由于 NULL 为假，故本程序的运行结果为：

```
NULL 为零值!
```

（2）形式之二

```
#ifdef 宏名
    程序段 1
```

```
#else
    程序段 2
#endif
```

或者

```
#ifdef 宏名
    程序段 1
#endif
```

该语句的作用是：如果 #ifdef 后的宏名在此之前已用 #define 语句定义，就编译程序段 1，否则编译程序段 2。如果没有 #else 部分，则当宏名未定义时直接跳过 #endif。

例如，分析以下程序中宏语句的功能：

```
#include <stdio.h>
main()
{
   float r,s;
   printf("输入半径:");
   scanf("%f",&r);
   #ifdef PI
      s=PI*r*r;
   #else
   #define PI 3.14159
      s=PI*r*r;
   #endif
      printf("s=%f\n",s);
}
```

本例功能用于计算给定半径的圆的面积。条件编译语句的功能是：如果之前定义过宏 PI，则直接计算面积；如果之前未定义宏 PI，则定义 PI 之后再计算面积。

（3）形式之三

```
#ifndef 宏名
    程序段 1
#else
    程序段 2
#endif
```

或者

```
#ifndef 宏名
    程序段 1
#endif
```

#ifndef 语句的功能与 #ifdef 相反，该语句的作用是：如果宏名未定义，则编译程序段 1，否则编译程序段 2。

3. 文件包含

所谓文件包含预处理，是指在一个文件中将另一个文件的全部内容包含进来的处理过程，即将另外的文件包含到本文件中。C 语言系统提供了 #include 编译预处理命令实现文件包含操作，其一般格式如下：

```
#include <包含文件名>
```

或者

```
#include "包含文件名"
```

其中，“包含文件名”是指要包含进来的文本文件的名字，又称头文件或编译预处理文件。用尖括号括住包含文件名，表示直接到指定的标准包含文件目录去寻找；用双引号括住包含文件名，表示先到当前目录寻找，如找不到再到标准包含文件目录寻找。

文件包含预处理的功能是：在对源程序进行编译之前，用包含文件的内容取代该文件包里含有的预处理语句。

能够用作包含文件的，并不限于 C 语言系统所提供的头文件，还可以是用户自己编写的命名文件（其中包括宏、结构体名、共用体名、全局变量的定义等）和其他要求在本文件中引用的源程序文件。

4. 使用宏过程中常见错误分析

常见错误分析如下：

① 宏定义不是 C 语句，不必在行末加分号。如果加了分号则会连分号一起进行置换。

例如：

```
#define PI 3.14159;
area=PI*r*r;
```

经过宏展开后，该语句为 area=3.14159;*r*r;，显然出现语法错误。

② 在 C 语言宏定义与使用中比较易犯如下错误：

```
#define SET_TMR1(TL,TH) TCNT1H=TH;TCNT1L=TL;
…
if(…)  SET_TMR1(TL,TH);
…
```

原意是条件符合时才给 TCN1H 和 TCN1L 赋值，实际编译会解释成如下形式：

```
if(…)TCNT1H=TH;TCNT1L=TL;
```

错误：语句 TCNTIL=TL; 不管条件是否符合 TCNT1L 都会被赋值。

解决方法一：

```
if(…)
{ SET_TMR1(TL,TH); }
```

解决方法二：

```
#define SET_TMR1(TL,TH) {TCNT1H=TH;TCNT1L=TL;}
```

③ 在宏定义中，对所有“参数”错用括号。

在 C 语言中，宏是产生内嵌代码的唯一方法。对于嵌入式系统而言，为了能达到性能要求，宏是一种很好的代替函数的方法。写一个“标准”宏 MIN ，这个宏输入两个参数并返回较小的一个。

错误做法：

```
#define MIN(A,B)(A<=B?A:B)
```

正确做法：

```
#define MIN(A,B) ((A)<=(B)?(A):(B))
```

对于宏需要知道，虽然宏定义“像”函数；但不是函数。

④ 多次包含头文件的问题。

当程序涉及的工程文件很多时，就会出现这样的问题：

```
a.c:
#include "a.h"
#include "b.h"
…
a.h:
#include "b.h"
#include <stdio.h>
…
b.h:
#include <stdio.h>
…
```

很显然，在编译 a.c 的时候，就会造成重复包含头文件的问题。这个问题有什么危害呢？浪费时间倒是小问题，最大的危害就是造成重复定义，有可能导致编译失败。为了避免这个问题，必须用到条件编译：

```
#ifdef
…
#endif
```

或者

```
#ifndef
…
#endif
```

附录 E 位运算

前面介绍的各种运算都是以字节作为最基本单位进行的。但在很多系统程序的开发中通常都要求在位(bit)一级进行运算或处理。这种位一级运算和处理功能通常只能由低级语言(如汇编语言)来提供，一般的高级语言都不能提供这种运算和处理功能。而作为高级语言的 C 语言却提供了位运算的功能，能够直接对内存地址进行操作，能够对数据按二进制位进行运算。使得 C 语言也能像汇编语言一样用来编写系统程序。这也是 C 语言优于其他高级语言之处。

位运算是指对存储单元中的数按二进制位进行运算的方法。

例如，将一个存储单元中的各二进制位左移或右移一位、两位……将一个数的其中某一位设置成 1 或 0 等。

C 语言提供了 6 种位运算符：

&　　　按位与

|　　　按位或

^ 按位异或

~ 取反

<< 左移

>> 右移

简要说明：

① 位运算符中除了“~”以外，均为双目运算符。

② 运算量只能是整型或字符型的数据，不能为实型数据。

③ 参与位运算的数据在运算过程中都以二进制补码的形式出现。

1.“按位与”运算符

规则：参加运算的两个运算量，如果两个相应位都为 1，则该位结果值为 1，否则为 0。

例如，9&5 可写算式如下：

```
  00001001 (9 的二进制补码)
& 00000101 (5 的二进制补码)
---------------------------
  00000001 (1 的二进制补码)
```

可见 9&5=1。

按位与运算常常用来对一个数据某些位清 0、屏蔽或检测。

例如，把 a 的高 8 位清 0，保留低 8 位。

可作 a&255 运算（255 的二进制数为 0000000011111111）。

“按位与”运算与“逻辑与”都是双目运算符，但请注意不要把按位 & 运算符和逻辑 && 运算符混淆。

例如：

```
main()
{
   int a=10,b=5;
   if(a&&b) printf ("(1) * * * \n");
   else     printf ("(1) # # # \n");
   if(a&b)  printf ("(2) * * * \n");
   else     printf ("(2) # # # \n");
}
```

程序的运行结果为：

```
(1)* * *
(2)# # #
```

显然运行结果不同。因为 10&&5 运算，“&&”两边运算量都非 0，故结果就为 1，条件成立；而 10&5 运算是按位进行，结果为 0，故条件不成立。

2.“按位或”运算符

规则：参加运算的两个运算量，如果两个相应位中有一个为 1，则该位结果值为 1，否则为 0。

例如，9|5 可写算式如下：

```
  00001001
| 00000101
----------
  00001101（十进制为 13）
```

可见 9|5=13。

按位或的特殊用途：常用来对一个数据的某些位置 1。“按位或”运算与“逻辑或”运算都是双目运算符。请注意不要将两者混淆。

3.“异或”运算符

规则：参加运算的两个运算量，如果两个相应位为“异”（值不同），则该位结果值为 1，否则为 0。

例如，9^5 可写成算式如下：

```
  00001001
^ 00000101
----------
  00001100（十进制为 12）
```

异或运算的应用：使特定位翻转。

4.“取反”运算符

规则：对参与运算的数的各二进制位按位求反，即将 0 变为 1，1 变为 0。

例如，～ 9 的运算为

～ (0000000000001001)

结果为 1111111111110110。

注意：

求反运算符（～）为单目运算符，它的优先级别比算术运算符、关系运算符、逻辑运算符和其他运算符都高，具有右结合性。

5.“左移位”运算符

规则：左移运算符“<<”是双目运算符，其功能把“<<”左边的运算数的各二进制位全部左移若干位，由“<<”右边的数指定移动的位数，高位丢弃，低位补 0。

例如，假设 a=3，a<<4 指把 a 的各二进制位向左移动 4 位。

a=00000011（十进制 3），左移 4 位后为 00110000（十进制 48）。

6.“右移位”运算符

规则：是双目运算符，其功能是把“>>”左边的运算数的各二进制位全部右移若干位，“>>”右边的数指定移动的位数。

例如，假设 a=15，a>>2 表示把 000001111 右移为 00000011（十进制 3）。

应该注意的是，对于有符号数，在右移时，符号位将随同移动。当为正数时，最高位补 0；而为负数时，符号位为 1，最高位是补 0 或是补 1 取决于编译系统的规定。Turbo C 和很多系统规定为补 1。

```
main()
{
   unsigned a,b;
   printf("input a number:");
   scanf("%d",&a);
```

```
    b=a>>5;
    printf("a=%d\tb=%d\n",a,b);
}
```

程序的运行结果为：

```
input a number: 325  <回车>
a=325   b=10
```

移位运算符常用来使一个数乘以或除以 2，一个数左移一位相当于乘以 2，右移一位相当于除以 2。

附录 F　C 语言常见库函数

1. C 语言中的数学函数（math.h）

使用数学函数时，应该在源文件中使用以下命令：

```
#include <math.h>
```

或

```
#include "math.h"
```

函数名	函数类型和行参类型	功　能	返　回　值	说　明
acos	double acos(x) double x;	计算 arccos(x) 的值	计算结果	x 应在 -1 ~ 1 之间
asin	double asin(x) double x;	计算 arcsin(x) 的值	计算结果	x 应在 -1 ~ 1 之间
atan	double atan(x) double x;	计算 arctan(x) 的值	计算结果	
atan2	double atan2(x,y) double x,y;	计算 arctan(x/y) 的值	计算结果	
cos	double cos(x) double x;	计算 cos(x) 的值	计算结果	x 的单位为弧度
cosh	double cosh(x) double x;	计算 x 的双曲余弦 cosh(x) 的值	计算结果	
exp	double exp(x) double x;	求 e 的 x 次方幂	计算结果	
fabs	double fabs(x) double x;	求 x 的绝对值	计算结果	
floor	double floor(x) double x;	求不大于 x 的最大整数	该整数的双精度实数	
fmod	double fmod(x,y) double x,y;	求整除 x/y 的余数	返回余数的双精度数	
frexp	double frexp(val,eptr) double val; int *eptr ;	把双精度数 val 分解为数字部分（尾数）x 和以 2 为底的指数 n，即 val=x*2ⁿ 次方存放在 eptr 指向的变量中	返回数字部分 x0.5x<1	

续表

函数名	函数类型和行参类型	功　能	返 回 值	说　明
log	double log(x) double x;	求 ln x	计算结果	
log10	double log10(x) double x;	求以 10 为底 x 的对数	计算结果	
modf	double modf(val,iptr) double val; double iptr;	把双精度数 val 分解为整数部分和小数部分，把整数部分存到 iptr 指向的单元	val 的小数部分	
pow	double pow(x,y) double x,y;	计算 x 的 y 次幂	计算结果	
sin	double sin(x) double x;	计算 sin(x) 的值	计算结果	x 的单位为弧度
sinh	double sinh(x) double x;	计算 x 的双曲正弦函数 sinh(x) 的值	计算结果	
sqrt	double sqrt(x) double x;	计算 x 的平方根	计算结果	x 应大于或等于 0
tanh	double tanh(x) double x;	计算 x 的双曲正切函数 tanh(x) 的值	计算结果	

2. C 语言中的字符与字符串函数

ANSI C 标准要求在使用字符串函数时要包含头文件 string.h，在使用字符函数时要包含头文件 ctype.h。有的 C 编译不遵循 ANSI C 标准的规定，而用其他名称的头文件。请使用时查阅有关手册。

函数名	函数和形参类型	功　能	返 回 值	包含文件
isalnum	int isalnum(ch) int ch;	检查 ch 是否是字母（alpha）或数字（numeric）	是字母或数字返回非零值；否则返回 0	ctype.h
isalpha	int isalpha(ch) int ch;	检查 ch 是否是字母	是，返回非零值；否，返回 0	ctype.h
iscntrl	int iscntrl(ch) int ch;	检查 ch 是否控制字符（其 ASCII 码在 0 ～ 0x1F 之间）	是，返回非零值；否，返回 0	ctype.h
isgraph	int isgraph(ch) int ch;	检查 ch 是否可打印字符（其 ASCII 码在 ox21 ～ ox7E 之间），不包括空格	是，返回非零值；否，返回 0	ctype.h
islower	int islower(ch) int ch;	检查 ch 是否小写字母（a ～ z）	是，返回非零值；否，返回 0	ctype.h
isprint	int isprint(ch) int ch;	检查 ch 是否可打印字符（包括空格），其 ASCII 码在 ox20 ～ ox7E 之间	是，返回非零值；否，返回 0	ctype.h
ispunct	int ispunct(ch) int ch;	检查 ch 是否标点字符（不包括空格），即除字母、数字和空格以外的所有可打印字符	是，返回非零值；否，返回 0	ctype.h
isspace	int isspace(ch) int ch;	检查 ch 是否空格、跳格符、制表符、或换行符	是，返回非零值；否，返回 0	ctype.h

续表

函数名	函数和形参类型	功　能	返　回　值	包含文件
isupper	int isupper(ch) int ch;	检查 ch 是否大写字母（A ～ Z）	是，返回非零值；否，返回 0	ctype.h
isxdigit	int isxdigit(ch) int ch;	检查 ch 是否一个十六进制数学字符(即 0 ～ 9，或 A ～ F，或 a ～ f)	是，返回非零值；否，返回 0	ctype.h
strchr	char *strchr(str,ch) char *str; int ch;	找出 str 指向的字符串中第一次出现字符 ch 的位置	返回指向该位置的指针，如找不到，则返回空指针	string.h
strcpy	char *strcpy(str1,str2) char *str1,*str2;	把 str2 指向的字符串复制到 str1 中去	返回 str1	string.h
strlen	unsigned int strlen(str) char *str;	统计字符串 str 中字符的个数（不包括终止符 '\0'）	返回字符个数	string.h
strstr	char *strstr(str1,str2) char *str1,str2;	找出 str2 字符串在字符串 str1 中第一次出现的位置（不包括 str2 串的结束符）	返回该指针的位置。如找不到，返回空指针	string.h
tolower	int tolower(ch) int ch;	将 ch 字符转换成小写字母	返回 ch 所代表的字符的小写字母	ctype.h
toupper	int toupper(ch) int ch;	将 ch 字符转换成大写字母	返回 ch 所代表的字符的大写字母	ctype.h
strcmp	int strcmp(str1,str2) char *str1,*str2;	比较两个字符串 str1，str2	str1<str2，返回负数；str1=str2，返回 0；str1>str2，返回正数	string.h
strcpy	char *strcpy(char *str1, char *str2;	把 str2 指向的字符串复制到 str1 中去	返回 str1	string.h
strlen	unsigned int strlen (char *str);	统计字符串 str 中字符的个数（不包括终止符 '\0'）	返回字符个数	string.h
strstr	char *strstr(char *str1, char *str2);	找出 str2 字符串在 str1 字符串中第一次出现的位置（不包括 str2 串的结束符）	返回该位置的指针。如找不到，返回空指针	string.h
tolower	int tolower(int ch);	将 ch 字符转换为小写字母	返回 ch 所代表的字符的小写字母	ctype.h
toupper	int toupper(int ch);	将 ch 字符转换成大写字母	与 ch 相应的大写字母	ctype.h

3. C 语言中的缓冲文件系统的输入与输出函数

凡用以下的输入 / 输出函数，应该使用 #include <stdio.h> 或 #include"stdio.h"，把 stdio.h 头文件包含到源程序文件中。

函数名	函数和形参类型	功　能	返　回　值	包含文件
clearerr	void clearerr(FILE *stream);		无	
close	int close(int handle);	关闭文件	关闭成功返回 0；不成功，返回 -1	非 ANSI 标准
creat	int creat (const char *filename, int permiss);	创建一个新文件或重写一个已存在的文件	成功则返回正数；否则返回 -1	非 ANSI 标准
eof	int eof(int *handle);	检测文件结束	遇文件结束，返回 -1；否则返回 0	非 ANSI 标准

续表

函数名	函数和形参类型	功　　能	返　回　值	包含文件
fclose	int fclose(FILE *stream);	关闭一个流	有错则返回非 0；否则返回 0	
fgetc	int fgetc(FILE *stream);	从流中读取字符	返回所得到的字符。若读入出错，返回 EOF	
fgets	char *fgets(char *string, int n, FILE *stream);	从流中读取一字符串	返回地址 buf，若遇文件结束或出错，返回 NULL	
fopen	FILE *fopen(char *filename, char *type);	打开一个流	成功，返回一个文件指针；否则返回 0	
fprintf	int fprintf(FILE *stream, char *format[, argument,...]);	传送格式化输出到一个流中	实际输出的字符数	
fputc	int fputc(int ch, FILE *stream);	送一个字符到一个流中	成功，则返回该字符；否则返回非 0	
fputs	int fputs(char *string, FILE *stream);	送一个字符到一个流中	返回 0，若出错返回非 0	
fread	int fread(void *ptr, int size, int nitems, FILE *stream);	从一个流中读数据	返回所读的数据项个数，如遇文件结束或出错返回 0	
fscanf	int fscanf(FILE *stream, char *format[,argument...]);	从一个流中执行格式化输入	已输入的数据个数	
fseek	int fseek(FILE *stream, long offset, int fromwhere);	重定位流上的文件指针	返回当前位置，否则返回 −1	
ftell	long ftell(FILE *stream);	返回当前文件指针	返回流所指向的文件中的读写位置	
fwrite	int fwrite(void *ptr, int size, int nitems, FILE *stream);	写内容到流中	写到流中的数据项的个数	
getc	int getc(FILE *stream);	从流中取字符	返回所读的字符，若文件结束或出错，返回 EOF	
getchar	int getchar(void);	从 stdin 流中读字符	所读字符。若文件结束或出错，则返回 −1	
getw	int getw(FILE *strem);	从流中取一整数	输入的整数。如文件结束或出错，返回 −1	非 ANSI 标准
open	int open(char *pathname, int access[, int permiss]);	打开一个文件用于读或写	返回文件号。如打开失败，返回 −1	非 ANSI 标准
printf	int printf(char *format...);	产生格式化输出的函数	输出字符的个数。若出错，返回负数	
putc	int putc(int ch, FILE *stream);	输出一字符到指定流中	输出的字符 ch。若出错，返回 EOF	
putchar	int putchar(int ch);	在 stdout 上输出字符	输出的字符 ch。若出错，返回 EOF	
puts	int puts(char *string);	送一字符串到流中	返回换行符。若失败，返回 EOF	

续表

函数名	函数和形参类型	功　能	返 回 值	包含文件
putw	int putw(int w, FILE stream);	把一字符或字送到流中	返回输出的整数。若出错，返回 EOF	非 ANSI 标准
read	int read(int handle, void *buf, int nbyte);	从文件中读	返回真正读入的字节个数。如遇到文件结束返回 0，出错返回 -1	非 ANSI 标准
rename	int rename(char *oldname, char *newname);	重命名文件	成功返回 0，出错返回 -1	
rewind	int rewind(FILE *stream);	将文件指针重新指向一个流的开头	无	
scanf	int scanf(char *format [,argument,...]);	执行格式化输入	读入数据个数。遇文件结束返回 EOF，出错返回 0	
write	int write(int handel, void *buf, int nbyte);	写到一文件中	返回实际输出的字节数。如出错返回 -1	非 ANSI 标准

4. 动态存储分配函数

ANSI 标准建议设 4 个有关的动态存储分配的函数，如下表。实际上，许多 C 编译系统实现时，往往增加了一些其他函数。ANSI 标准建议在 stdlib.h 头文件中包含有关的信息，但许多 C 编译要求用 malloc.h。读者在使用时应查阅有关手册。

函数名	函数和行参类型	功　能	返 回 值
calloc	void *calloc(unsigned n,unsign size);	分配 n 个数据项的内存连续空间，每个数据项的大小为 size	分配内存单元的起始地址；如不成功，返回 0
free	void free(void *p);	释放 p 所指的内存区	无
malloc	void *malloc(unsigned size);	分配 size 字节的存储区	所分配的内存区地址；如内存不够，返回 0
realloc	void *realloc(void *p,u- nsigned size);	将 f 所指的已分配内存区的大小改为 size。size 可以比原来分配的空间大或小	返回指向该内存区的指针